U0177614

国家出版基金项目
NATIONAL PUBLICATION FOUNDATION

石墨烯基材料的
拉曼光谱研究

"十三五"国家重点
出版物出版规划项目

谭平恒　从鑫　著

战 略 前 沿 新 材 料
——石墨烯出版工程
丛书总主编　刘忠范

Raman Spectroscopy of
Graphene-based Materials

GRAPHENE

03

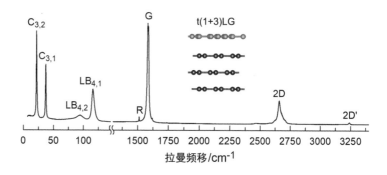

华东理工大学出版社
EAST CHINA UNIVERSITY OF SCIENCE AND TECHNOLOGY PRESS
·上海·

上海高校服务国家重大战略出版工程资助项目

图书在版编目(CIP)数据

石墨烯基材料的拉曼光谱研究/谭平恒,从鑫著
. —上海：华东理工大学出版社,2021.11
战略前沿新材料——石墨烯出版工程/刘忠范总主编
ISBN 978 - 7 - 5628 - 6406 - 6

Ⅰ. ①石… Ⅱ. ①谭… ②从… Ⅲ. ①石墨-纳米材
料-拉曼光谱-研究 Ⅳ. ①TB383②O433

中国版本图书馆 CIP 数据核字(2020)第 242492 号

内容提要

本书围绕光散射的理论基础展开,着重关注石墨烯基材料独特的电子能带结构所导致的拉曼散射过程,以及外界微扰对其拉曼散射过程的影响,并系统地介绍当前拉曼光谱在表征石墨烯基材料及其相关异质结和器件方面的应用和代表性的研究工作。

本书可供初涉利用拉曼光谱表征石墨烯基材料物理和化学性质的研究生、科研人员、相关科技工作者使用,也可供从事拉曼光谱的研究人员作为理论基础、实验技术和结果分析指南。

项目统筹 / 周永斌　马夫娇
责任编辑 / 李佳慧
装帧设计 / 周伟伟
出版发行 / 华东理工大学出版社有限公司
　　　　　　地址：上海市梅陇路 130 号,200237
　　　　　　电话：021 - 64250306
　　　　　　网址：www.ecustpress.cn
　　　　　　邮箱：zongbianban@ecustpress.cn
印　　刷 / 上海雅昌艺术印刷有限公司
开　　本 / 710 mm×1000 mm　1/16
印　　张 / 23
字　　数 / 350 千字
版　　次 / 2021 年 11 月第 1 版
印　　次 / 2021 年 11 月第 1 次
定　　价 / 298.00 元

总序 一

2004 年,英国曼彻斯特大学物理学家安德烈·海姆(Andre Geim)和康斯坦丁·诺沃肖洛夫(Konstantin Novoselov)用透明胶带剥离法成功地从石墨中剥离出石墨烯,并表征了它的性质。仅过了六年,这两位师徒科学家就因"研究二维材料石墨烯的开创性实验"荣摘 2010 年诺贝尔物理学奖,这在诺贝尔授奖史上是比较迅速的。他们向世界展示了量子物理学的奇妙,他们的研究成果不仅引发了一场电子材料革命,而且还将极大地促进汽车、飞机和航天工业等的发展。

从零维的富勒烯、一维的碳纳米管,到二维的石墨烯及三维的石墨和金刚石,石墨烯的发现使碳材料家族变得更趋完整。作为一种新型二维纳米碳材料,石墨烯自诞生之日起就备受瞩目,并迅速吸引了世界范围内的广泛关注,激发了广大科研人员的研究兴趣。被誉为"新材料之王"的石墨烯,是目前已知最薄、最坚硬、导电性和导热性最好的材料,其优异性能一方面激发人们的研究热情,另一方面也掀起了应用开发和产业化的浪潮。石墨烯在复合材料、储能、导电油墨、智能涂料、可穿戴设备、新能源汽车、橡胶和大健康产业等方面有着广泛的应用前景。在当前新一轮产业升级和科技革命大背景下,新材料产业必将成为未来高新技术产业发展的基石和先导,从而对全球经济、科技、环境等各个领域的发展产生深刻影响。中国是石墨资源大国,也是石墨烯研究和应用开发最活跃的国家,已成为全球石墨烯行业发展最强有力的推动力量,在全球石墨烯市场上占据主导地位。

作为 21 世纪的战略性前沿新材料,石墨烯在中国经过十余年的发展,无论在科学研究还是产业化方面都取得了可喜的成绩,但与此同时也面临一些瓶颈和挑战。如何实现石墨烯的可控、宏量制备,如何开发石墨烯的功能和拓展其应用领域,是我国石墨烯产业发展面临的共性问题和关键科学问题。在这一形势背景下,为了推动我国石墨烯新材料的理论基础研究和产业应用水平提升到一个新的高度,完善石墨烯产业发展体系及在多领域实现规模化应用,促进我国石墨烯科学技术领域研究体系建设、学科发展及专业人才队伍建设和人才培养,一套大部头的精品力作诞生了。北京石墨烯研究院院长、北京大学教授刘忠范院士领衔策划了这套"战略前沿新材料——石墨烯出版工程",共 22 分册,从石墨烯的基本性质与表征技术、石墨烯的制备技术和计量标准、石墨烯的分类应用、石墨烯的发展现状报告和石墨烯科普知识等五大部分系统梳理石墨烯全产业链知识。丛书内容设置点面结合、布局合理,编写思路清晰、重点明确,以期探索石墨烯基础研究新高地、追踪石墨烯行业发展、反映石墨烯领域重大创新、展现石墨烯领域自主知识产权成果,为我国战略前沿新材料重大规划提供决策参考。

参与这套丛书策划及编写工作的专家、学者来自国内二十余所高校、科研院所及相关企业,他们站在国家高度和学术前沿,以严谨的治学精神对石墨烯研究成果进行整理、归纳、总结,以出版时代精品作为目标。丛书展示给读者完善的科学理论、精准的文献数据、丰富的实验案例,对石墨烯基础理论研究和产业技术升级具有重要指导意义,并引导广大科技工作者进一步探索、研究,突破更多石墨烯专业技术难题。相信,这套丛书必将成为石墨烯出版领域的标杆。

尤其让我感到欣慰和感激的是,这套丛书被列入"十三五"国家重点出版物出版规划,并得到了国家出版基金的大力支持,我要向参与丛书编写工作的所有同仁和华东理工大学出版社表示感谢,正是有了你们在各自专业领域中的倾情奉献和互相配合,才使得这套高水准的学术专著能够顺利出版问世。

最后,作为这套丛书的编委会顾问成员,我在此积极向广大读者推荐这套丛书。

中国科学院院士

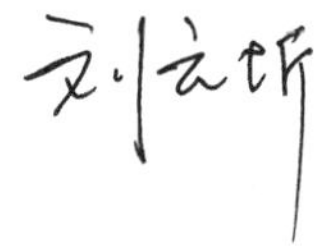

刘云圻

2020 年 4 月于中国科学院化学研究所

总序 二

"战略前沿新材料——石墨烯出版工程":
一套集石墨烯之大成的丛书

2010 年 10 月 5 日,我在宝岛台湾参加海峡两岸新型碳材料研讨会并作了"石墨烯的制备与应用探索"的大会邀请报告,数小时之后就收到了对每一位从事石墨烯研究与开发的工作者来说都十分激动的消息:2010 年度的诺贝尔物理学奖授予英国曼彻斯特大学的 Andre Geim 和 Konstantin Novoselov 教授,以表彰他们在石墨烯领域的开创性实验研究。

碳元素应该是人类已知的最神奇的元素了,我们每个人时时刻刻都离不开它:我们用的燃料全是含碳的物质,吃的多为碳水化合物,呼出的是二氧化碳。不仅如此,在自然界中纯碳主要以两种形式存在:石墨和金刚石,石墨成就了中国书法,而金刚石则是美好爱情与幸福婚姻的象征。自 20 世纪 80 年代初以来,碳一次又一次给人类带来惊喜:80 年代伊始,科学家们采用化学气相沉积方法在温和的条件下生长出金刚石单晶与薄膜;1985 年,英国萨塞克斯大学的 Kroto 与美国莱斯大学的 Smalley 和 Curl 合作,发现了具有完美结构的富勒烯,并于 1996 年获得了诺贝尔化学奖;1991 年,日本 NEC 公司的 Iijima 观察到由碳组成的管状纳米结构并正式提出了碳纳米管的概念,大大推动了纳米科技的发展,并于2008年获得了卡弗里纳米科学奖;2004年,Geim与当时他的博士研究生 Novoselov 等人采用粘胶带剥离石墨的方法获得了石墨烯材料,迅速激发了科学界的研究热情。事实上,人类对石墨烯结构并不陌生,石墨烯是由单层碳原子构成的二维蜂窝状结构,是构成其他维数形式碳材料的基本单元,因此关于石墨烯结构的工作可追溯到20世纪40年代的理论研究。1947年,Wallace 首次计算了石墨烯的电子结构,并且发现其具有奇特的线性色散关系。自此,石墨烯作为理论模型,被广泛用于描述碳材料的结构与性能,但人们尚未把石墨烯本身也作为一种材料来进行研究与开发。

石墨烯材料甫一出现即备受各领域人士关注,迅速成为新材料、凝聚态物理等领域的"高富帅",并超过了碳家族里已很活跃的两个明星材料——富勒烯和碳纳米管,这主要归因于以下三大理由。一是石墨烯的制备方法相对而言非常简单。Geim 等人采用了一种简单、有效的机械剥离方法,用粘胶带撕裂即可从石墨晶体中分离出高质量的多层甚至单层石墨烯。随后科学家们采用类似原理发明了"自上而下"的剥离方法制备石墨烯及其衍生物,如氧化石墨烯;或采用类似制备碳纳米管的化学气相沉积方法"自下而上"生长出单层及多层石墨烯。二是石墨烯具有许多独特、优异的物理、化学性质,如无质量的狄拉克费米子、量子霍尔效应、双极性电场效应、极高的载流子浓度和迁移率、亚微米尺度的弹道输运特性,以及超大比表面积,极高的热导率、透光率、弹性模量和强度。最后,特别是由于石墨烯具有上述众多优异的性质,使它有潜力在信息、能源、航空、航天、可穿戴电子、智慧健康等许多领域获得重要应用,包括但不限于用于新型动力电池、高效散热膜、透明触摸屏、超灵敏传感器、智能玻璃、低损耗光纤、高频晶体管、防弹衣、轻质高强航空航天材料、可穿戴设备,等等。

因其最为简单和完美的二维晶体、无质量的费米子特性、优异的性能和广阔的应用前景,石墨烯给学术界和工业界带来了极大的想象空间,有可能催生许多技术领域的突破。世界主要国家均高度重视发展石墨烯,众多高校、科研机构和公司致力于石墨烯的基础研究及应用开发,期待取得重大的科学突破和市场价值。中国更是不甘人后,是世界上石墨烯研究和应用开发最为活跃的国家,拥有一支非常庞大的石墨烯研究与开发队伍,位居世界第一。有关统计数据显示,无论是正式发表的石墨烯相关学术论文的数量、中国申请和授权的石墨烯相关专利的数量,还是中国拥有的从事石墨烯相关的企业数量以及石墨烯产品的规模与种类,都远远超过其他任何一个国家。然而,尽管石墨烯的研究与开发已十六载,我们仍然面临着一系列重要挑战,特别是高质量石墨烯的可控规模制备与不可替代应用的开拓。

十六年来,全世界许多国家在石墨烯领域投入了巨大的人力、物力、财力进行研究、开发和产业化,在制备技术、物性调控、结构构建、应用开拓、分析检测、标准制定等诸多方面都取得了长足的进步,形成了丰富的知识宝库。虽有一些有关石墨烯的中文书籍陆续问世,但尚无人对这一知识宝库进行全面、系统的总结、分析并结集出版,以指导我国石墨烯研究与应用的可持续发展。为此,我国石墨烯研究领域的主要开拓者及我国石墨烯发展的重要推动者、北京大学教授、北京石墨烯研究院创院院长刘忠范院士亲自策划并担任总主编,主持编撰"战略前沿新材料——石墨烯出版工程"这套丛书,实为幸事。该丛书由石墨烯的基本性质与表征技术、石墨烯的制备技术和计量标准、石墨烯的分类应用、石墨烯的发展现状报告、石墨烯科普知识等五大部分共 22 分册构成,由刘忠范院士、张锦院士等一批在石墨烯研究、应用开发、检测与标准、平台建设、产业发展等方面的知名专家执笔撰写,对石墨烯进行了 360°的全面检视,不仅很好地总结了石墨烯领域的国内外最新研究进展,包括作者们多年辛勤耕耘的研究积累与心得,系统介绍了石墨烯这一新材料的产业化现状与发展前景,而且还包括了全球石墨烯产业报告和中国石墨烯产业报告。特别是为了更好地让公众对石墨烯有正确的认识和理解,刘忠范院士还率先垂范,亲自撰写了《有问必答:石墨烯的魅力》这一科普分册,可谓匠心独具、运思良苦,成为该丛书的一大特色。我对他们在百忙之中能够完成这一巨制甚为敬佩,并相信他们的贡献必将对中国乃至世界石墨烯领域的发展起到重要推动作用。

刘忠范院士一直强调"制备决定石墨烯的未来",我在此也呼应一下:"石墨烯的未来源于应用"。我衷心期望这套丛书能帮助我们发明、发展出高质量石墨烯的制备技术,帮助我们开拓出石墨烯的"杀手锏"应用领域,经过政产学研用的通力合作,使石墨烯这一结构最为简单但性能最为优异的碳家族的最新成员成为支撑人类发展的神奇材料。

中国科学院院士

成会明,2020 年 4 月于深圳

清华大学,清华－伯克利深圳学院,深圳

中国科学院金属研究所,沈阳材料科学国家研究中心,沈阳

丛书前言

　　石墨烯是碳的同素异形体大家族的又一个传奇，也是当今横跨学术界和产业界的超级明星，几乎到了家喻户晓、妇孺皆知的程度。当然，石墨烯是当之无愧的。作为由单层碳原子构成的蜂窝状二维原子晶体材料，石墨烯拥有无与伦比的特性。理论上讲，它是导电性和导热性最好的材料，也是理想的轻质高强材料。正因如此，一经问世便吸引了全球范围的关注。石墨烯有可能创造一个全新的产业，石墨烯产业将成为未来全球高科技产业竞争的高地，这一点已经成为国内外学术界和产业界的共识。

　　石墨烯的历史并不长。从 2004 年 10 月 22 日，安德烈·海姆和他的弟子康斯坦丁·诺沃肖洛夫在美国 *Science* 期刊上发表第一篇石墨烯热点文章至今，只有十六个年头。需要指出的是，关于石墨烯的前期研究积淀很多，时间跨度近六十年。因此不能简单地讲，石墨烯是 2004 年发现的、发现者是安德烈·海姆和康斯坦丁·诺沃肖洛夫。但是，两位科学家对"石墨烯热"的开创性贡献是毋庸置疑的，他们首次成功地研究了真正的"石墨烯材料"的独特性质，而且用的是简单的透明胶带剥离法。这种获取石墨烯的实验方法使得更多的科学家有机会开展相关研究，从而引发了持续至今的石墨烯研究热潮。2010 年 10 月 5 日,两位拓荒者荣获诺贝尔物理学奖,距离其发表的第一篇石墨烯论文仅仅六年时间。"构成地球上所有已知生命基础的碳元素,又一次惊动了世界",瑞典皇家科学院当年发表的诺贝尔奖新闻稿如是说。

从科学家手中的实验样品,到走进百姓生活的石墨烯商品,石墨烯新材料产业的前进步伐无疑是史上最快的。欧洲是石墨烯新材料的发源地,欧洲人也希望成为石墨烯新材料产业的领跑者。一个重要的举措是启动"欧盟石墨烯旗舰计划",从 2013 年起,每年投资一亿欧元,连续十年,通过科学家、工程师和企业家的接力合作,加速石墨烯新材料的产业化进程。英国曼彻斯特大学是石墨烯新材料呱呱坠地的场所,也是世界上最早成立石墨烯专门研究机构的地方。2015 年 3 月,英国国家石墨烯研究院(NGI)在曼彻斯特大学启航;2018 年 12 月,曼彻斯特大学又成立了石墨烯工程创新中心(GEIC)。动作频频,基础与应用并举,矢志充当石墨烯产业的领头羊角色。当然,石墨烯新材料产业的竞争是激烈的,美国和日本不甘其后,韩国和新加坡也是志在必得。据不完全统计,全世界已有 179 个国家或地区加入了石墨烯研究和产业竞争之列。

中国的石墨烯研究起步很早,基本上与世界同步。全国拥有理工科院系的高等院校,绝大多数都或多或少地开展着石墨烯研究。作为科技创新的国家队,中国科学院所辖遍及全国的科研院所也是如此。凭借着全球最大规模的石墨烯研究队伍及其旺盛的创新活力,从 2011 年起,中国学者贡献的石墨烯相关学术论文总数就高居全球榜首,且呈遥遥领先之势。截至 2020 年 3 月,来自中国大陆的石墨烯论文总数为 101913 篇,全球占比达到 33.2%。需要强调的是,这种领先不仅仅体现在统计数字上,其中不乏创新性和引领性的成果,超洁净石墨烯、超级石墨烯玻璃、烯碳光纤就是典型的例子。

中国对石墨烯产业的关注完全与世界同步,行动上甚至更为迅速。

统计数据显示，早在 2010 年，正式工商注册的开展石墨烯相关业务的企业就高达 1778 家。截至 2020 年 2 月，这个数字跃升到 12090 家。对石墨烯高新技术产业来说，知识产权的争夺自然是十分激烈的。进入 21世纪以来，知识产权问题受到国人前所未有的重视，这一点在石墨烯新材料领域得到了充分的体现。截至 2018 年底，全球石墨烯相关的专利申请总数为 69315 件，其中来自中国大陆的专利高达 47397 件，占比68.4%，可谓是独占鳌头。因此，从统计数据上看，中国的石墨烯研究与产业化进程无疑是引领世界的。当然，不可否认的是，统计数字只能反映一部分现实，也会掩盖一些重要的"真实"，当然这一点不仅仅限于石墨烯新材料领域。

中国的"石墨烯热"已经持续了近十年，甚至到了狂热的程度，这是全球其他国家和地区少见的。尤其在前几年的"石墨烯淘金热"巅峰时期，全国各地争相建设"石墨烯产业园""石墨烯小镇""石墨烯产业创新中心"，甚至在乡镇上都建起了石墨烯研究院，可谓是"烯流滚滚"，真有点像当年的"大炼钢铁运动"。客观地讲，中国的石墨烯产业推进速度是全球最快的，既有的产业大军规模也是全球最大的，甚至吸引了包括两位石墨烯诺贝尔奖得主在内的众多来自海外的"淘金者"。同样不可否认的是，中国的石墨烯产业发展也存在着一些不健康的因素，一哄而上，遍地开花，导致大量的简单重复建设和低水平竞争。以石墨烯材料生产为例，2018 年粉体材料年产能达到 5100 吨，CVD 薄膜年产能达到 650 万平方米，比其他国家和地区的总和还多，实际上已经出现了产能过剩问题。2017 年 1 月 30 日，笔者接受澎湃新闻采访时，明确表达了对中国石墨烯产业发展现状的担忧，随后很快得到习近平总书记的高度关注和批示。有关部门根据习总书记的指示，做了全国范围的石墨烯产业发展现状普查。三年后的现在，应该说情况有所改变，随着人们对石墨烯新材料的认识不断深入，以及从实验室到市场的产业化实践，中国的"石墨烯热"有所降温,人们也渐趋冷静下来。

　　这套大部头的石墨烯丛书就是在这样一个背景下诞生的。从 2004 年至今,已经有了近十六年的历史沉淀。无论是石墨烯的基础研究,还是石墨烯材料的产业化实践,人们都有了更多的一手材料,更有可能对石墨烯材料有一个全方位的、科学的、理性的认识。总结历史,是为了更好地走向未来。对于新兴的石墨烯产业来说,这套丛书出版的意义也是不言而喻的。事实上,国内外已经出版了数十部石墨烯相关书籍,其中不乏经典性著作。本丛书的定位有所不同,希望能够全面总结石墨烯相关的知识积累,反映石墨烯领域的国内外最新研究进展,展示石墨烯新材料的产业化现状与发展前景,尤其希望能够充分体现国人对石墨烯领域的贡献。本丛书从策划到完成前后花了近五年时间,堪称马拉松工程,如果没有华东理工大学出版社项目课题组的创意、执着和巨大的耐心,这套丛书的问世是不可想象的。他们的不达目的决不罢休的坚持感动了笔者,让笔者承担起了这项光荣而艰巨的任务。而这种执着的精神也贯穿整个丛书编写的始终,融入每位作者的写作行动中,把好质量关,做出精品,留下精品。

　　本丛书共包括 22 分册,执笔作者 20 余位,都是石墨烯领域的权威人物、一线专家或从事石墨烯标准计量工作和产业分析的专家。因此,可以从源头上保障丛书的专业性和权威性。丛书分五大部分,囊括了从石墨烯的基本性质和表征技术,到石墨烯材料的制备方法及其在不同领域的应用,以及石墨烯产品的计量检测标准等全方位的知识总结。同时,两份最新的产业研究报告详细阐述了世界各国的石墨烯产业发展现状和未来发展趋势。除此之外,丛书还为广大石墨烯迷们提供了一份科普读物《有问必答:石墨烯的魅力》,针对广泛征集到的石墨烯相关问题答疑解惑,去伪求真。各分册具体内容和执笔分工如下:01 分册,石墨烯的结构与基本性质(刘开辉);02 分册,石墨烯表征技术(张锦);03 分册,石墨烯基材料的拉曼光谱研究(谭平恒);04分册,石墨烯制备技术(彭海琳);05分册,石墨烯的化学气相沉积生长方法(刘忠范);06分册,粉体石墨烯材料的制备方法(李永峰);07分册,石墨烯材料质量技术基础:计量(任玲玲);08分册,石墨烯电化学储能技术(杨全红);09分册,石墨烯超级电容器(阮殿波);10分册,石墨烯微电子与光电子器件(陈弘达);11分册,石墨烯薄膜与柔性光电器件(史浩飞);12分册,石墨烯膜材料与环保应用(朱宏伟);13分册,石墨烯基传感器件(孙立涛);14分册,石墨烯宏观材料及应用(高超);15分册,石墨烯复合材料(杨程);16分册,石墨烯生物技术(段小洁);17分册,石墨烯化学与组装技术(曲良体);18分册,功能化石墨烯材料及应用(智林杰);19分册,石墨烯粉体材料:从基础研究到工业应用(侯士峰);20分册,全球石墨烯产业研究报告(李义春);21分册,中国石墨烯产业研究报告(周静);22分册,有问必答:石墨烯的魅力(刘忠范)。

　　本丛书的内容涵盖石墨烯新材料的方方面面,每个分册也相对独立,具有很强的系统性、知识性、专业性和即时性,凝聚着各位作者的研究心得、智慧和心血,供不同需求的广大读者参考使用。希望丛书的出版对中国的石墨烯研究和中国石墨烯产业的健康发展有所助益。借此丛书成稿付梓之际,对各位作者的辛勤付出表示真诚的感谢。同时,对华东理工大学出版社自始至终的全力投入表示崇高的敬意和诚挚的谢意。由于时间、水平等因素所限,丛书难免存在诸多不足,恳请广大读者批评指正。

2020年3月于墨园

前　言

　　石墨烯是碳元素的一种同素异形体，由单层碳原子所构成的蜂窝状二维晶体。石墨烯被用作碳纳米管、富勒烯、多层石墨烯以及体石墨等石墨烯基材料的基本构筑单元。石墨烯基材料的有关研究可以追溯到 20 世纪，理想的石墨烯结构经常被用作描述各种碳材料性质的基础模型。直到 2004 年，安德烈·海姆（Andre Geim）和康斯坦丁·诺沃肖洛夫（Kostya Novoselov）等人利用机械剥离法制备出石墨烯，这激发了石墨烯基材料的研究热潮。石墨烯具有诸多新奇的物理性质，包括常温常压下极高的电子迁移率、优越的力学和热学性质，以及能够在室温下观察到量子霍尔效应等。从石墨烯延伸出来的石墨烯基材料也具有丰富的性质，并被应用于各种各样的功能器件。当前，石墨烯基材料的研究涵盖了从电子和声子等元激发、各元激发的相互作用以及光吸收和光散射等基础物理性质，到石墨烯基纳米光电子器件、超级电容器、纳机电系统等应用领域。石墨烯基材料展现出极为重要的研究价值和广阔的应用前景。

　　在基础研究和器件应用研究中，对石墨烯基材料进行无损、高效、高分辨率甚至原位的表征和分析是必不可少的。拉曼光谱作为物质对光的非弹性散射光谱，对材料的物理化学性质高度敏感。拉曼光谱的测试操作简单，可在常温常压环境下进行，且不需要特殊的样品制备。拉曼光谱是表征石墨烯基材料结构、对称性、电子能带、声子色散、弹性系数、掺杂和缺陷等性质的有力工具，为人们充分理解其展现的优异性能提供了便捷的途径。石墨烯基材料具有众多分支且都具有独特的结构，这使得其拉曼光谱看起来较为复杂，其光谱特征随石墨烯基材料的结构、堆垛方式、转角以及外界微扰等因素的变化而发生显著改变。这给分析石墨烯基材料的拉曼光谱分析造成了一定的困难,其中,部分问题至今仍困扰着许多科学工作者。

通常,对于非专业研究者来说,拉曼光谱只是一种材料种类和晶体质量的表征工具,大家往往忽视了其背后所蕴藏的复杂机理。深入地理解石墨烯基材料的拉曼散射机理有助于纳米科学领域甚至工业化应用领域的研究者更好地使用拉曼光谱仪来获得更多、更丰富的材料信息。为了更好地理解和解释石墨烯基材料复杂的拉曼光谱特征,掌握一些基本的固体物理概念是必要的,这将有助于把实验和理论结合起来,了解并分析实验参数(如激发光和散射光的偏振方向、光子能量、温度、压力、磁场、载流子浓度和栅压等)与拉曼光谱特征之间的关系,进而解释石墨烯基材料所具有的丰富且奇特的物理现象。

撰写本书主要目的是帮助读者理解石墨烯基材料的声子物理和拉曼光谱,提供一系列基础性、系统性和指南性的知识,为准备进入本领域或刚涉及利用拉曼光谱来表征石墨烯基材料物理和化学性质的科研人员提供必要的理论和方法支持,为相关科技工作者展示目前该领域的最新研究进展,并为有志于从事拉曼光谱研究的同行们提供理论基础、实验技术和结果分析的知识储备。为此,本书主要介绍光散射的理论基础,包括一阶拉曼散射和双共振拉曼散射,着重关注石墨烯基材料独特的电子能带结构所导致的拉曼散射过程,以及外界微扰对其拉曼散射过程的影响,并系统地介绍当前拉曼光谱在表征石墨烯基材料及其相关异质结和器件方面的应用和代表性研究工作。

本书共分为七章。先从石墨烯基材料的结构和性质入手,详细介绍其独特的物理和化学性质;在引入电子和声子等基本概念之后,简述了晶体材料的电子能带结构和声子色散曲线的计算方法,比较了不同层数和堆垛方式的多层石墨烯的物理性质;随后,从经典理论和量子图像两个方面介绍了拉曼散射理论,包括一阶和高阶拉曼散射、共振拉曼散射、拉曼选择定则和拉曼光谱特征等基础知识;结合电子能带结构、声子色散曲线以及拉曼散射的理论知识,分析了石墨烯、多层石墨烯和转角多层石墨烯的拉曼光谱,及其随激发光和散射光的偏振方向、缺陷、磁场、电场、温度、化学掺杂、转角等因素的变化关系;最后介绍了如何通过拉曼光谱特征的变化来表征石墨烯基材料及其相关异质结的结构和性质,以及拉曼光谱在表征石墨烯基器件的工作机理和性能等方面的应用。

本书由谭平恒研究员、从鑫博士生、刘雪璐高级工程师和冷宇辰博士生共同完成,作者均为从事石墨烯基材料拉曼光谱学研究的一线人员。谭平恒研究员全面指导了本书的撰写工作。从鑫博士生负责了第1～2章初稿的撰写工作。从鑫博士生和谭平恒研究员共同撰写了第3～6章的初稿,其中,刘雪璐高级工程师提供了第3章的部分实验数据,冷宇辰博士生提供了第4章和第5章的部分素材。刘雪璐高级工程师提供了第7章的部分素材,并与谭平恒研究员共同撰写了第7章的初稿。谭平恒研究员和从鑫博士生对全部初稿进行了统稿和再加工。最后,谭平恒研究员对全部稿件进行了审校。

本书从策划到完稿前后花了逾三年时间,其间本研究组和其他课题组不断有最新成果发表,使得稿件一直处于不断完善的过程。但比较遗憾的是,即使到出版时,仍然不能及时地把很多新的成果囊括到本书中。本书的最终成稿,部分得益于新冠肺炎疫情而多出的整块可支配的时间,这种心情无以言表。由于作者水平及经验有限,书中难免存在诸多不妥和疏漏之处,恳请广大读者批评指正,并提出宝贵意见,以便以后进行修订。

需要特别说明的是,与多层石墨烯对应的是单层石墨烯,但从学术意义上严格来说,石墨烯就是指单层石墨烯,因此本书不再特别提单层石墨烯的概念,除非为了比较说明等。另外,石墨烯基材料的性质与缺陷、磁场、电场、温度和载流子掺杂浓度等密切相关。如果没有加限制性说明,本书所描述的都是本征的(无缺陷和载流子掺杂的)、在常温常压下石墨烯基材料所具有的性质。为了便于读者直接从 http://dx.doi.org/快速地检索到所关心的参考文献,文末都尽量提供了它们的 DOI 号。

希望本书的出版对从事或者渴望进入石墨烯基材料拉曼光谱研究领域的科研工作者和研究生来说具有重要的参考价值。读者若对此书有任何疑问或意见，请直接发送电子邮件到 phtan@semi.ac.cn。

谭平恒

2020 年 10 月

目 录

石墨烯基材料的拉曼光谱研究

● 第 7 章　拉曼光谱在表征石墨烯基材料中的应用

第 1 章

石墨烯基材料的
介绍

碳材料作为凝聚态物理、材料物理、无机化学及其相关领域的基础材料体系，具有简单性和丰富性的特点。同时，碳原子可以灵活地参与形成各种化学键，使得碳材料具有不同的结构，进而具有丰富的物理和化学性质。碳材料在当代科学技术中扮演着重要的角色，如类金刚石和无定形碳材料被广泛地应用于日常生活中，包括在磁盘涂层、防护涂层、增透膜、发动机、太阳镜以及生物医学和微机电系统中的应用。其中，石墨烯是碳的一种同素异形体。对石墨烯的研究可以追溯到20世纪40年代。Wallace通过理论计算发现，当石墨的厚度减小到只有一个原子层的厚度（即石墨烯）时，它表现出独特的电子性质。[1]事实上，体石墨就是由这样的石墨烯按一定方式逐层堆叠而成，因此组成体石墨的每一层结构单元也被称为石墨烯层。然而，理论计算和某些实验结果曾表明石墨烯这种二维材料是不可能存在的。[2]早期为了在实验上获得石墨烯，人们尝试过化学插层的方法，即将一些原子或分子插入石墨中，使得石墨的各原子层被这些原子或分子隔离开，进而得到一种新的三维材料。在某些情况下，把大的分子插入石墨中会导致其各原子层之间被隔离成较大的距离，因此，石墨插层化合物可以看作由孤立的碳原子单层（即石墨烯）堆垛而成。[3]另外，还可以通过化学反应去除石墨插层化合物中的插层分子而得到由重新堆垛和卷曲的石墨烯片构成的沉淀物。由于这种方法很难控制石墨沉淀物的成分，因此很少受到关注。对于石墨烯的制备，人们还尝试过其他方法，如用生长碳纳米管的方法制备较厚的薄膜（层数超过100层的石墨薄膜）、金属表面的化学气相沉积以及SiC的热分解等方法，但是这些方法在当时都不能得到完美的石墨烯。直到2004年，安德烈·海姆（Andre Geim）和康斯坦丁·诺沃肖洛夫（Konstantin Novoselov）等人发现可以通过胶带从高定向热解石墨（highly oriented pyrolytic graphite，HOPG）中机械剥离出高质量的石墨烯,所制备出的石墨烯具有令人惊奇的物理性质。[4]图1.1(a)为机械剥离的单层和多层石墨烯以及转角多层石墨烯的典型光学图像。[5]这使得石墨烯自从被制备出来以后就获得了极为广泛的关注和研究,特别是在石墨烯基材料的制备技术方面,进展很快。经过多年的发展,人们探索出一系列制备高质量石墨烯基材料的方法,包括机械剥离法(mechanical exfoliation,ME)、化学气相沉积法(chemical vapor deposition,CVD)、碳化硅(SiC)表面外延生长法、还原氧化石墨烯法以及有机合成法等。石墨烯基材料制备技术的进步为石墨烯薄片的层数控制、石墨烯功能化、凝聚态物理研究以及新一代微纳光电子器件的应用探索奠定了坚实的基础。[6-8]

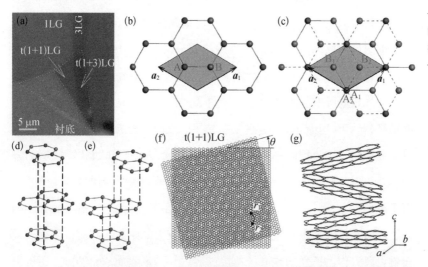

图 1.1　石墨烯基材料的结构

(a)机械剥离的单层和多层石墨烯以及转角多层石墨烯的典型光学图像[5];(b)石墨烯晶胞的顶视图(A、B为两个不等价的碳原子,a_1和a_2为晶格基矢)[5];(c)AB堆垛双层石墨烯(AB-2LG)的顶视图[5];(d)ABA堆垛和(e)ABC堆垛三层石墨烯的原子结构示意图[5];(f)转角双层石墨烯的顶视图(θ表示上下两层石墨烯的相对旋转角度)[5];(g)乱层石墨晶格结构示意图[9]

1.1　石墨烯基材料及其性质

石墨烯独特的物理性质来源于其独特的原子结构。严格意义上的石墨烯是指单层石墨烯,它只有单个原子层的厚度,是一种真正意义上的二维材料。石墨烯是每个碳原子与相邻三个碳原子结合在一起而形成的二维蜂窝状结构,如图 1.1(b)所示,由 sp² 强共价键相互结合而成。[5]石墨烯的原胞含有两个不等价的碳原子 A 和 B,它们各自形成一套平面内的三角网格。A 和 B 原子之间的距离(即碳碳键的键长)$a_{C-C} = 0.142$ nm,石墨烯的晶格常数 $a = 0.246$ nm。

石墨烯独特的原子结构使其具有显著的机械和热学性质,例如高的抗断强度(约为 40 N/m)和杨氏模量(约为 1.0 TPa)以及超高的室温热导率[约为 5000 W/(m·K)]。电子和空穴在不到 1 nm 厚度的石墨烯中具有相对论(无质量)属性,也就是说,电子在石墨烯中的输运需要用狄拉克方程来描述,这为相对论量子力学的研究提供了基础。同时,石墨烯具有较小的自旋轨道耦合以及超长的自旋相干长度,这一特性有望用于自旋输运等自旋电子学基础问题和相关器件的研究。石墨烯的发现还促进了新一代光电子器件的发展。本征石墨烯在费米能级附近具有独特的线性能带结构,其电子有效质量为零,具有超高的费米速度和载流子迁移率,以及亚微米尺度的弹道传输特性,同时可兼容已有工艺,有望应用于新一代晶体管等电子器件之中。由于石墨烯具有独特的电子输运性质,悬浮石墨烯的电子迁移率可以高达 200000 cm²/(V·s)。人们也理论预测并通过实验证实了石墨烯的其他性质,例如最小电导率和半整数量子霍尔效应、克莱恩隧穿(Klein tunneling)、负折射率和韦斯拉格透镜(Veselago lensing)效应、金属-超导体结的反常安德列也夫反射(anomalous Andreev reflection)以及金属-绝缘体相变等。石墨烯具有的高热导率、独特的光学性质和机械性能以及高比表面积等特性使其在高频纳米电子学、微机电系统、薄膜晶体管、透明导电复合材料和电极、快速充电电池和超级电容器、高灵敏化学传感器、柔性与印刷光电子学和光子学领域具有重要的应用,是一种极富研究和应用前景的材料。[2,4]

体石墨和多层石墨烯中各石墨烯层之间最为常见和稳定的堆垛方式是 AB 堆垛和 ABC 堆垛。图 1.1(c)给出了 AB 堆垛双层石墨烯(AB-2LG)

的顶视图,其中一层六边形的中心被相邻层六边形顶点处的碳原子占据,两层之间的距离为0.35 nm。[5]对于更多层的情况,继续以这种堆垛方式可形成AB堆垛三层石墨烯(AB-3LG),其最顶层的原子与最底层的原子位置相同,如图1.1(d)所示。[5]AB-3LG可以表示为ABA堆垛的三层石墨烯。若最顶层的原子与近邻和次近邻原子层之间都有60°的转角,则构成ABC堆垛的三层石墨烯(ABC-3LG),如图1.1(e)所示。[5]除了以上规则的堆垛方式以外,还可以将两石墨烯层以任意转角(θ)进行堆垛而形成转角双层石墨烯(t2LG),如图1.1(f)所示。[5]通过调节旋转角度,可以连续地调节转角石墨烯的电学性质和光学性质。如果将多个石墨烯层以任意角度堆垛,则形成较厚的石墨片,即所谓的乱层石墨[图1.1(g)]。[9]石墨烯(single layer graphene,SLG)、双层石墨烯(bilayer graphene,BLG)和少层石墨烯(few layer graphene,FLG,层数为3~10)是二维石墨烯薄片可区别的三种类型。有时双层石墨烯和少层石墨烯一起也被称为多层石墨烯(multilayer graphene,MLG)。由10层及以上石墨烯层所构成的材料,其电子能带结构已经逼近三维极限,从性质上来说通常不被认为是二维材料。

以石墨烯为基础可以构建各种各样的碳材料,这些具有不同维度和性质的材料,都可以被称为石墨烯基材料。如图1.2所示,石墨烯可以被分解为一维石墨烯纳米带和零维纳米石墨烯。[2]人们把宽度小于100 nm的石墨烯窄带称为石墨烯纳米带。将这种石墨烯纳米带卷成无缝的圆柱体则变成了所谓的单壁碳纳米管。理论上,纳米带和纳米管可以无限长,因此,是一维系统。再增加一层和两层的同心圆柱,就可以分别得到双壁和三壁碳纳米管。多层石墨烯纳米带可以卷曲形成多壁碳纳米管。平面内尺寸小于几百纳米的石墨被称为纳米石墨。在石墨烯中引入五元环,产生具有正曲率的缺陷,可形成富勒烯,纳米石墨和富勒烯是一种零维结构。通过层与层之间的范德瓦耳斯耦合,由石墨烯在平面外方向(c轴)上堆垛而形成层状结构的多层石墨烯,若层数超过100,则形成三维体石墨。因此,以石墨烯为基础可以构建零维、一维、二维和三维碳材料。

经过数十年的研究,石墨烯的制备技术获得了极大的发展,实现了从

图 1.2　通过石墨烯构建石墨烯基材料的示意图

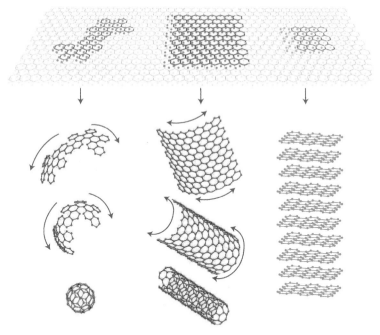

注：石墨烯是一种二维材料，可包裹而成零维纳米球、卷曲而成一维纳米管、堆垛而成三维体石墨。[2]

实验室中微米级石墨烯的制备到大面积、卷轴式（roll-to-roll）宏观石墨烯的制备。图 1.3(a)显示了利用化学气相沉积法在铜衬底上制备并转移到透明衬底上的超大尺寸（35 英寸①）的石墨烯薄膜。[11]高质量的石墨烯薄膜具有较低的面电阻（约为 125 Ω·□⁻¹）以及较高的光学透过率（97.4%），并可以观测到半整数的量子霍尔效应。超大面积石墨烯薄膜的制备促进了石墨烯在透明电极和柔性触摸屏方面的商业化应用。为了促进石墨烯在实际器件中的各种应用并进一步扩展其功能以适应特殊的应用环境，人们成功制备出了多种结构形式的石墨烯基材料，包括石墨烯薄膜、三维石墨烯、石墨烯量子点、石墨烯纳米带、石墨烯复合物以及石墨烯基异质结。早期，为了获得可用于电子器件的大面积石墨烯基材料，人们尝试将石墨烯与高分子材料相结合来制备石墨烯/高分子复合物，然

---

① 1 英寸（in）＝0.0254 米（m）。

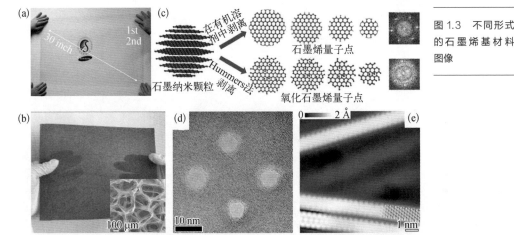

图 1.3 不同形式的石墨烯基材料图像

（a）利用化学气相沉积法在铜衬底上制备并转移到透明衬底上的超大尺寸（35英寸）的石墨烯薄膜；[11]（b）面积为170 mm×220 mm的悬浮三维石墨烯泡沫薄膜（插图为其高分辨扫描电子显微镜图像）；[12]（c）利用化学剥离石墨纳米颗粒制备的石墨烯量子点和氧化石墨烯量子点；[13]（d）石墨烯纳米孔的隧道电子显微镜图像；[14]（e）通过化学方法合成的宽度为7个原子（小于1 nm）的石墨烯纳米带的高分辨扫描电子显微镜图像（蓝色部分表示理论计算的石墨烯纳米带扫描电子显微镜图像）[15]

而，这种石墨烯/高分子复合物的电导率较小，限制了石墨烯在电子器件中的进一步应用。后来，人们又尝试将二维的石墨烯聚集成三维的宏观结构，即三维石墨烯泡沫薄膜[图1.3(b)]，其高分辨扫描电子显微镜图像[图1.3(b)插图]所显示的柔性网络结构为电子的快速传输提供了有效通道。[12]将这种石墨烯泡沫薄膜与二甲基硅氧烷结合所形成的复合物可获得比石墨烯/高分子复合物高出六个数量级的电导率，促进了石墨烯泡沫在柔性可穿戴器件中的应用。随着石墨烯制备技术的发展，现在简单易行的合成工艺也能制备出理想的石墨烯基材料。

简单易行的合成工艺以及对石墨烯的物理化学加工可得到多种结构可控的石墨烯基材料，这促进了石墨烯基材料在微纳电子器件、透明电极以及生物等领域的应用。利用石墨烯的尺寸、形状以及sp^{2}键的成分可以调节其电子能带结构及其带隙，进而可调节石墨烯的光致发光性质。如图1.3(c)所示，通过化学剥离石墨纳米颗粒可制备高质量、尺寸直径约为4 nm的石墨烯量子点和氧化石墨烯量子点，尺寸如此之小，以致其量子限制效应对光致发光也有贡献。[13]石墨烯量子点的碳原子只有 sp^2 杂化,而氧化石墨烯量子点有含氧官能团所引起的缺陷,部分碳原子为 sp^3 杂化。因此,石墨烯量子点和氧化石墨烯量子点的荧光光谱表现出显著的差异,这为研究小尺寸石墨烯荧光光谱以及石墨烯基材料在生物等领域(如细胞成像、生物传感器以及药物传输等)的应用提供了理想的材料体系。通过高能量电子束刻蚀可以实现对石墨烯的剪裁,从而得到具有较高质量的石墨烯纳米孔[图 1.3(d)[14]]和石墨烯纳米带。本征石墨烯为半金属材料,而石墨烯纳米带却表现出半导体性质,这已为实验所证实。由于电子的散射效应,利用电子束刻蚀的方法只能得到 10～100 nm 宽度的纳米带,而利用化学合成法可得到宽度更窄的纳米带。图 1.3(e)显示了通过化学方法合成的宽度为 7 个原子(小于 1 nm)的石墨烯纳米带的高分辨扫描电子显微镜图像。[15]

1.2　范德瓦耳斯异质结及垂直器件

当前,石墨烯的相关研究已逐渐从关于石墨烯基材料自身的研究转移到其在器件等方面的应用,以及作为一种理想的平台对各种各样新奇现象的研究上,因此,基于石墨烯的基础科学研究(如多体物理等)以及石墨烯器件的质量水平都有望取得进一步的突破。石墨烯的成功制备及其奇特性质的研究也促进了其他二维材料的研究进展。如今已有数千种二维材料被制备出来,如图 1.4 所示,包括六方氮化硼(hBN)、二硫化钼(MoS_2)以及其他硫化物和层状氧化物等。[10]与石墨烯类似的二维材料也受到了关注,特别是相比于体材料,二维材料(如 MoS_2)的电学性质有显著的提升。

多层石墨烯和六方氮化硼的每个原子层之间都是通过范德瓦耳斯力结合而成,因此它们的厚度将直接由原子层的数量决定,其原子层的数量就被称为多层石墨烯和六方氮化硼的层数。但在 MoS_2 和 Bi_2Se_3 等二维

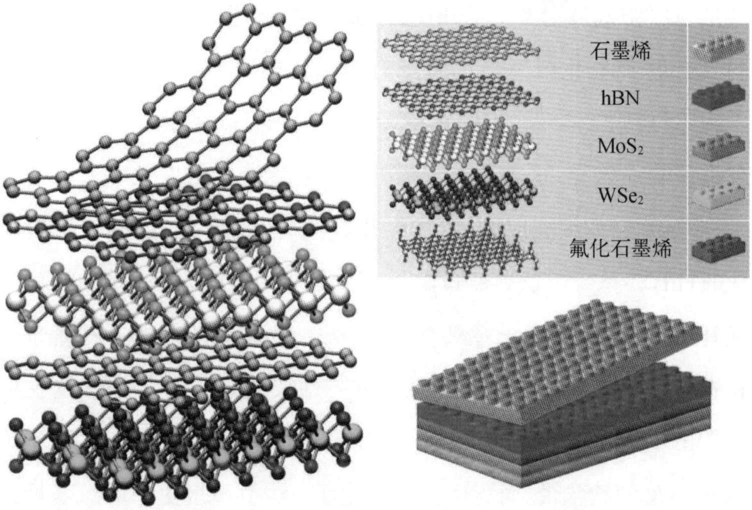

图 1.4　构建范德瓦耳斯异质结的示意图

石墨烯

hBN

MoS₂

WSe₂

氟化石墨烯

注：右下图显示，将二维材料看作乐高积木，使得通过各种各样层状材料构建范德瓦尔斯异质结成为可能。[10]

材料中，相邻原子层间也可能通过化学键结合成由多个原子层构成的不可再物理剥离开的最小单元，这种最小单元被称为二维材料的"层"。例如，MoS_2 的"层"由 Mo 原子层置于两个 S 原子层中间所形成的三明治结构构成，而 Bi_2Se_3 的"层"由五个原子层构成。总的来说，二维材料（two-dimensional material，2DM）由一层或几层构成，其中每一层内的原子与所在层内的邻近原子紧密成键结合，有一个维度（即其厚度）处于纳米或更小尺度，其余两个维度通常处于更大尺度。二维材料的厚度可直接由层厚与层数决定。

通过层间范德瓦耳斯力的相互作用，可以将相同或不同二维材料进行纵向堆垛。通过范德瓦耳斯力结合而成二维范德瓦耳斯异质结可以不受晶格常数匹配和材料合成方法兼容性的限制。在各种各样二维材料研究取得进展的同时，二维范德瓦耳斯异质结的相关研究也获得了极大的发展。例如，将一个单层二维材料堆垛到另一个单层或多层二维材料上面，然后将另一种二维材料再堆叠到它们上面，等等，这样可得到人工合成的具有特定堆垛顺序的新材料。平面内强的共价键保证了晶体的稳定性，相对较弱的层间范德瓦耳斯力可以结合不同的二维材料，这种乐高积木式的材料堆垛方式可以扩展到任意材料的结合,并获得比单独的二维材料具有更丰富性质的材料体系。

在二维材料大家族中,石墨烯具有极高的力学强度、常温下数个微米的弹道传输距离、低温下悬浮样品高达 10^5 cm²/(V·s)的电子迁移率,因此,石墨烯通常是构建范德瓦耳斯异质结和电子器件的重要组分。六方氮化硼(hBN)作为石墨烯的理想衬底,进一步促进了二维材料转移和范德瓦耳斯异质结制备技术的发展。hBN 不但可以作为衬底,还可以将二维材料包裹起来,以避免空气等外界因素造成的负面影响。例如,在低温下,以 hBN 为衬底时石墨烯电子迁移率可从 10^5 cm²/(V·s) 增加到 5×10^5 cm²/(V·s),hBN 包裹的石墨烯具有较高的空间均匀性,其面积可以超过 $100~\mu m^2$,在较低磁场(0.2 T)下,其电容表现出量子震荡。

范德瓦耳斯异质结还可以充分利用各组分或子系统的优异性质而实现各组分单独所不具备的功能。例如,具有高迁移率的石墨烯可作为原子级厚的电极,用于遂穿场效应晶体管、透明柔性高量子效率的光电器件、高开关比的逻辑器件、高量子效率且波长可调的发光二极管等各种高性能器件之中,具有大带隙的过渡金属硫族化合物(transition metal dichalcogenides,TMD)和 hBN 等可作为电学器件的隧穿势垒。[16]图1.5(a)显示了基于石墨烯/二硫化钨范德瓦耳斯异质结所制备的隧穿场效应晶体管光学图像。[17]这种垂直器件的制备需要三次到四次二维材料的转移工艺。图 1.5(b)给出了范德瓦耳斯异质结界面的高分辨扫描透射电子显微镜图像。[17]近邻原子层间范德瓦耳斯力的吸引作用可挤出界面间的污染物或界面处形成的微米级气泡,因此异质结界面非常干净并且具有原子级的平整度。这种原子级平整的界面是几乎不可能在其他传统器件的界面通过其他技术所能实现的。范德瓦耳斯异质结对电荷的均匀度较为敏感,而对于载流子迁移率没有太高的要求,这种隧穿异质结作为一种新型的场效应隧穿晶体管,其隧穿电流可以通过调控电极的费米能级来实现。例如,在图 1.5(d)和(e)的器件中,石墨烯电极的费米能级可通过调节栅压[图 1.5(a)中硅衬底与底部石墨烯层(Gr_B)之间的电压]来

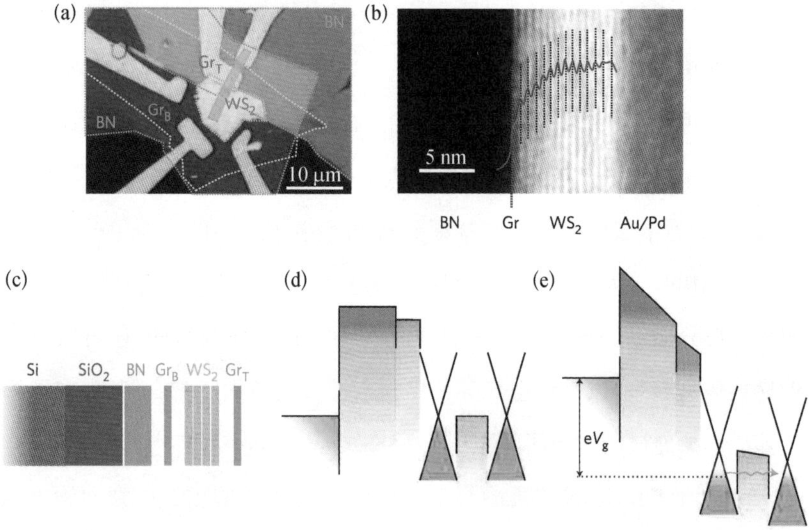

图 1.5　石墨烯基垂直器件

（a）基于石墨烯/二硫化钨范德瓦耳斯异质结所制备的隧穿场效应晶体管光学图像；（b）范德瓦耳斯异质结界面的高分辨扫描透射电子显微镜图像；（c）垂直晶体管结构示意图；（d）没有施加栅压和偏压以及（e）施加负栅压时的电子能带结构示意图[17]

改变。[17] 这样即使没有施加偏压[底层石墨烯和顶部石墨烯（Gr_T）之间的电压]，石墨烯电极费米能级的升高也会降低隧穿势垒并产生电流，这与标准的 Fowler-Nordheim 机理（偏压导致的隧穿效应）不同。利用范德瓦耳斯异质结制备的隧穿器件在室温下可达到极高的开关比（10^6）。

1.3　石墨烯基材料的表征

　　无论是在实验室还是在工业生产中，用于鉴别和表征石墨烯基材料，并研究这些材料在异质结和相关器件中的状态、效应和功能化机制的通用技术，对于材料合成、基础研究和器件应用都是必不可少的。石墨烯基材料的表征包括结构表征，以及电子和声子等基本性质的表征。表征技术可以根据表征准粒子或电流/密度的响应函数来分类。在传统情况下，可通过光电子能谱和隧道谱表征费米子，可通过光谱等技术表征玻色子。

同一种表征技术可用来同时研究准粒子和集体激发的性质。例如，光电子能谱中的反交叉精细结构可以给出准粒子和集体模式的相互作用。相反地，光导率是一种电子的集体响应，根据某些近似，也可获取单粒子能带结构的一些参数。图1.6显示了石墨烯中电子相关现象的能量尺度及其对应的频率以及常见表征技术。[18]总体来说，表征石墨烯基材料的技术包括扫描隧道显微镜、电子能量损失谱、拉曼光谱、椭圆偏振光谱、角分辨光电子能谱、太赫兹时域光谱、红外光谱等。这些技术可实现覆盖太赫兹到深紫外能量范围的准粒子和集体激发的探测。

图1.6 石墨烯中电子相关现象的能量尺度及其对应的频率以及常见表征技术[18]

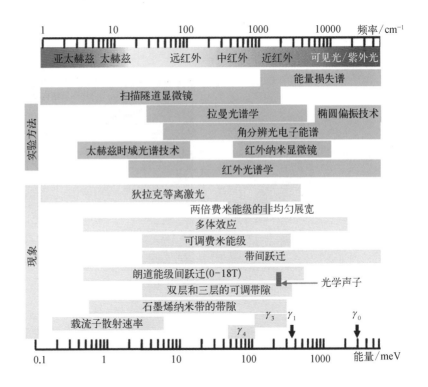

除上述谱技术外，原子力显微镜（atomic force microscope，AFM）也被广泛用于二维材料厚度的表征。[19]原则上，单层和多层石墨烯的厚度可通过AFM来表征。理论上来说，多层石墨烯的厚度是一系列离散的值，N层石墨烯的厚度是石墨烯厚度的N倍。但在实际测试过程中，由于石墨烯和衬底之间存在空气等填充物，或者普通AFM的针尖与石墨烯

和衬底的相互作用强度不同,由 AFM 所测得的多层石墨烯厚度往往存在一定的误差。通过 AFM 测得的石墨烯厚度一般为 0.34～2 nm,但相邻多层石墨烯之间的高度差与相应的厚度差异通常一致。例如,如图 1.7 所示,AFM 测得的石墨烯厚度为 1.73 nm,远大于石墨烯的实际厚度(0.34 nm),而相邻的四层石墨烯与石墨烯的高度差约为 1 nm,与三层石墨烯厚度一致。在实际测量过程中,使用 AFM 的敲击模式来测量可使得 AFM 针尖对样品的损伤最小。然而,由于利用 AFM 技术测试二维材料厚度较为耗时,不适于快速测量大面积的二维材料样品。AFM 也不太适合于悬浮样品的厚度测量。除了表征石墨烯基材料的厚度和形貌,不同的 AFM 模式还可以用于研究石墨烯的力学、摩擦、电子、磁性以及弹性性质。

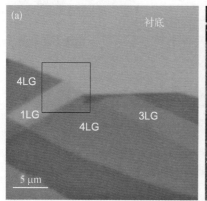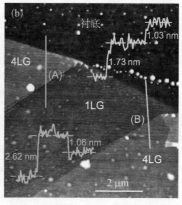

图 1.7　单层和多层石墨烯厚度表征

(a)单层、三层和四层石墨烯的光学图像;(b)AFM 测得的图(a)中方框部分的高度图像[19]

对石墨烯基材料进行光谱表征可以用来研究其电子、声子、等离激元等元激发及其之间的相互作用等性质。利用不同层数石墨烯之间性质的差异可进一步表征石墨烯层数依赖的光学性质,相关内容将在下一章详细讨论。在光谱表征方法中,拉曼光谱是一种快速、无损、高分辨率的检测工具,是表征石墨烯及相关材料的晶格结构、电子和声子等基本性质,以及石墨烯基器件结构和性能的重要手段。[5-7,20-22]拉曼光谱被广泛地应用于各种石墨烯材料的表征,如热解石墨、石墨烯纳米带、碳纳米管、石墨烯和多层石墨烯等,可以提供缺陷、晶体无序性、边缘结构、应力、弹性常

　　　　　　　　　　　　石墨烯基材料的拉曼光谱研究

数、掺杂、石墨烯层数、碳纳米管的直径、手性以及金属性/半导体性等信息,为石墨烯基材料的性质研究和表征提供了方便、高效和有力的方法。拉曼光谱技术在石墨烯基材料的基本性质和相关器件的表征等方面的应用将在后续章节进行系统讨论。

1.4 应用前景与挑战

传统半导体材料,如硅、锗和砷化镓等的带隙一般大于 0.5 eV,因而通过栅极电压可调节开关电流,开关比可达 $10^4 \sim 10^5$。硅材料制备的场效应晶体管可将其静态功率损耗降到极低的状态,并可用于数字电路技术中。然而石墨烯没有带隙,不能有效地控制其相关器件的开关比,因而不能直接用于数字电路中。石墨烯制备的开关器件可以通过随费米能级变化的态密度以及载流子的散射时间来控制。在扩散输运区域,其电导(σ)与态密度(DOS)和散射时间(τ)的关系为 $\sigma \propto DOS \cdot \tau$。即使利用非常干净的样品($\tau$ 较大)来制备石墨烯场效应晶体管,其电流开关比也通常小于 10,因此石墨烯不适用于数字电路的开关器件。传统半导体晶体管工作在饱和区,当载流子动量大到可以激发材料的光学声子时,载流子迁移率下降,进而会降低载流子的收集效率。而石墨烯和碳纳米管的光学声子波数(约为 1600 cm^{-1})远高于无机半导体的光学声子波数,如 GaAs(约为 300 cm^{-1}) 或 Si(约为 500 cm^{-1})等,石墨烯和碳纳米管相应的本征载流子饱和速度(约为 4×10^7 cm/s),远高于 GaAs(约为 2×10^7 cm/s)、Si(约为 1×10^7 cm/s)或 InP(约为 0.5×10^7 cm/s)相应的数值。然而在实验过程中,石墨烯载流子会与衬底的表面声子模耦合,进而影响其饱和速度,因此需要进一步优化石墨烯器件结构等,以促进石墨烯的广泛应用。

尽管石墨烯不适用于直接制备数字电路器件,但在实际应用中,石墨烯独特的性质,如高载流子迁移率、石墨烯器件较高的跨导以及超薄的厚度和较好的材料稳定性等，都使其可应用于相关电子器件，并可得到优异的性能。这些特性表明石墨烯是制备射频模拟电子器件的理想材料。射频器件的操控不需要断开，如在信号放大器中，晶体管一直处于开态，射频信号与直流栅压叠加并被放大。高频晶体管性能的关键参数是截断频率 $f_\mathrm{T} = g_\mathrm{m}/(2\pi C)$，式中，$g_\mathrm{m}$ 和 C 分别表示器件的跨导和电容，因此，小电容和大跨导是优化截断频率的关键要素。当前，栅长为 240 nm 的石墨烯基射频场效应晶体管的截断频率可高达 100 GHz。[16]

石墨烯基材料具有独特的、显著优于其他材料的性质，如原子级厚度、易折叠并与其他二维材料结合形成范德瓦耳斯异质结、大的比表面积、超高的电子迁移率、独特的光学吸收和光热电效应和高本征电容等。这些性质使得石墨烯基材料能够广泛应用于超薄柔性电子器件、化学和生物传感器、超高频电子器件、新一代光电器件、热电器件、光探测器、超级电容器和太阳能电池等领域。从器件和系统的角度来看，石墨烯自身带有钝化表面，相对于表面容易产生缺陷以及深杂质能级的普通半导体材料，石墨烯更容易实现与硅等传统材料的集成。

高质量石墨烯的等离激元具有较长的寿命，可显著增强相关器件的性能，如光与物质相互作用强度、吸收、敏感度、光谱分辨率、调制效率以及探测能力等。能源领域的应用场景对石墨烯的大批量制备提出了很高的要求，电子器件和集成电路的应用场景对石墨烯的晶圆级制备也提出了要求。然而，在当前工业化生产和实际应用中，石墨烯现有的制备技术很难同时保证石墨烯的晶体质量和制备尺寸。同时，不同应用场景对石墨烯质量的要求也不同，这就很难对石墨烯的质量提出一个绝对的标准，如电池或超级电容器要求石墨烯有缺陷、空隙和腔，而电子器件需要没有缺陷的平整石墨烯材料。因此，对于不同的应用领域来说，石墨烯的标准化是一个挑战。

在性质研究和器件应用方面，石墨烯还有广阔的发展前景。石墨烯的热载流子动力学和输运性质的深入研究对于高性能的石墨烯基信息功能器件很有必要，对亚波长尺寸的石墨烯纳米结构所表现出的非局域、非线性和量子效应的研究将有助于开启石墨烯在量子信息、量子通信和量子测量等领域中的应用平台。另外，工作在微波、太赫兹以及可见光频率范围的石墨烯基多功能器件也有望取得进展。

第 2 章

石墨烯基材料的
基础性质

石墨烯作为一种碳的二维同素异形体，可以看作构建零维富勒烯、一维碳纳米管和三维石墨等材料的基础单元。这些由石墨烯所构筑的材料部分继承了石墨烯的一些基础性质，如电子能带结构和声子色散曲线等。因此，研究石墨烯的性质对于理解其他碳材料的电子性质有重要作用。

1946 年，Wallace 首次计算了石墨烯的能带结构，[1]展示出其半金属性的奇特性质，其中一个有趣且重要的问题是，石墨烯的电子在低能量范围内是无质量的手性狄拉克费米子。本征石墨烯的费米面穿过其狄拉克点。与量子电动力学相应的物理现象类似，石墨烯中无质量狄拉克费米子的群速度，即费米速度，达到了光速的 1/300，因而石墨烯表现出很多新奇的性质。与常规的电子相比，石墨烯的狄拉克费米子对磁场有非同寻常的响应，产生了如反常整数量子霍尔效应等新的物理现象。当石墨烯小到介观尺寸时，其不同类型的边界可使其波函数具有不同的边界条件，从而产生一些反常的介观效应，如锯齿型边界具有边界态，而扶手椅型边界没有。当石墨烯纳米带与导体耦合时，不同的边界类型会导致电导有较大差异。石墨烯还具有独特的声子色散，如声学支在布里渊区中心附近具有较大的色散关系，[23]即具有较大声速度，这使得石墨烯具有较高的热导率和较大的杨氏模量。

本章首先介绍石墨烯薄片所具有的独特原子结构，包括单层石墨烯、AB 堆垛和 ABC 堆垛多层石墨烯以及转角多层石墨烯的晶格结构及其特点，这有助于读者后续深入地理解石墨烯基材料的电子能带结构和声子色散关系等概念。随后，通过介绍无限长一维双原子链模型来引入声子的相关概念，介绍如何求解相应的声子色散关系，同时引入声学波和光学波等概念，并将其扩展到三维晶体。以石墨烯为例，介绍其布里渊区内的声子色散、晶格振动的不可约表示等，与石墨进行类比，了解石墨烯与石墨声子之间的对应关系，并介绍石墨烯、多层（奇数层和偶数层）石墨烯和体石墨的对称性以及声子的不可约表示。随后介绍如何通过紧束缚近似来求解石墨烯的电子能带结构，对其电子能带结构的特点和相关性质进行分析，并扩展到 AB 堆垛的多层石墨烯、转角多层石墨烯以及体石墨。这有助于大家了解不同石墨烯基材料在电子能带结构、声子色散关系及其相关的电学和光学性质等方面的异同，为进一步了解其物理性质的表征方法打下必要的理论基础。

2.1　晶体结构

2.1.1　单层和多层石墨烯

　　石墨烯基材料层间较弱的范德瓦耳斯耦合使得多层石墨烯（MLG）具有各种各样的堆垛方式。如图 2.1 所示[24,25]，根据原子层之间的堆垛方式，多层石墨烯可分为 AB 堆垛双层石墨烯（AB-2LG）、AB 堆垛多层石墨烯（AB-MLG）和 ABC 堆垛多层石墨烯（ABC-MLG）。多层石墨烯性质也与这些堆垛方式密切相关，例如，AB-2LG 的低能电子能带结构变成抛物线能带，而不像石墨烯那样是线性狄拉克锥；ABA 堆垛三层石墨烯（ABA-3LG 或 AB-3LG）的电子能带结构则保留了 AB-2LG 的抛物线能带和石墨烯的线性能带；而 ABC 堆垛三层石墨烯（ABC-3LG）的低能电子能带结构与 ABA-3LG 又完全不同，在费米能级附近，有一对平带。多层石墨烯的电子输运性质也依赖其堆垛方式。在整数量子霍尔效应的测试中，ABC-3LG 出现了新的平台，而 AB-3LG 表现出与石墨烯类似的特征，其主要原因在于，超高效的屏蔽效应使得 AB-3LG 对垂直平面的栅压不太敏感，而栅压所导致的电荷重新分布可改变 AB-3LG 晶格的中心反演对称性，并导致在 K 点和 K' 点具有不同的朗道能级。因此，通过

图 2.1 单层和多层石墨烯的晶格结构

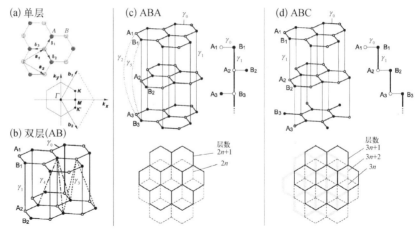

（a）石墨烯[24]、（b）AB 堆垛双层石墨烯[25]、（c）AB 堆垛多层石墨烯[25]和（d）ABC 堆垛多层石墨烯[25]的晶格结构示意图

注：图（a）还给出了石墨烯第一布里渊区的示意图。

整数量子霍尔效应可以鉴别多层石墨烯的堆垛方式。同时,ABC-MLG 的对称性导致能带相对于 K 点发生偏移,因此 AB-MLG 和ABC-MLG 的吸收光谱具有不同的特征。本节将详细介绍石墨烯以及多层石墨烯的晶格结构。

石墨烯作为构成多层石墨烯的基本元素,其晶格结构如图 2.1（a）所示[24]。石墨烯的原胞可看作两个不等价碳原子组成的三角格子,其中,两个不等价碳原子分别标记为 A 和 B 原子,A 和 B 原子之间碳碳键长为 $a \approx 1.42 \text{ Å}$①。石墨烯的晶格基矢可写为

$$\boldsymbol{a}_1 = \frac{a}{2}(3, \sqrt{3}), \ \boldsymbol{a}_2 = \frac{a}{2}(3, -\sqrt{3}) \tag{2.1}$$

根据式（2.1）可得到石墨烯的晶格常数为 2.46 Å。根据晶格基矢与倒格矢的关系,$\boldsymbol{a}_i \cdot \boldsymbol{b}_j = 2\pi\delta_{ij}$, $i, j = 1, 2$,式中,$\boldsymbol{b}_j$ 表示第 j 个倒格矢,可得石墨烯的倒格矢为

$$\boldsymbol{b}_1 = \frac{2\pi}{3a}(1, \sqrt{3}), \ \boldsymbol{b}_2 = \frac{2\pi}{3a}(1, -\sqrt{3}) \tag{2.2}$$

---

① 1 Å（埃米）$= 10^{-10}$ m（米）。

图 2.1(a)给出了石墨烯第一布里渊区的示意图[24]，其中 $\varGamma$ 点、M 点、K 点和 K' 点为第一布里渊区中的高对称点，K 点和 K' 点是布里渊区中最重要的两个点。石墨烯的狄拉克锥位于布里渊区的 K 点和 K' 点，因此这两个点也被称为狄拉克点。K 点和 K' 点在倒空间的位置为

$$K = \left(\frac{2\pi}{3a}, \ \frac{2\pi}{3\sqrt{3}\,a} \right), \ K' = \left(\frac{2\pi}{3a}, \ -\frac{2\pi}{3\sqrt{3}\,a} \right) \tag{2.3}$$

在自然界中还没有发现过天然存在的石墨烯。天然的体石墨就是石墨烯层按一定堆垛形式堆叠而成的层状材料。图 2.1(b)给出了 AB 堆垛双层石墨烯的晶格结构示意图[25]，即第二层石墨烯中的 A 原子位于第一层石墨烯的 A 原子正上方，层与层之间的距离约为 3.37 Å，而第二层石墨烯的 B 原子在第一层石墨烯六元环的正中间。大多数三层以上的多层石墨烯为 ABA 堆垛结构，如图 2.1(c)所示[25]，即前两层石墨烯原子按照 AB 方式堆垛，第三层石墨烯原子的位置与第一层石墨烯的原子位置完全相同。同时，在自然界中还发现石墨烯层可以以一种亚稳态的方式堆垛，即 ABC 堆垛方式，构成体石墨。对于 ABC-3LG，如图 2.1(d)所示[25]，其第一层和第二层的石墨烯堆垛方式为 AB 堆垛，与 AB-3LG 不同的是，第一层石墨烯的 A 原子与第三层石墨烯的六元环中心重合。事实上，ABC 堆垛方式也比较稳定，即使对 ABC 堆垛多层石墨烯进行 800℃ 的退火处理也不会改变其堆垛方式。

2.1.2 转角多层石墨烯

如第 1 章所述，不同二维材料之间可以任意地垂直堆叠，得到范德瓦耳斯异质结。类似地，同种材料之间也可以任意地垂直堆叠而形成转角二维材料。例如，单层石墨烯（1LG）和 N 层石墨烯（NLG）之间可以以任意转角 θ 垂直地堆叠而形成转角（1+N）层石墨烯[t(1+N)LG]。如图 2.2

所示[26]，转角双层石墨烯(t2LG)的局域原子排布密度会出现一定的周期
性结构，或周期性重复单元，即所谓的莫尔图案。如果在每一个重复单元
的固定位置放置一个原子，这些原子就会构成一个具有周期性的晶格结
构，即所谓的莫尔超晶格，其原胞大小取决于两石墨烯层之间的转角。只
要具有相同或相近晶格常数的两个二维材料组分按一定的转角垂直地堆
叠在一起，就可以形成莫尔超晶格，因此莫尔超晶格广泛地存在于转角二
维材料和某些范德瓦耳斯异质结中。需要说明的是，转角二维材料的莫
尔图案只是具有宏观的周期性，即其局域原子排布密度出现了一定的周
期性结构，但其最小周期性单元之间的晶格结构并不一定具有晶体学上
严格的周期性。也就是说这些相邻的最小周期性单元内各原子的相对排
布并不完全重合，在微观上可以观察到原子的错位。莫尔图案的出现使
得相应的转角二维材料和范德瓦耳斯异质结具有很多新的物理现象，如
转角依赖的电学性质和光学性质等。

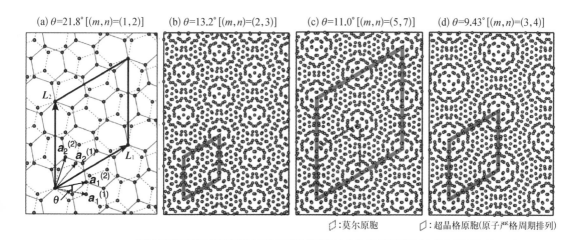

(a) $\theta=21.8°\,[(m,n)=(1,2)]$ (b) $\theta=13.2°\,[(m,n)=(2,3)]$ (c) $\theta=11.0°\,[(m,n)=(5,7)]$ (d) $\theta=9.43°\,[(m,n)=(3,4)]$

▱：莫尔原胞   ▱：超晶格原胞(原子严格周期排列)

图2.2　转角双层石墨烯的晶格结构示意图[26]

转角二维材料有可能形成严格的周期性重复的晶体学超晶格结构，相
应的转角即所谓的可公度角。这时，晶体学超晶格原胞可能包括1个或多
个莫尔图案的最小周期性重复性单元。为了定义转角双层石墨烯的晶体

学超晶格,可以分别引入第一石墨烯层的基矢 $\boldsymbol{a}_1^{(1)}$ 和 $\boldsymbol{a}_2^{(1)}$ 以及第二石墨烯层的基矢 $\boldsymbol{a}_1^{(2)}$ 和 $\boldsymbol{a}_2^{(2)}$。根据图 2.2(a)[26],再引入一对互质的正整数 (m,n),即转角石墨烯的手性,根据这对整数,我们在上下两石墨烯层中可以得到两个矢量 $\boldsymbol{V}_1 = m\boldsymbol{a}_1^{(1)} + n\boldsymbol{a}_2^{(1)}$ 和 $\boldsymbol{V}_2 = n\boldsymbol{a}_1^{(2)} + m\boldsymbol{a}_2^{(2)}$。通过旋转其中一石墨烯层,使得 $\boldsymbol{V}_1$ 和 $\boldsymbol{V}_2$ 矢量重合,就可以得到一个转角双层石墨烯,其晶体学超晶格的晶格矢量为 $\boldsymbol{L}_1 = m\boldsymbol{a}_1^{(1)} + n\boldsymbol{a}_2^{(1)} = n\boldsymbol{a}_1^{(2)} + m\boldsymbol{a}_2^{(2)}$,$\boldsymbol{L}_2 = (m+n)\boldsymbol{a}_1^{(1)} - m\boldsymbol{a}_2^{(1)} = (m+n)\boldsymbol{a}_1^{(2)} + m\boldsymbol{a}_2^{(2)}$,相应地,转角 (θ) 与整数对 (m,n) 的关系为

$$\cos\theta = \frac{m^2 + 4mn + n^2}{2(m^2 + mn + n^2)} \tag{2.4}$$

晶体学超晶格的晶格常数为

$$L = a\sqrt{m^2 + mn + n^2} = \frac{a|m-n|}{2\sin(\theta/2)} \tag{2.5}$$

图 2.2(a)为对应于转角 $\theta = 21.8°$ 和整数对 $(m,n) = (1,2)$ 的转角双层石墨烯的晶格结构示意图[26],其中黑色实线所围范围为转角双层石墨烯的晶体学超晶格原胞,$\boldsymbol{L}_1$ 和 $\boldsymbol{L}_2$ 为晶体学超晶格原胞的基矢。

图 2.2(b)[26]给出了 $(2,3)$ 转角双层石墨烯的晶格结构,其莫尔图案的莫尔原胞(虚菱形)与超晶格原胞(实菱形)完全一致。图 2.2(c)给出了 $(5,7)$ 转角双层石墨烯的晶格结构示意图[26],除了实线标出的由式(2.5)定义的晶体学超晶格原胞之外,看上去还有更小的重复单元,即虚线标出的莫尔图案,其具有一定的长程周期性。旋转角度为 θ 的转角双层石墨烯莫尔超晶格的晶格常数 L_M 可定义为

$$L_M = \frac{a}{2\sin(\theta/2)} \tag{2.6}$$

式(2.6)表明,L_M 仅依赖两石墨烯层之间的转角 θ。在图 2.2(a)中,由于 $|m-n| = 1$,晶体学超晶格刚好与莫尔超晶格重合。当 $|m-n| = 2$ 时,晶体学超晶格晶格常数 L 为莫尔超晶格晶格常数 L_M 的两倍。由于转角多层石墨烯不同的手性可能有相近的转角,而实验中只能观察到其转角,

无法直接得到(m,n)。且大量实验表明,转角石墨烯的很多性质直接地依赖其转角θ,而非(m,n)。因此,θ是一个用来表征转角石墨烯更加实用的物理量。

2.2　声子

当温度在绝对零度以上时,晶体中的原子在格点附近会做微小振动,即晶格振动。由于晶格具有周期性,晶体的某个晶格振动模所对应的各原子偏离平衡位置的位移大小分布具有波的形式,称为格波。格波的能量是量子化的,通常称这个能量量子为声子。声子是晶体中原子集体运动的激发单元,即所谓的元激发。声子是研究固体宏观性质和微观过程的重要基础。对声子的研究有助于人们深入了解固体的热学性质、电学性质、光学性质、超导特性、磁性以及结构相变等一系列物理问题的本质。

2.2.1　一维双原子晶体

晶格振动可通过薛定谔方程或者牛顿方程来求解,但是由于固体内所含原子数量巨大,严格求解运动方程实际上是不可能的。这就需要在不影响物理本质的前提下,对晶格运动方程进行近似求解。本节以最简单的无限长一维双原子链模型为例,通过牛顿方程求解其声子色散关系,并引入布里渊区、声学声子和光学声子等概念。这有助于促进大家对晶格振动和声子色散的直观了解,以及进一步深入地理解石墨烯基材料的声子色散和拉曼光谱。

首先考虑一维双原子晶体的情况,即无限长一维双原子链的情况。图2.3(a)给出了一维双原子晶体模型以及在平衡位置附近振动的原子位移图,晶格常数为a,其最小重复单元(即原胞)由最近邻的质量分别为

M_1 和 $M_2(M_1 \leqslant M_2)$ 的两个原子组成,第 n 个原胞的两个原子编号分别为 $2n-1$ 和 $2n$。这里只讨论原子沿一维双原子晶体的轴向振动。假设原子偏离平衡位置(u)的距离为 δ,如果只考虑近邻原子间的相互作用,那么相互作用势能(v)可以在平衡位置展开为

$$v(u + \delta) = v(u) + \left(\frac{\partial v}{\partial \delta}\right)_0 \delta + \frac{1}{2}\left(\frac{\partial^2 v}{\partial \delta^2}\right)_0 \delta^2 + \cdots \qquad (2.7)$$

式中,下标 0 表示在平衡位置处的取值。由于原子在平衡位置处受力为 0,即 $\left(\frac{\partial v}{\partial \delta}\right)_0 = 0$,则

$$v(u + \delta) = v(u) + \frac{1}{2}\beta\delta^2 + \cdots \qquad (2.8)$$

式中,力常数 $\beta = \left(\frac{\partial^2 v}{\partial \delta^2}\right)_0$。

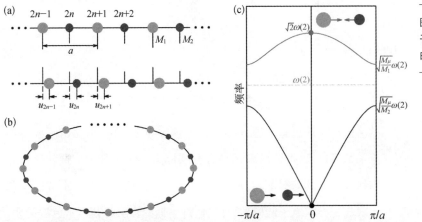

图 2.3 一维双原子晶体的声子色散曲线

(a)一维双原子晶体模型以及在平衡位置附近振动的原子位移图(灰色和深灰色分别表示质量为 M_1 和 M_2 的原子);(b)求解一维双原子晶体晶格动力学的玻恩-卡曼周期性边界条件;(c)第一布里渊区内一维双原子晶体的声子色散曲线(暗红色和暗绿色分别为声学声子支和光学声子支,插图为长声学波和长光学波在 $q \rightarrow 0$ 时原胞中两种原子的振动示意图)

当一维双原子晶体原胞内两个原子独立存在(相当于双原子分子)且原子间相互作用仍与一维双原子晶体情况相同时,双原子分子的振动频

石墨烯基材料的拉曼光谱研究

率为 $\omega(2) = \sqrt{\beta/M_\mu}$,式中, $M_\mu = \dfrac{M_1 M_2}{M_1 + M_2}$ 。当这样的双原子体系周期排列构成一维双原子晶体时,其晶格振动频率会显著不同于 $\omega(2)$ 。一维双原子晶体的原子振动为微小振动。在简谐近似下,体系势能函数只保留到 δ 的二次项。这时,相邻原子间的作用力表示为

$$F = -\frac{\partial v}{\partial \delta} \approx -\beta\delta \qquad (2.9)$$

这表明当原子离开平衡位置时所受到的作用力正比于相邻原子间的相对位移,与胡克定律类似。基于牛顿第二定律,求解一维双原子晶体中原子的运动方程,就可以研究一维双原子晶体的晶格振动模。

如图 2.3 所示,标号为 $2n-1$ 和 $2n$ 的两个原子相对于平衡位置的位移分别为 u_{2n-1} 和 u_{2n} ,两原子间的相对位移为 $u_{2n-1} - u_{2n}$,作用力为 $-\beta(u_{2n-1} - u_{2n})$ 。同理, $2n-2$ 和 $2n-1$ 原子间的相对位移为 $u_{2n-2} - u_{2n-1}$,作用力为 $-\beta(u_{2n-2} - u_{2n-1})$ 。由于两作用力作用于第 $2n-1$ 原子的方向相反,可得其运动方程为

$$\begin{aligned} M_1 \ddot{u}_{2n-1} &= \beta(u_{2n-1} - u_{2n}) - \beta(u_{2n-2} - u_{2n-1}) \\ &= \beta(2u_{2n-1} - u_{2n-2} - u_{2n}) \end{aligned} \qquad (2.10)$$

同理,标号为 $2n$ 原子的运动方程为

$$M_2 \ddot{u}_{2n} = \beta(2u_{2n} - u_{2n+1} - u_{2n-1}) \qquad (2.11)$$

每个原子对应有一个方程,若一维双原子晶体有 $2N$ 个原子($N \to \infty$),则有 $2N$ 个联立的线性齐次方程。方程组有如下通解:

$$\begin{aligned} u_{2n-1} &= A\mathrm{e}^{i[\omega t - (n-1/2)aq]} \\ u_{2n} &= B\mathrm{e}^{i(\omega t - naq)} \end{aligned} \qquad (2.12)$$

式中, A 和 B 为需要求解的系数。将式(2.12)代入运动方程式(2.10)和式(2.11)可得到关于 A 和 B 的线性齐次方程:

$$(M_1\omega^2 - 2\beta)A + 2\beta\cos(aq/2)B = 0 \qquad (2.13)$$
$$2\beta\cos(aq/2)A + (M_2\omega^2 - 2\beta)B = 0$$

方程组(2.13)有解的条件是其系数行列式为 0,即

$$\begin{vmatrix} M_1\omega^2 - 2\beta & 2\beta\cos(aq/2) \\ 2\beta\cos(aq/2) & M_2\omega^2 - 2\beta \end{vmatrix} = 0 \qquad (2.14)$$

则可得到 ω 的解为

$$\omega_\pm^2 = \beta\frac{M_1 + M_2}{M_1 M_2}\left\{1 \pm \left[1 - \frac{4M_1 M_2}{(M_1 + M_2)^2}\sin^2(aq/2)\right]^{1/2}\right\} \qquad (2.15)$$

或者 $$\omega_\pm^2 = \omega^2(2)\left\{1 \pm \left[1 - \frac{4M_\mu^2}{M_1 M_2}\sin^2(aq/2)\right]^{1/2}\right\} \qquad (2.16)$$

由于一维双原子晶体有无限个原子,因此上述解的数量有无穷个,即 q 有无限个取值。从式(2.15)、式(2.16)可看出,一维双原子晶体的晶格振动频率由双原子振动频率 $\omega(2)$ 以及双原子质量 M_1 和 M_2 共同决定。

　　严格的一维双原子晶体是不存在的。一维双原子晶体实际上表现为有限长的一维双原子链,其两端原子的受力情况和内部原子不同。在考虑最近邻相互作用情况下,两端最外侧原子只受到一个原子的最近邻作用,它们具有与其他原子不同形式的运动方程。虽然仅有少数原子具有与众不同的运动方程,但由于所有原子的方程都是联立的,具体求解这种方程组要复杂得多。为了避免这种情况,考虑如图 2.3(b)所示的求解一维原子晶体晶格动力学的玻恩-卡曼周期性边界条件,包含 N 个原胞的环状链作为一个有限链的模型。它包含有限数目的原子,却保持所有原胞完全等价,式(2.10)和式(2.11)所示的运动方程仍旧有效。若环状链的半径很大,沿环的运动仍旧可以看作直线运动。在这种周期性边界条件下,第 1 个原胞和第 $N+1$ 个原胞运动状况必须相同,则在式(2.12)中,相位部分必须满足以下条件:

$$e^{-i(Naq)} = 1$$

$$q = \frac{2\pi}{Na}h \tag{2.17}$$

式中，h 为整数，其取值范围为 $(-N/2, +N/2]$，则 q 的取值范围为 $(-\pi/a, +\pi/a]$，该范围即所谓的第一布里渊区。h 有 N 个不同的数值。也就是说，对于由 N 个原胞构成的一维双原子链，q 可以取 N 个不同的值。因为每个 q 对应着两个格波，所以共有 $2N$ 个不同的格波。$2N$ 个格波数目正好是一维双原子链的自由度数，这也证明，玻恩-卡曼的模型可以保证通过求解运动方程得到一维双原子链的全部振动模。

式(2.15)给出了一维双原子晶体晶格振动频率 ω 与声子波矢 q 的关系，该关系即所谓的声子色散关系或者声子色散曲线。图 2.3(c)给出了第一布里渊区内一维双原子晶体的声子色散曲线。该声子色散曲线具有两条声子支，其中，在布里渊区中心（Γ 点，$q = 0$），同类原子振动相位相同，但不同类原子（即原胞内的两个原子）存在两种情况。如果不同类原子振动相位也相同，振动过程中质心发生改变，则该格波为声学波，对应声学声子，相应的声子支就是所谓的声学声子支。如果不同类原子的振动方向相反，振动过程中质心不变，则该格波为光学波，对应光学声子，相应声子支就是所谓的光学声子支。据图 2.3(c)可知，一维双原子链的声子色散曲线包括 1 条声学声子支和 1 条光学声子支。

2.2.2　石墨烯基材料的声子色散关系

晶体材料声子色散曲线的声子支数目取决于其原胞含有的原子个数。当原胞所含原子个数大于 1 时，这些原子可以是同一种类，也可能是不同种类。如果晶体原胞含有 n 个原子，那么对于一维晶体来说，有 n 个声子支，其中 1 个声学声子支，$n-1$ 个光学声子支；对于二维晶体来说，有 $2n$ 个声子支，其中 2 个声学声子支，$2(n-1)$ 个光学声子支；而对于三维晶体来说，有 $3n$ 个声子支，其中 3 个声学声子支，$3(n-1)$ 个光学声子支。

下面我们简单地介绍石墨烯声子色散关系的计算方法。计算一维双原子链声子色散关系的方法原则上可以扩展到二维或者三维体系,通过力常数模型来求解。石墨烯原胞含有两个原子,第 i 个原子偏离平衡位置的位移为 $\boldsymbol{u}_i = (x_i, y_i, z_i)$,其运动方程为

$$M\ddot{\boldsymbol{u}}_i = \sum_j K^{(i, j)}(\boldsymbol{u}_j - \boldsymbol{u}_i), \ (i = 1, 2) \qquad (2.18)$$

式中,M 为碳原子质量;$K^{(i, j)}$ 表示第 i 和 j 原子间的 3×3 力常数张量。式(2.18)只考虑了最近邻原子间的相互作用。对于二维石墨烯,若要较好地吻合实验结果,就需要考虑长程相互作用的贡献。对波矢为 $\boldsymbol{q}'$ 的声子,对第 i 个原子的位移进行傅里叶变换,可以得到简正模所对应的位移矢量 $\boldsymbol{u}_{\boldsymbol{q}'^{(i)}}$:

$$\boldsymbol{u}_i = \frac{1}{\sqrt{N_\Omega}} \sum_{\boldsymbol{q}'} \mathrm{e}^{-i(\boldsymbol{q}' \cdot \boldsymbol{R}_i - \omega t)} \boldsymbol{u}_{\boldsymbol{q}'^{(i)}} \Longleftrightarrow \boldsymbol{u}_{\boldsymbol{q}^{(i)}} = \frac{1}{\sqrt{N_\Omega}} \sum_{\boldsymbol{R}_i} \mathrm{e}^{i(\boldsymbol{q} \cdot \boldsymbol{R}_i - \omega t)} \boldsymbol{u}_i \quad (2.19)$$

式中,N_Ω 为晶体包含的所有原子数;求和表示对第一布里渊区内所有波矢(N_Ω 个)进行求和;$\boldsymbol{R}_i$ 表示晶体中第 i 个原子的位置。根据 $\ddot{\boldsymbol{u}}_i = -\omega^2 \boldsymbol{u}_i$,定义一个 $3N \times 3N$ 的动力学矩阵 $\boldsymbol{D}(\boldsymbol{q})$ 后,式(2.18)可以写成

$$\boldsymbol{D}(\boldsymbol{q})\boldsymbol{u}_{\boldsymbol{q}} = 0 \qquad (2.20)$$

若要得到 $\boldsymbol{D}(\boldsymbol{q})$ 的本征值 $\omega^2(\boldsymbol{q})$ 和本征向量 $\boldsymbol{u}_{\boldsymbol{q}}$,需要求解对应于特定波矢 $\boldsymbol{q}$ 的久期方程 $\det \boldsymbol{D}(\boldsymbol{q}) = 0$。动力学矩阵 $\boldsymbol{D}(\boldsymbol{q})$ 可以被分解成一系列 3×3 的小矩阵 $\boldsymbol{D}^{(i, j)}(\boldsymbol{q})$,$(i, j = 1, 2)$,由式(2.20)可以得到石墨烯原子的动力学方程和动力学矩阵:

$$\boldsymbol{D} = \begin{bmatrix} D^{AA} & D^{AB} \\ D^{BA} & D^{BB} \end{bmatrix} \qquad (2.21)$$

$$\boldsymbol{D}^{(i, j)}(\boldsymbol{q}) = \left[\sum_{j''} K^{(ij'')} - M_i \omega^2(\boldsymbol{q}) \boldsymbol{I} \right] \delta_{ij} - \sum_{j'} K^{(ij')} \mathrm{e}^{i\boldsymbol{q} \cdot \Delta \boldsymbol{R}_{ij'}}$$

式中,D^{AA}、D^{AB}、D^{BA}、D^{BB} 分别表示碳原子 A 和碳原子 A、碳原子 A 和碳原子 B、碳原子 B 和碳原子 A、碳原子 B 和碳原子 B 的振动通过相应的力

常数张量 $K^{(ij)}$ 耦合；I 是一个 3×3 的单位矩阵；$\Delta \boldsymbol{R}_{ij} = \boldsymbol{R}_i - \boldsymbol{R}_j$ 是第 i 个原子相对于第 j 个原子的坐标。对 j'' 求和范围为第 i 个原子的所有近邻位置，对 j' 求和的范围为第 j 个原子的等效位置。只有 $i = j$ 时，前两项不为 0；只有 $K^{(ij')} \neq 0$ 时，最后一项不为 0。在周期系统中，动力学矩阵元由力常数张量 K^{ij} 与其相位差因子 $\mathrm{e}^{i q \cdot \Delta \boldsymbol{R}_{ij}}$ 相乘得到。例如，A 原子与其中一个最近邻 B 原子之间的力常数张量 $K^{(\mathrm{AB})}$ 可表示为

$$
K^{(\mathrm{AB})} = \begin{bmatrix} \varphi_{\mathrm{r}}^{(1)} & 0 & 0 \\ 0 & \varphi_{\mathrm{ti}}^{(1)} & 0 \\ 0 & 0 & \varphi_{\mathrm{to}}^{(1)} \end{bmatrix} \tag{2.22}
$$

$\varphi_{\mathrm{r}}^{(n)}$、$\varphi_{\mathrm{ti}}^{(n)}$ 和 $\varphi_{\mathrm{to}}^{(n)}$ 分别表示在 σ 键的方向（x 轴）以及两个垂直 σ 键方向（y 轴和 z 轴）的第 n 近邻力常数。由于石墨在面外 z 方向和面内 x 与 y 方向上的性质显著不同，需要引入两个参数来描述 y 和 z 方向的声子模。若 B 原子位置为 $(a/\sqrt{3}, 0, 0)$，则相应的相位因子为 $\exp(-iq_x a/\sqrt{3})$。

仅考虑两个最近邻原子间的相互作用不可能得到可靠的石墨烯声子色散关系，还需要考虑长程相互作用。图 2.4(a)为基于密度泛函微扰理论（density functional perturbation，DFPT）所计算的石墨烯声子色散曲线。[27]石墨烯的原胞如图 1.1(b)[5]所示，每个原胞包含两个不等价的碳原子，则其声子色散曲线包含三个声学支和三个光学支。三个声学支分别是纵向声学（LA）声子支、横向声学（TA）声子支和平面外（垂直于石墨烯单原子层平面）声学（ZA）声子支；三个光学分支是纵向光学（LO）声子支、横向光学（TO）声子支和平面外光学（ZO）声子支。石墨烯的 LA 和 TA 声子支在 Γ 点附近的频率高于 ZA 声子支，声学声子支在 Γ 点附近的斜率对应石墨烯的声速。石墨烯具有独特热学和力学性质的主要原因是石墨烯 LA(19.9 km/s)和 TA(12.9 km/s)声子支具有较高的声速。[23] ZA 声子支在 Γ 点附近显示出正比于 q^2 的能量色散关系，而 LA 和 TA 两个平面内的声学支与普通声学支一样，与 q 呈线性依赖关系，这是因为石墨烯的力常数矩阵可以分解为一个含 x、y 分量的 2×2 矩阵和含 z 分

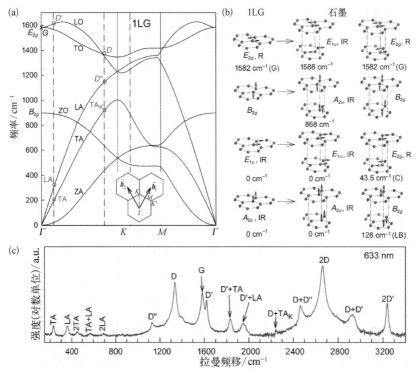

图 2.4 石墨烯基材料的拉曼模

（a）基于密度泛函微扰理论所计算的石墨烯声子色散曲线[27]；（b）布里渊区中心 Γ 点石墨烯和石墨声子模的原子振动示意图（其中石墨烯的每个声子模劈裂成石墨的两个声子模，R 和 IR 分别表示拉曼活性和红外活性）；（c）在 $150 \sim 3400\ \mathrm{cm^{-1}}$ 光谱范围内，633 nm 激光所激发石墨晶须的拉曼光谱[28]

量的 1×1 矩阵。第 n 近邻原子的 1×1 力常数矩阵不依赖原子坐标,通过对相位因子 $\mathrm{e}^{iq \cdot \Delta R_{ij}}$ 求和,最终可以得到 $\omega(q)$ 是关于 q 的偶函数。因此,ZA 声子支对应的是一个二维声子模,晶格振动在 Γ 点的 z 分量既没有相速度也没有群速度。

表 2.1 给出了石墨烯、AB 堆垛多层石墨烯和石墨的空间群及其在布里渊区不同高对称点处的点群,[5]后者决定了布里渊区中相应高对称点处晶格振动的不可约表示。石墨烯和石墨都具有 $\mathrm{D_{6h}}$ 对称性,总层数为偶数的多层石墨烯 $N\mathrm{LG}$(even layer graphene, ENLG)具有 $\mathrm{D_{3d}}$ 对称性,总层数为奇数的多层石墨烯 $N\mathrm{LG}$(odd layer graphene, ONLG)$(N \geqslant 3)$具有 $\mathrm{D_{3h}}$ 对称性。在长波极限(即 $q \to 0$, Γ 点)下,石墨烯有六个振动模,其中三个光学模

分别为 E_{2g} 模(LO 和 TO 声子支在 Γ 点的简并模)和 B_{2g} 模(ZO 声子支),三个声学模分别对应 E_{1u}(双重简并)模和 A_{2u} 模,振动方向分别沿晶体的 x、y 和 z 三个方向。图 2.4(b)给出了布里渊区中心 Γ 点石墨烯和石墨声子模的原子振动示意图,其中包含了石墨烯原胞中碳碳键的伸缩振动,相应的声子模根据原子振动沿着或垂直于波矢的方向分别标记为 LO 和 TO。由于石墨烯原胞是由两个同类型的原子组成,这使得石墨烯的 LO 和 TO 声子支在 Γ 点是简并的。对于石墨烯非布里渊区中心的声子,一个原胞的声子本征波函数相对于其相邻原胞存在一个相位因子。石墨烯在 Γ 点晶格振动的不可约表示为 $\Gamma_{1LG} = A_{2u} + B_{2g} + E_{1u} + E_{2g}$。在石墨中,相邻碳原子层之间的不等价导致了 Davydov 分裂的发生。如图 2.4(b)所示,在 Γ 点,石墨烯的 E_{2g} 模在石墨中劈裂成一个红外活性的 E_{1u} 模和一个拉曼活性的 E_{2g} 模,B_{2g} 模则劈裂为一个红外活性的 A_{2u} 模和非活性的 B_{2g} 模。余下的 E_{2g} 模和 B_{2g} 模属于剪切(C)模和层间呼吸(LB)模,分别对应平面内和垂直于平面的层间相互振动(每个原子层作为一个整体参与振动)。石墨在 Γ 点晶格振动的不可约表示为 $\Gamma_{bulk} = 2(A_{2u} + B_{2g} + E_{1u} + E_{2g})$。石墨烯、AB 堆垛双层和三层石墨烯 Γ 点的晶格振动(Γ_{vib})有如下表示:

$$\Gamma_{1LG} = A_{2u} + B_{2g} + E_{1u} + E_{2g}$$

$$\Gamma_{AB-2LG} = 2(A_{1g} + E_g + A_{2u} + E_u) \tag{2.23}$$

$$\Gamma_{AB-3LG} = 2A_1' + 4A_2'' + 4E' + 2E''$$

表 2.1 石墨烯、AB 堆垛偶数层石墨烯(ENLG)、AB 堆垛奇数层石墨烯(ONLG)和石墨的空间群及其在布里渊区不同高对称点处的点群[5]

	空间群	点 群			
		Γ	$K(K')$	M	$T(\Gamma-K)$
1LG	$P6/mmm$	D_{6h}	D_{3h}	D_{2h}	C_{2v}
ENLG	$P\bar{3}m1$	D_{3d}	D_3	C_{2h}	C_2
ONLG	$P\bar{6}m2$	D_{3h}	C_{3h}	C_{2v}	C_{1h}
石墨	$P6_3/mmc$	D_{6h}	D_{3h}	D_{2h}	C_{2v}

表 2.2 列出了在 Γ 点以及布里渊区内高对称轴 $T(\Gamma-K)$ 方向上采用 Bethe 和 Mulliken 符号所标记的石墨烯与多层石墨烯晶格振动的不可约

表示。[5]了解晶格振动所对应的不可约表示有助于理解后面章节将要讨论的声子的拉曼活性以及石墨烯基材料的拉曼光谱。

	标记	1LG	ENLG	ONLG
Γ	Bethe	$\Gamma_2^- + \Gamma_5^- + \Gamma_4^+ + \Gamma_6^+$	$N(\Gamma_1^+ + \Gamma_3^+ + \Gamma_2^- + \Gamma_3^-)$	$(N-1)\Gamma_1^+ + (N+1)\Gamma_2^- + (N+1)\Gamma_3^+ + (N-1)\Gamma_3^-$
	Mulliken	$A_{2u} + B_{2g} + E_{1u} + E_{2g}$	$N(A_{1g} + E_g + A_{2u} + E_u)$	$(N-1)A_1' + (N+1)A_2'' + (N+1)E' + (N-1)E''$
T(Γ–K)	Bethe	$2T_1 + T_2 + 2T_3 + T_4$	$3N(T_1 + T_2)$	$(3N+1)T^+ + (3N-1)T^-$
	Mulliken	$2A_1 + A_2 + 2B_1 + B_2$	$3N(A+B)$	$(3N+1)A' + (3N-1)A''$

表2.2 在 Γ 点和 T(Γ–K)方向上采用 Bethe 和 Mulliken 符号所标记的石墨烯、偶数层石墨烯（ENLG）和奇数层石墨烯（ONLG）晶格振动的不可约表示[5]

拉曼光谱是探测和研究晶体材料声子的一种实验技术,但拉曼散射的选择定则使得拉曼光谱往往只能探测到晶体材料布里渊区中心拉曼活性的声子模。石墨烯的所有拉曼模都已在石墨晶须中观察到了。[28]石墨晶须的螺旋结构和锥角的存在表明其相邻石墨烯层间存在扭转角,这导致石墨晶须具有比石墨更弱的层间耦合,这与转角双层石墨烯的情况类似。[29]因此,石墨晶须拉曼光谱显示了某些转角双层石墨烯所特有的共振现象[29],如图2.4(c)所示,石墨晶须具有单洛伦兹线型的2D峰以及2D模的拉曼峰强度比 G 模强 13 倍左右。[28]这种共振现象使得在石墨晶须中观察到了本该在石墨烯中出现的一阶和二阶拉曼模。除 G 模以外,其他拉曼模的频率基本上都依赖激发光的光子能量。理论表明,这是由于不同能量的激发光子相应地选择了远离石墨晶须布里渊区中心的具有不同波矢的声子。这使得通过改变激发光波长的共振拉曼光谱可以用于探测石墨烯基材料的电子能带结构和声子色散关系。[23,30-36]

通常,还可以通过非弹性中子散射、电子能量损失谱、高分辨电子能量损失谱以及非弹性 X 射线散射等方法来测量晶体材料的声子色散关系。例如,图2.5显示了利用非弹性 X 射线散射所测得的体石墨的声子色散关系。[37]然而,这些方法可能需要较大的样品面积,而且所测声子

图 2.5 利用非弹
性 X 射线散射所测
得的体石墨的声子
色散关系（黑色实
线为理论计算结
果）[37]

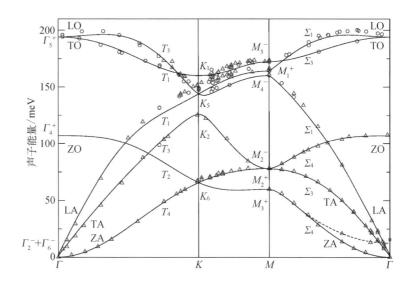

信息的能量分辨率不高。由于制备技术的限制，石墨烯和多层石墨烯尺寸一般在微米量级，这就很难通过这些方法直接测试单层和少层石墨烯的声子色散关系。拉曼光谱作为晶体材料的指纹谱，可以方便、无损地探测晶体材料的声子模，且对样品的要求较少[样品尺寸大于光斑直径（约 1 μm）即可]，因此，拉曼光谱对于石墨烯和多层石墨烯声子色散关系的研究具有重要作用。[5,6]我们将在后面章节详细地介绍如何通过拉曼光谱来表征石墨烯和多层石墨烯的声子色散关系。

2.3 电子能带结构

2.3.1 石墨烯

石墨烯具有独特的电子能带结构。石墨烯的碳原子间通过一个 s 轨道和两个 p 轨道的 sp^2 杂化形成了 σ 键，碳原子再通过 σ 键进一步结合形成二维平面的三角格子。σ 键保证了在所有碳材料的同素异形体晶格结构的鲁棒性。根据泡利不相容原理（Pauli exclusion principle），这些能带被占据而形成了较深的价带。同时，每个碳原子的电子轨道中还有一个没有被影响的、垂直于石墨烯平面的 p 轨道，与近邻的碳原子结合形成了 π 带。由于每个 p 轨道中只有一个电子，因此 π 带是半填充的。石墨烯的 π 电子可通过紧束缚模型来近似描述。这种紧束缚模型还可进一步扩展到其他石墨烯基材料，如多层石墨烯、碳纳米管等。

紧束缚近似是布洛赫于 1928 年提出的一种能带计算方法。处于某一个原子附近的电子主要受到该原子的作用，其他原子对它的作用可看作一种微扰，即束缚电子的波函数局域在某个原子周围。对于晶体来说，在紧束缚方法的框架内，未被扰动的本征矢量由原子轨道表示，而把晶体势场看成是对原子轨道的扰动，从而形成了由布洛赫态描述的晶体的电子态。图 2.6(a)给出了石墨烯基材料中电子在石墨烯层内和近邻层间跃迁的示意图。[18]

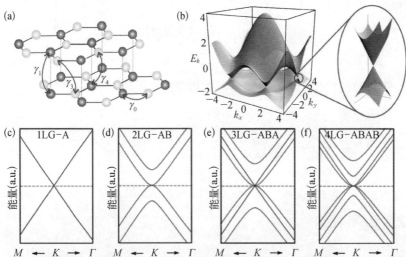

图 2.6 石墨烯和多层石墨烯的电子能带结构

（a）石墨烯基材料中电子在石墨烯层内和近邻层间跃迁示意图（对于 AB 堆垛多层石墨烯，γ_0 表示层内最近邻原子间的耦合，γ_1、γ_3、γ_4 表示相邻层近邻原子间的耦合）；[18]（b）石墨烯在二维布里渊区内的电子能量与波矢 k 的关系；[24] 沿高对称轴方向（c）石墨烯、（d）AB-2LG和（e）AB-3LG，以及（f）AB-4LG K 点附近的电子能带结构[5]

　　　　　　　　　　　　　　　　　　　石墨烯基材料的拉曼光谱研究

在石墨烯中，描述电子能带结构的波函数可由图 1.1(b)所示[5]的 A、B 两个不等价碳原子 p_z 原子轨道的波函数 $\left[\phi_{A,B} \propto \sum_R e^{ik \cdot R} \varphi(r-R)\right]$ 来构建，这为描述石墨烯电子结构提供了基函数，其哈密顿量包含四个矩阵元，$H_{i,j} = \langle \phi_i | H | \phi_j \rangle$，其中 i，j 为 A 或 B。当我们只考虑石墨烯最近邻原子间的相互作用时，哈密顿量的对角元为 $H_{AA} = H_{BB} = \epsilon_{2p}$，其中 ϵ_{2p} 为孤立碳原子 2p 能级的能量；对于非对角元，需要考虑 A 原子与三个最近邻 B 原子间的相互作用，A 原子到三个 B 原子的矢量分别表示为：R_1、R_2 和 R_3，则非对角矩阵元为

$$H_{AB} = H_{BA} = t(e^{ik \cdot R_1} + e^{ik \cdot R_2} + e^{ik \cdot R_3}) = tf(k) \tag{2.24}$$

式中，t 为最近邻原子间的交叠积分 $\langle \phi_A | H | \phi_B \rangle$。在文献中，一般用 $\gamma_0 = -t$ 来表示电子在最近邻原子间的跃迁能量（约为 3 eV），式中，γ_0 为正值。式(2.24)的 $f(x)$ 是相位因子 $e^{ik \cdot R_j}$ ($j = 1, 2, 3$)之和的函数。采用图 2.1 所示的 xy 坐标，将 $R_1 = (a, 0)$，$R_2 = \left(-\dfrac{1}{2}a, \dfrac{\sqrt{3}}{2}a\right)$ 和 $R_3 = \left(-\dfrac{1}{2}a, -\dfrac{\sqrt{3}}{2}a\right)$ 代入 $f(k)$，即可得 $f(k)$ 的表达式为

$$f(k) = e^{ik_x a/\sqrt{3}} + 2e^{-ik_x a/2\sqrt{3}} \cos(k_y a/2) \tag{2.25}$$

式中，$f(k)$ 为复函数。哈密顿量为厄米矩阵，即 $H_{BA} = H_{AB}^*$。根据式(2.25)可计算交叠积分矩阵元 $\delta_{ij} = \langle \phi_A | \phi_B \rangle$，即可得 $\delta_{AA} = \delta_{BB} = 1$，$\delta_{AB} = \delta_{BA}^* = sf(k)$，式中，$s = \langle \phi_A | \phi_B \rangle$，表示 p_z 轨道的最近邻交叠积分。因此，H 和 δ 的表达式分别为

$$H = \begin{bmatrix} \epsilon_{2p} & tf(k) \\ tf(k)^* & \epsilon_{2p} \end{bmatrix}, \quad \delta = \begin{bmatrix} 1 & sf(k) \\ sf(k)^* & 1 \end{bmatrix} \tag{2.26}$$

通过求解久期方程 $\det(H - E\delta) = 0$（det 表示行列式），就可以得到石墨烯 π 能带的能量本征值 $E(k)$ 关于 $k = (k_x, k_y)$ 的函数：

$$E(\boldsymbol{k}) = \pm \gamma_0 \sqrt{f(\boldsymbol{k})}$$

$$= \pm \gamma_0 \sqrt{3 + 2\cos k_y a + 4\cos \frac{\sqrt{3}\,k_x a}{2}\cos k_y a} \qquad (2.27)$$

式中,取"−"表示成键 π 能带,取"+"表示反键 π* 能带。图 2.6(b)给出了石墨烯在二维布里渊区内的电子能量与波矢 $\boldsymbol{k}$ 的关系,[24] 即电子能带结构,其中,上半部分为空的 π* 能带,下半部分为电子所占据的 π 能带。非掺杂石墨烯的 π 带和 π* 带在布里渊区 K 点和 K' 点,即狄拉克点,是简并的,费米能级穿过 K 点和 K' 点。因此,石墨烯是零带隙半导体。尽管石墨烯六方晶格中 A 原子和 B 原子的位置是不等价的,但都是碳原子,这种附加的对称性导致了零带隙的产生。若二维六方晶格 A 和 B 位置为不同的原子,如分别换成硼和氮原子,即氮化硼,其 ϵ_{2p} 能量位置不同,因而所计算得到电子能带结构的 π 带和 π* 带之间存在带隙(带隙为 $E_g = \epsilon_{2p}^{B} - \epsilon_{2p}^{N} = 3.5\ \mathrm{eV}$)。

图 2.6(c)给出了沿高对称轴方向石墨烯 K 点附近的电子能带结构,[5] 它表现出线性能带结构,即当 $|E(\boldsymbol{k}) - \epsilon_{2p}| \ll \gamma_0$ 时,

$$E(\boldsymbol{k}) \approx \pm \hbar v_F |\boldsymbol{k} - \boldsymbol{K}| \qquad (2.28)$$

在布里渊区的 K 点附近,能量的确与波矢近似为线性关系,式中,v_F 为费米速度,可通过 $v_F = \sqrt{3}\,(\gamma_0 a / 2\hbar)$ 来估算,约为 10^6 m/s。同时,式(2.28)的线性色散关系也是无质量狄拉克哈密顿量在 K 点和 K' 点的解,这里无质量狄拉克哈密顿量为

$$H = \hbar v_F (\sigma \cdot \boldsymbol{k}) \qquad (2.29)$$

式中,$\boldsymbol{k} = -i\nabla$;$\sigma$ 是泡利矩阵作用于石墨烯 A 和 B 子晶格上的电子波函数振幅空间(赝自旋)。式(2.29)给出了式(2.28)所定义准粒子的手性,相应的狄拉克哈密顿量(或者有效质量近似模型)给出了石墨烯中电子的相对论特性。然而,这些特性仅限于低能量范围,在分析时需要注意其是否仍然适用于对光学现象的解释。一般来说,在可见光能量范围内,石墨烯

　　　　　　　　　　　　　　　　　石墨烯基材料的拉曼光谱研究

的电子能带仍然保持着与 k 的近似线性关系,可以准确地描述大部分实验现象,如石墨烯具有极高的载流子迁移率[4],以及在可见光范围内较低的光吸收率(约为 2.3%)等。

2.3.2　AB 堆垛多层石墨烯

当把石墨烯逐层堆叠成 N 层石墨烯(NLG)时,石墨烯的 π 带和 π* 带将劈裂成这些电子态的对称和非对称的组合。将石墨烯按照 AB 方式堆叠可形成 AB 堆垛 N 层石墨烯(AB-NLG),其原胞包含 $2N$ 个碳原子。若将石墨烯按 AB 方式进行无限次堆叠,则形成体石墨。石墨的单胞含有 4 个碳原子,且在垂直于石墨烯层平面的方向也有平移对称性。多层石墨烯或者石墨的各石墨烯层的相互作用为弱的范德瓦耳斯耦合,但这种弱的层间耦合对多层石墨烯的性质有很大影响。在总层数为奇数的多层石墨烯(ONLG)中,通过角分辨光电子能谱可发现其同时具有抛物线型电子能带和线性电子能带。这表明狄拉克电子也能存在于多层石墨烯中,但多层石墨烯表现出与石墨烯显著不同的输运性质。因此,要理解多层石墨烯的电子性质,需要系统地了解其电子能带结构的层数依赖性。

多层石墨烯和石墨的电子能带也可以通过对石墨烯紧束缚计算模型进行进一步的扩展来计算。多层石墨烯具有更复杂的原子间相互作用。可以通过在紧束缚模型中引入更多的参数(γ_1、γ_3…)来考虑层内以及层间原子的相互作用。图 2.6(a)给出了被广泛采用的 γ_1、γ_3、γ_4 的含义[18]。通过构建多层石墨烯紧束缚模型中电子的哈密顿量,并将其代入薛定谔方程,即可得到其电子的能量本征值以及电子能带结构。这里,我们主要讨论 AB 堆垛多层石墨烯的电子能带结构。

对于一个任意层数的 AB 堆垛多层石墨烯,若只考虑层内和相邻层的原子间相互作用,其紧束缚哈密顿量可以写成[39]

$$
\begin{bmatrix}
0 & \gamma_0 f & \gamma_1 & -\gamma_4 f^* & 0 & 0 & 0 & 0 & \cdots \\
\gamma_0 f^* & 0 & -\gamma_4 f^* & \gamma_3 f & 0 & 0 & 0 & 0 & \cdots \\
\gamma_1 & -\gamma_4 f & 0 & \gamma_0 f^* & \gamma_1 & -\gamma_4 f & 0 & 0 & \cdots \\
-\gamma_4 f & \gamma_3 f^* & \gamma_0 f & 0 & -\gamma_4 f & \gamma_3 f^* & 0 & 0 & \cdots \\
0 & 0 & \gamma_1 & -\gamma_4 f^* & 0 & \gamma_0 f & \gamma_1 & -\gamma_4 f^* & \cdots \\
0 & 0 & -\gamma_4 f^* & \gamma_3 f & \gamma_0 f^* & 0 & -\gamma_4 f^* & \gamma_3 f & \cdots \\
0 & 0 & 0 & 0 & \gamma_1 & -\gamma_4 f & 0 & \gamma_0 f^* & \cdots \\
0 & 0 & 0 & 0 & -\gamma_4 f & \gamma_3 f^* & \gamma_0 f & 0 & \cdots \\
\vdots & \vdots & \vdots & \vdots & \vdots & \vdots & \vdots & \vdots & \ddots
\end{bmatrix}
$$

$$(2.30)$$

式中,行和列按照第一层的 A 原子、第一层的 B 原子、第二层的 A 原子、第二层的 B 原子等顺序排列。对于 N 层石墨烯,其哈密顿量为 $2N \times 2N$ 形式的矩阵,f 如式(2.25)所示,γ_0、γ_1、γ_3 和 γ_4 表示不同原子间的相互作用[图 2.6(a)],其中 γ_0 表示层内最近邻原子间的相互作用,γ_1 为相邻层最近邻原子间的相互作用。对于石墨烯,若仅考虑最近邻碳原子间的相互作用,即 γ_0 不为 0,γ_1、γ_3 和 γ_4 都为 0,则式(2.30)与式(2.26)等价。

图 2.6(d)～(f)给出了只考虑层内和层间最近邻原子间的相互作用(即 γ_0 和 γ_1)后计算得到的 AB 堆垛双层石墨烯(AB-2LG)、AB 堆垛三层石墨烯(AB-3LG)和 AB 堆垛四层石墨烯(AB-4LG)沿高对称轴方向 K 点附近的电子能带结构。[5] 由图 2.6(c)～(f)[5]可知,多层石墨烯能带结构具有一个重要特征,即石墨烯所具有的线性能带色散也出现在总层数为奇数的多层石墨烯费米能级附近,而总层数为偶数的多层石墨烯的能带呈现抛物线能量色散关系。例如,图 2.6(d)～(f)显示出 AB-2LG 和 AB-4LG 的能带结构在费米能级附近为抛物线型,而 AB-3LG 存在线性能带结构。[5]因此,石墨烯和总层数为奇数的多层石墨烯中存在狄拉克费米子,相应电子具有相近的电子有效速度。

2.3.3 转角多层石墨烯

角分辨光电子能谱的测量结果表明,转角多层石墨烯具有微弱的层间相互作用,双层转角石墨烯在其中性点附近有着类似单层石墨烯的电子特性,然而在稍远离中性点的能量处却表现出双层石墨烯的性质。这种极为特殊的能带结构导致了很多新奇的物理现象。例如在转角石墨烯体系中,理论与实验相继地发现电子态密度在低能量范围内出现范霍夫奇点、新奇的手征隧穿等。通过调节石墨烯层之间的转角,可以调控这些相关的物理性质。任意角度的转角多层石墨烯都可以被制备出来,因此,转角为调控多层石墨烯的性质提供了一个新的自由度,为制备符合下一代纳米光电子器件要求的基础材料提供了可能的路径。为了更好地探索石墨烯基材料在光电子学方面的应用,对转角双层石墨烯电子能带结构的普遍和特殊性质进行系统研究是十分必要的。

转角双层石墨烯的电子能带可以看成是两个石墨烯在位于布里渊区 $K^{(l)}$ 和 $K'^{(l)}$(其中,$l = 1, 2$)处四个狄拉克锥之间的耦合。图 2.7(a)给出了 $\theta = 21.8°$ 时,转角双层石墨烯的晶格结构和布里渊区示意图。[26] 图 2.7(b)给出了沿着扩展布里渊区 $K'^{(2)} - K'^{(1)} - K^{(2)} - K^{(1)}$ 轴转角双层石墨烯的电子能带示意图[26],其中虚线和实线分别表示两石墨烯层的能带结构。转角双层石墨烯电子能带结构在费米能级附近保留了石墨烯的线性能带结构,而在较高能量范围内的能带交点处出现了层间耦合导致的反交叉现象,并导致电子态密度出现了鞍点和范霍夫奇点。在图 2.7(b)中,鞍点被标记为(Ⅰ)(Ⅱ)和(Ⅲ),其中(Ⅰ)和(Ⅱ)是由不同层石墨烯能带的交叉引起的,(Ⅲ)是源于石墨烯的能带结构。[26] $\theta = 21.8°$ 时,转角双层石墨烯第一布里渊区高对称方向上的电子能带结构如图 2.7(c)所示。[26]当转角 θ 趋近 0 时,$K^{(1)}$ 点和 $K^{(2)}$ 点(等价地,$K'^{(1)}$ 点和 $K'^{(2)}$ 点)会逐渐靠近,鞍点(Ⅰ)能量降低并逐渐接近狄拉克点,鞍点(Ⅱ)在 K 点和 K' 点中间并朝高能量方向移动,鞍点(Ⅲ)能量不变。鞍点(Ⅰ)的能量与转角 θ

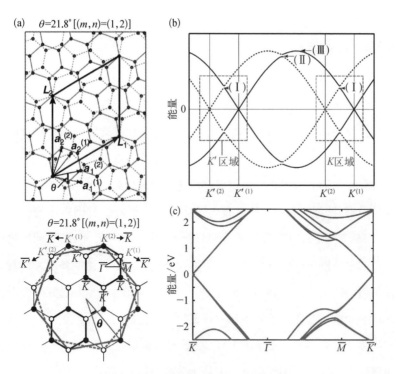

图 2.7 转角双层
石墨烯的电子能带
结构[26]

（a）$\theta = 21.8°$ 时，转角双层石墨烯的晶格结构和布里渊区示意图；（b）沿着扩展布里渊区
$K'^{(2)} - K'^{(1)} - K^{(2)} - K^{(1)}$ 轴转角双层石墨烯的电子能带示意图 [（Ⅰ）（Ⅱ）和（Ⅲ）表示态密度鞍点
的位置]；（c）$\theta = 21.8°$ 时，转角双层石墨烯第一布里渊区高对称方向上的电子能带结构

之间的关系可以用如下公式来估计：$E_{VHs} \approx 4\pi\theta_t \hbar \upsilon_F / (\sqrt{3} a)$，式中，$a$ 为
石墨烯晶格常数（2.46 Å）；$\hbar$ 为约化普朗克常数；υ_F 为石墨烯的费米速度
（10^6 m/s）。转角会导致转角多层石墨烯产生新的性质，这些将在后面章
节进一步讨论。

2.4　可见光范围内层数依赖的光学性质

　　量子限制效应导致二维材料展现出独特的电子能带结构。石墨烯
的面内尺寸可以从几微米到几厘米，而厚度却小于 1 nm。石墨烯不存
在多层石墨烯的层间范德瓦耳斯力相互作用，其电子被限制在二维空间

中,这使得石墨烯具有独特的电子能带结构。同时,石墨烯是一种具有特殊性质的二维材料,相关研究的快速发展为其他二维材料的实验研究拓宽了道路。如前所述,多层石墨烯可以通过 AB、ABC 或转角方式堆叠而成。石墨烯等二维材料也可以在竖直方向上按特定顺序人工堆叠成范德瓦耳斯异质结,这为设计具有特定性质的人工材料提供了无限可能。而对于一种给定的堆垛方式,二维材料的电子能带结构、晶格振动及其相关的光学性质会随其层数的改变而变化。这些性质反过来可以被用来表征二维材料的层数和范德瓦耳斯异质结的堆垛方式。

如图 2.4(b)所示,相比于石墨烯,多层石墨烯的原胞存在更多的原子而在其布里渊区中心会出现更多的声子模。石墨烯的每一个声子模在 N 层石墨烯($N>1$)中都会劈裂成 N 个声子模,也就是 Davydov 劈裂现象,通常称这 N 个声子模为 N 层石墨烯的 Davydov 组分,其频率与 N 层石墨烯的层间耦合和对称性有关。实际的石墨烯薄片往往不可能只存在石墨烯或某个多层石墨烯。同一个石墨烯薄片的不同区域往往分布着石墨烯和层数不同的各种多层石墨烯。如果后面没有特殊说明,我们所说的石墨烯薄片都是尺寸足够大的、分布均匀的石墨烯或总层数一定的某种多层石墨烯。石墨烯薄片的多种光学性质,例如光学衬度、瑞利散射、拉曼光谱、光吸收等都表现出与其层数显著的依赖关系。这里我们主要讨论光学衬度、光吸收以及瑞利散射等光学性质。其层数依赖的拉曼光谱将在后面章节中详细讨论。

如果预先知道石墨烯薄片光学性质的光谱参数与其层数之间的依赖关系,该依赖关系就可用于表征石墨烯薄片的层数。根据 1.3 节关于原子力显微镜结果的讨论,石墨烯薄片的层数可以通过 AFM 来表征。通过 AFM 确定石墨烯薄片的层数,并表征其相应的光谱即可得到层数依赖的光学性质。AFM 测试耗时且对样品有损伤,而通过层数依赖的光学性质可以快速且无损地探测石墨烯薄片的厚度及其物理性质。因此,基于光学方法构建石墨烯薄片层数的鉴别技术是很有必要的。

这里,我们主要讨论石墨烯薄片的光学衬度、瑞利散射以及光吸收等光学性质与其层数的关系。基于此依赖关系,可快速、准确地表征石墨烯薄片的厚度,为基于光学技术鉴别石墨烯薄片的层数奠定基础,以期推进石墨烯基材料的基础研究及其在工业生产中的实际应用和质量评估。

2.4.1　光学衬度

在石墨烯基器件的制备过程中,通常会将石墨烯薄片转移到石英片或由特定厚度 SiO_2 薄膜覆盖的硅衬底(即 SiO_2/Si 衬底)等特定衬底之上。空气、石墨烯薄片和特定衬底就组成了多层介质结构。对于转移到 SiO_2/Si 衬底上的石墨烯薄片来说,可以建立一个包括空气$[\tilde{n}_0]$、石墨烯薄片$[\tilde{n}_1(\lambda), d_1]$、$SiO_2[\tilde{n}_2(\lambda), d_2]$和硅$[\tilde{n}_3(\lambda), d_3]$的四层介质结构,其中,$d_i$ 和 $\tilde{n}_i(\lambda)$($i=0, 1, 2, 3$)分别表示各介质层的厚度和在特定波长(λ)下相应的复折射率。这时,与裸露的衬底相比,当一束单色光通过显微物镜从空气中入射到石墨烯薄片上时,相邻介质界面处会发生反射和折射。多次反射和折射的单色光在介质层内会发生相互干涉,从而会对从石墨烯薄片上反射回显微物镜上的单色光信号强度进行调制,使得从衬底上沉积的石墨烯薄片上反射回的单色光光强与直接从衬底上没有石墨烯薄片的地方反射回的单色光光强之间可能有较大的差异,这种差异被称为石墨烯薄片在这种衬底上的光学衬度。多层介质衬底的不同结构参数对反射光的光强具有不同的调制效果。对 SiO_2/Si 衬底来说,特定厚度的 SiO_2 对石墨烯薄片的光学衬度有显著的增强效果,这使得在光学显微镜下通过肉眼就能清晰地辨别出只有单原子厚度的石墨烯。一般而言,用于制备电子器件的石墨烯薄片一般置于覆盖有 300 nm SiO_2 的硅衬底上,而覆盖有 90 nm SiO_2 的硅衬底更适合可见光成像和光学性质的研究。其他二维材料薄片在衬底上也会有类似的效应。

多层介质结构对不同波长单色光的调制效果不同。除了 SiO_2/Si 衬底的 SiO_2 厚度,二维材料薄片的光学衬度还与其层数(或厚度)、单色光的波长和显微物镜的数值孔径(numerical aperture, NA)有关。一般光学显微镜的照明光源都是卤素灯等广谱光源,因此在实际测试过程中,可以结合光学显微镜和光谱仪,在宽波长范围内测试石墨烯薄片的光学衬度,与光学显微镜的直接观察相比,所获得的光学衬度谱具有更精细的结构和更丰富的信息。图 2.8 给出了在背散射配置下通过显微光学系统测量石墨烯薄片光学衬度的光路示意图,其中,卤素灯作为白光光源。[19] 石墨烯薄片的光学衬度 $[OC(\lambda)]$ 可根据白光照射到石墨烯薄片区域的反射强度 $[R_{2dm+Sub}(\lambda)]$ 与照射到无石墨烯薄片区域的反射强度 $[R_{Sub}(\lambda)]$ 来计算得到:

$$OC(\lambda) = 1 - R_{2dm+Sub}(\lambda) / R_{Sub}(\lambda) \tag{2.31}$$

图 2.8 插图为在覆盖有厚度为 90 nm SiO_2 (h_{SiO_2} = 90 nm)的硅衬底上双层石墨烯的反射谱 $[R_{2dm+Sub}(\lambda)]$ 以及衬底反射谱 $[R_{Sub}(\lambda)]$ 的实验测试结果。[19] 根据式(2.31)可计算得到图 2.8 所示的双层石墨烯的光学衬度谱。

在已知石墨烯薄片折射率的情况下,也可以通过多光束反射和干涉的方法,从理论上计算得到其光学衬度(谱)。通常用传输矩阵方法来计算多层介质衬底和复杂情况下二维材料薄片的光学衬度,[19] 其中,每一层介质

图 2.8 在背散射配置下通过显微光学系统测量石墨烯薄片光学衬度的光路示意图[19]

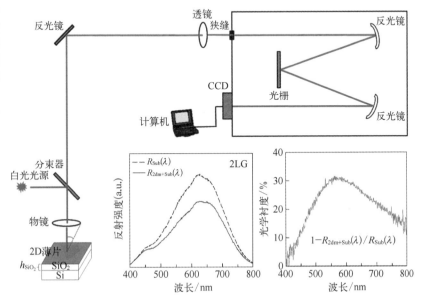

的电磁场组分可通过激发光的入射角度、层厚以及各层复折射率相关的特征矩阵相乘得到。为了将理论计算结果与实验测试结果比较来确定二维材料薄片的层数,在计算时还需要考虑显微物镜的数值孔径。[19,40-42]在测试过程中,入射光和反射光是通过相同显微镜收集的,除了垂直于二维材料薄片平面的光场外,其他方向倾斜入射的光场也应该被考虑。因此,s偏振(入射光电场极化方向垂直于入射面)和p偏振(激发光电场极化方向平行于入射面)的组分在计算过程中也要分开处理。

图2.9(a)给出了在SiO_2/Si衬底($h_{SiO_2}=89$ nm)上10层石墨烯的光学衬度谱,使用的物镜数值孔径分别为NA=0.25、NA=0.45和NA=0.90。[19] NA=0.90时光学衬度的最大值明显小于NA=0.25和NA=0.45时的最大值,且与后两组光学衬度谱相比,其峰位有一定移动。NA=0.90时光学衬度谱的实验值和理论值之间存在明显偏差,这是因为物镜不能完全被激发光填充,从而导致较小的有效NA。使用NA≤0.55的物镜时,实验值和理论值吻合较好。对于NA=0.45的情况,无论是使用$h_{SiO_2}=89$ nm[图2.9(b)]还是$h_{SiO_2}=286$ nm[图2.9(c)]的衬底,在400~800 nm 2LG、3LG和4LG光学衬度谱的实验结果都与利用传输矩阵方法计算的理论结果吻合很好。[19]

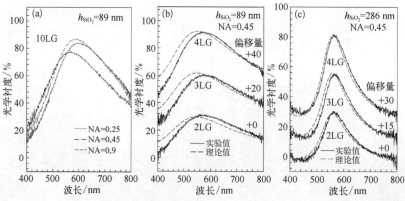

图2.9 多层石墨烯的光学衬度谱[19]

(a)NA=0.25、0.45和0.90物镜所测得的在SiO_2/Si衬底($h_{SiO_2}=89$ nm)上10层石墨烯的光学衬度谱;(b)(c)实验测得的2LG、3LG和4LG在$h_{SiO_2}=89$ nm(b)和$h_{SiO_2}=286$ nm(c)SiO_2/Si衬底上的光学衬度谱

　　　　　　　　　　　石墨烯基材料的拉曼光谱研究

上面的实验结果证实了 SiO_2/Si 衬底上石墨烯薄片的光学衬度谱与其层数、显微物镜 NA 以及 h_{SiO_2} 有明显的依赖关系。[19]需要特别说明的是,研究表明,石墨烯和不同层数的多层石墨烯在可见光范围内具有几乎一致的复折射率 $\tilde{n}(\lambda)$。对于确定的 h_{SiO_2}、NA($\leqslant 0.55$)和石墨烯薄片的层数,相应石墨烯薄片光学衬度谱的实验值和理论值具有较好的一致性。因此,从实验上通过光学衬度谱的测试,就可以鉴别石墨烯薄片的层数。通过光学衬度谱鉴别石墨烯薄片层数的步骤如下。

（1）通过椭偏仪或光学衬度谱确定 h_{SiO_2}。[40]

（2）用 NA$\leqslant 0.55$ 的物镜测量石墨烯薄片的光学衬度谱。

（3）用已知的 NA、h_{SiO_2} 和 $\tilde{n}(\lambda)$ 计算不同层数石墨烯薄片的光学衬度谱。

（4）通过比较计算和实验得到的光学衬度谱,确定石墨烯薄片的层数。

利用光学衬度谱技术可以鉴别 1～8 层的石墨烯薄片。

2.4.2　瑞利散射

瑞利散射是激发光与尺寸远小于激发波长的粒子之间发生的弹性散射。由于瑞利散射是弹性散射,散射信号与激光具有相同的频率。参与散射的粒子可以是分子,也可以是单一原子。在背散射配置下测试瑞利散射,只须将图 2.8 的广谱灯源和谱仪分别替换为单色光和单点探测器。

图 2.10(a)显示了机械剥离在 SiO_2/Si 衬底($h_{SiO_2}=90\ nm$)上 1～3 层和 6 层石墨烯薄片的光学图像。[43]利用共焦显微镜,采用 633 nm 的激光,通过扫描多层石墨烯薄片样品来测量反射激光信号的二维成像,即可得到图 2.10(a)中相应石墨烯薄片的瑞利衬度成像,如图 2.10(b)所示。[43]瑞利散射的衬度也可以用式(2.31)计算得到。对于某些特定的激光波长,在一定的层数范围内,二维材料薄片的瑞利衬度有可能随其层数的增加而增加。瑞利散射也可应用于化学气相沉积法生长并转移到 SiO_2/Si 衬

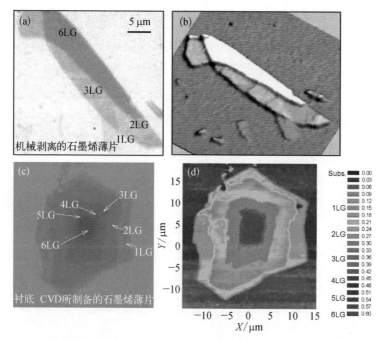

图 2.10　石墨烯薄片的瑞利散射成像

机械剥离石墨烯薄片的（a）光学图像和（b）633 nm 激光激发的瑞利衬度成像[42]；CVD 所制备的石墨烯薄片样品的（c）光学图像和（d）532 nm 激光激发下的瑞利衬度成像[19]

底（h_{SiO_2} = 90 nm）上的石墨烯薄片样品。[19]图 2.10(c)为 CVD 所制备的石墨烯薄片样品的光学图像，图 2.10(d)给出了 532 nm 激光激发下的瑞利衬度成像。[19]可以发现，越靠近薄片中心，瑞利衬度越大，说明薄片中心区域为层数更多的石墨烯样品。在由空气、石墨烯薄片和衬底组成的多层结构中，无论是激光还是瑞利散射信号，都存在多次反射、折射而发生干涉的过程，因此瑞利衬度的理论值也可以通过传输矩阵方法计算得到。通过将石墨烯薄片瑞利衬度实验值与不同层数石墨烯薄片的理论值进行对比，就可以鉴别所测试石墨烯薄片的层数，如图 2.10(d)所示。[19]

瑞利衬度可以用激光作为单色光源，与白光测量的光学衬度谱相比，瑞利衬度具有更高的空间分辨率，其空间分辨率几乎与激光光斑直径相同。实际上，通过激光测量的瑞利衬度是一种单波长的光学衬度，其对应波长与激光波长相同。因此，为了获得好的瑞利衬度，可以选择波长位于光学衬度谱最大值附近的波长，例如，当 h_{SiO_2} = 90 nm 或 300 nm 时，为了获得石墨烯薄片的高质量瑞利衬度成像,可以选择波长约为 550 nm 的激光作为激发光源。

2.4.3 光吸收

与层数相关的光吸收是理解通过二维材料薄片光学衬度鉴别其层数的基础。对于放置在透明衬底上或悬浮的二维材料样品,可以直接测量其光吸收谱。悬浮石墨烯薄片的不透明度仅由精细结构常数决定,$\alpha = e^2/(\hbar c) \approx 1/137$,式中,$\hbar$ 为约化普朗克常数;e 是电子电荷量;c 是光速。α 描述了量子电动力学相关的光与相对论电子的相互作用。尽管石墨烯具有原子级厚度,但实验上在可见光范围内所测得的石墨烯的光吸收率 $\pi\alpha$ 可达 2.3%。石墨烯的透射率和反射率分别为 $T = (1 + 0.5\pi\alpha)^{-2}$ 和 $R = 0.25\pi^2\alpha^2 T$。由于结构常数极小($\alpha \approx 1/137$),因此反射率可忽略,$(1 - T) \approx \pi\alpha$,吸收系数可通过穿过石墨烯的透射光谱测得。如图 2.11 所示,在可见光范围内,单层石墨烯透射光谱的实验值与理论计算结果一致。[44]另外,在 1~5 层石墨烯中,透射系数随着层数增加而逐层减小,每次减小的数值为 $\pi\alpha$。

图 2.11 单层和双层石墨烯的透射谱[43]

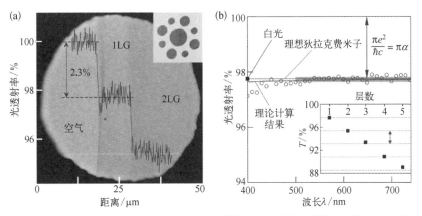

(a) 部分覆盖在 50 μm 孔上的 1LG 和 2LG 样品;(b) 单层石墨烯的透射谱(空心圆)(红线表示根据石墨烯二维狄拉克电子计算得到的透射谱; 插图为实验测得的白光透射系数与石墨烯薄片层数的关系)

通常,对于二维材料来说,其光学吸收随着其层数的增加而增大,因而,透射光谱可以用来鉴别二维材料薄片的层数,如石墨烯和 MoS₂ 薄片等[19]。然而,由于测试条件的限制,目前最容易测试的是悬浮或置于透明衬底上二维材料样品的吸收光谱。

2.5　小结

本章主要介绍了电子和声子等基本概念,以及计算电子能带结构和声子色散曲线的基本方法,并比较了石墨烯、AB 堆垛、ABC 堆垛以及转角多层石墨烯的晶体结构和电子能带结构等基础性质。电子结构等性质的差异决定了石墨烯薄片在可见光范围内随层数依赖的光学性质,这为后面利用层数不同的石墨烯薄片之间性质的差异以及通过拉曼光谱来表征不同石墨烯基材料的结构和性质奠定了基础。

　　　　　　　　　　　　　石墨烯基材料的拉曼光谱研究

第 3 章

拉曼散射理论

当光照射到介质上时,光与物质的相互作用会导致一系列光学现象,如吸收、反射、透射和散射等。其中,光散射是指光与物质发生作用后,光的传播方向等发生改变,使得在入射光传播方向上的光子数减少,而其他方向的光子数增加的现象。光散射是在日常生活中能经常观察到的现象。当光通过不均匀介质(例如有悬浮颗粒的混浊液体)时,由于光散射现象的存在,我们可以从侧面清晰地看到光的传播路径。从理论上来说,理想的、完全均匀的固体介质不会产生光散射现象,但是固体介质的某些不均匀性或者说某种性质的涨落可以导致光散射现象的发生。若散射前后光子频率没有发生变化,这种光散射过程被称为弹性散射,否则为非弹性散射。固体中熵的涨落会引起弹性散射,一般称为瑞利散射。固体中也可能发生光的非弹性散射过程,如密度涨落(如声波、声学声子等)引起的布里渊散射,以及各种元激发对应的极化涨落所导致的拉曼散射。在非弹性散射中,若散射后光子的频率减小,即光将一部分能量传递给介质,称为斯托克斯散射;反之,如果光从介质中获得一部分能量而使得散射后光子的频率增加,称为反斯托克斯散射。因此,根据散射光相对于激发光的频率变化(即频移)可以对光散射进行分类。如表 3.1 所示,频移小于 10^{-5} cm^{-1} 的光散射过程为瑞利散射;频移在 $10^{-5}\sim1$ cm^{-1} 的光散射过程为布里渊散射,频移大于 1 cm^{-1} 的光散射过程为拉曼散射。

表 3.1　描述不同类型光散射的典型参数值

光散射类型	频移 /cm^{-1}	线宽 /cm^{-1}	弛豫时间 /s
瑞利散射	$<10^{-5}$	5×10^{-4}	10^{-8}
布里渊散射	$10^{-5}\sim1$	5×10^{-3}	10^{-9}
拉曼散射	>1	5	10^{-12}

光散射的研究历史可以追溯到 19 世纪。当时的研究对象主要以自然界广泛存在的液体和气体为主,包括含有与入射光波长尺寸相当的粒子的胶体和乳浊液,以及分子热运动引起的分子密度局部涨落,与之相关的两种光散射现象分别被称为丁达尔效应和分子散射。1871 年,英国物理学家瑞利提出了关于分子光散射强度的瑞利定律,即散射光强度与激发光波长的 4 次方成反比。1922 年,布里渊最早发表了研究光散射量子理论的工作,预测了光可以被长声学波散射,散射光频率发生约 $0.1\ cm^{-1}$ 的频移,也就是布里渊散射。1923 年,阿道夫·斯梅卡尔发展了基于两能级的光散射理论,并预言在散射光谱中,瑞利线的两侧附近存在伴线。随后,1928 年,拉曼和兰斯贝尔格在实验中分别独立地发现了这种光散射现象,且散射光的频移超过了 $1\ cm^{-1}$,这种光散射现象被称为拉曼散射。拉曼散射被发现以后,人们很快意识到拉曼光谱是研究分子激发和分子结构的极好工具。20 世纪 40 年代,拉曼散射的研究开始转向晶体材料,尤其是晶格动力学的相关信息方面。当时只能采用汞灯作为激发源来做相应的拉曼光谱实验。由于汞灯强度低、单色性差,拉曼散射自身的散射截面小、散射效率极低,人们在实验上很难直接得到信噪比较好的拉曼光谱,这限制了当时对拉曼散射过程的进一步研究。直到 1960 年,激光的发现极大地促进了拉曼光谱领域的科学发展。由于激光在单色性、相干性、准直性以及功率等方面都具有很好的优势,老式汞灯很快被激光所取代。当前,He-Ne连续激光器、全固态激光器、Ar^+ 和 Kr^+ 激光器以及可调谐脉冲激光器等已经被广泛地应用于拉曼散射的研究中。这些激光器的发明促进了许多新型拉曼光谱技术的发展,如多声子拉曼光谱、共振拉曼光谱、时间分辨拉曼光谱(time-resolved Raman spectroscopy)、表面增强拉曼光谱以及针尖增强拉曼光谱技术等。这些新型的拉曼光谱技术使得拉曼光谱学在时间和空间等维度进入新的研究境界。此外,拉曼光谱仪陆续淘汰了开放光路、棱镜、感光板和光电倍增管等光学元件和探测器,直接采用显微镜、全息光栅、电荷耦合器件

（charge coupled device，CCD）和全息陷波滤光片等先进的光学元件，并通过计算机控制，极大地减少了瑞利散射光对拉曼散射信号的干扰，简化了光谱仪的操作步骤，节约了拉曼光谱的采集时间，提高了拉曼光谱的信噪比以及光谱仪的自动化程度。拉曼光谱仪和拉曼技术的快速发展使得拉曼光谱完全突破了其自身的弱点而成为常规的材料测试和表征手段。

当前，光散射的研究已经深入电子、原子、化学和生物分子以及固体等领域，如与自由电子相关的康普顿散射、汤姆逊散射、电子拉曼散射、化学和生物分子振动与转动以及固体中的准粒子（也称为元激发，如声子、电子、磁子和等离子激元等）等所引起的拉曼散射。这里，我们主要讨论固体中晶格振动（即声子）所引起的拉曼散射。一般来说，声子导致的拉曼散射在拉曼光谱中表现为较尖锐的拉曼峰。根据拉曼峰与激发光的频率差可以得到相应的声子频率。由于不同材料的拉曼光谱表现出显著的差异，拉曼光谱可以作为材料的一种指纹谱。根据外界微扰对拉曼光谱的影响，可进一步研究材料性质及其对外界微扰的响应。当前，拉曼光谱作为表征材料性质的重要工具，在微观量子过程、材料基础性质和器件工作机理等方面的研究中起到了重要作用。

拉曼散射理论从 20 世纪发展到现在已经非常完备，[45-49] 可以解释大部分实验结果，包括一阶和高阶拉曼散射过程、频率、线宽以及拉曼强度与激发光的能量和偏振方向的依赖关系等。本章主要参考了数本讨论拉曼散射基础的著作。[45-47] 首先，从经典图像和量子理论两个方面描述一阶和高阶拉曼散射过程，并根据拉曼散射对激发光和散射光偏振方向的选择性来讨论拉曼选定定则。随后，讨论电子能级对声子散射的影响，引入共振拉曼散射的概念，并分别讨论单共振拉曼和双共振拉曼过程。最后，对拉曼光谱的光谱特征进行总结，为后续章节讨论石墨烯基材料的拉曼光谱奠定一定的理论基础。

3.1　光散射的经典理论

3.1.1　散射概率

如图 3.1(a)所示,光散射实验主要包括激发光、拉曼散射光、靶材、收集系统和探测器等部分。通常,激发光的入射方向是确定的,散射光的方向可以是任意的,因此,激发光和散射光可以分别用平面波和球面波来描述:

$$
\begin{aligned}
E_L(\boldsymbol{r},\ t) &= E_L e^{i(\boldsymbol{k}_L \cdot \boldsymbol{r} - \omega_L t)} \\
E_{Sc}(\boldsymbol{r},\ t) &= \frac{E_{Sc}}{r} e^{i(\boldsymbol{k}_{Sc} \cdot \boldsymbol{r} - \omega_{Sc} t)}
\end{aligned}
\tag{3.1}
$$

式中,$\boldsymbol{r}$ 和 t 分别表示位置和时间;$E_L(\boldsymbol{r})$ 和 $E_{Sc}(\boldsymbol{r})$ 分别表示激发光场和散射光场;E_L、ω_L、$\boldsymbol{k}_L$ 和 E_{Sc}、ω_{Sc}、$\boldsymbol{k}_{Sc}$ 分别表示激发光和散射光场的振幅、频率和波矢,波矢的方向也就是波的传播方向。靶粒子可以是原子、分子、气体或凝聚态物质等。一般来说,实验测得散射光的方向由探测器的方位决定。只有在探测器所接收散射光的立体角与激发光之间的重叠区域内,介质产生的散射光信号才能被探测器探测到。

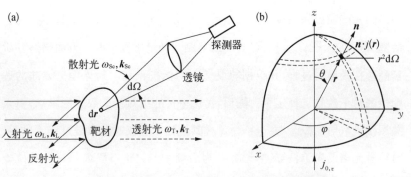

图 3.1　散射光的产生和探测

（a）光散射实验的示意图；（b）极坐标下微分散射截面示意图

　石墨烯基材料的拉曼光谱研究

为了定量地描述光散射过程,需要引入散射概率和微分散射概率等概念。散射概率表示在单位时间内,被散射的入射粒子数占总入射粒子数的比例。若只考虑单位时间内,被散射到单位立体角[图 3.1(a),$\mathrm{d}\Omega$]的散射粒子数,或者只考虑散射到单位立体角内且能量落在某一范围内的散射粒子数占总入射粒子数的比例,则称该值为微分散射概率。在散射实验中,散射概率和微分散射概率是基本的物理量。散射概率可以通过实验探测的散射光谱得到,也可以通过理论计算得到。对实验和理论计算结果进行比较,有助于深入理解实验现象、揭示光散射的微观过程以及表征材料的物理性质。

光散射过程也可以看作粒子碰撞过程,可以用图 3.1(a)所示的粒子碰撞模型来描述。在粒子碰撞模型中,频率为 ω_{L} 和动量为 $\hbar\boldsymbol{k}_{\mathrm{L}}$ 的粒子束射向靶粒子,发生碰撞后产生频率为 ω_{Sc} 和动量为 $\hbar\boldsymbol{k}_{\mathrm{Sc}}$ 的散射粒子束,且靶粒子的频率和动量的改变量分别为 ω 和 $\hbar\boldsymbol{q}$。在碰撞过程中,需要同时满足能量守恒和动量守恒定则:

$$\omega = \omega_{\mathrm{Sc}} - \omega_{\mathrm{L}}$$

$$\hbar\boldsymbol{q} = \hbar\boldsymbol{k}_{\mathrm{Sc}} - \hbar\boldsymbol{k}_{\mathrm{L}} \tag{3.2}$$

在碰撞过程中,$\hbar\omega \neq 0$ 表示散射粒子能量相对于入射粒子能量发生改变,即非弹性散射;若 $\hbar\omega = 0$,则该过程为弹性散射过程。

假设激发光照射到的靶粒子系统中,靶粒子数目为 N,均匀且单层地分布在面积为 F 的薄膜上。只有激发光照射到以靶粒子为中心面积为 σ 的范围内时,激发光与靶粒子才能发生碰撞,σ 反映了该体系发生碰撞的概率,被称为散射截面,由靶粒子系统本身性质决定。事实上,实验所测量的往往是微分散射截面,即散射到立体角 $\mathrm{d}\Omega$ 且能量在 $(\omega,\ \omega + \mathrm{d}\omega)$ 范围内的粒子数与入射粒子数的比值。微分散射截面的大小与测量条件有关。图 3.1(b)为极坐标下微分散射截面的示意图。激发光方向为 z,入射粒子流密度为 $j_{0,z}$,位置 r 处频率为 ω 的散射粒子流密度为 $j(r)$,立体角 $\mathrm{d}\Omega = \sin\theta\mathrm{d}\theta\mathrm{d}\varphi$,立体角在 r 处张角面积为 $r^2\mathrm{d}\Omega$,n 为 r 处球面的法向量,表示探测器所收集散射光的传播方向,可推得散射到立体角 $d\Omega$ 内能量在$(\omega,\ \omega+d\omega)$范围内的微分散射截面为

$$\frac{d^2\sigma}{d\Omega d\omega} = \frac{r^2}{N \times j_{0,z}} \boldsymbol{n} \cdot \boldsymbol{j}(\boldsymbol{r}) \tag{3.3}$$

上述讨论没有考虑入射粒子以及靶粒子的具体性质,因此,式(3.3)具有普适性。考虑在不同情况下入射粒子流密度对应的具体物理量,式(3.3)可用于描述各种各样的散射类型。对于光散射过程,入射粒子和散射粒子分别表示激发光子和散射光子,图 3.1(a)所描述的靶粒子在受激发光作用后产生散射光的散射过程中,电磁波磁分量 $\boldsymbol{B}$ 的作用通常可以忽略。因此,可以直接用电场 $\boldsymbol{E}$ 来描述光场。单色平面波的电场 $\boldsymbol{E}$ 可表示为

$$\boldsymbol{E}(\boldsymbol{r},\ t) = E(\boldsymbol{k},\ \omega) e^{i(\boldsymbol{k} \cdot \boldsymbol{r} - \omega t)} \tag{3.4}$$

式中,E 为电场 $\boldsymbol{E}$ 的振幅;$\boldsymbol{k}$ 为波矢;ω 为光的频率。电磁辐射的能流密度等价于在单位时间内通过单位面积的电磁场能量,即坡印亭矢量 $\boldsymbol{S}$:

$$\boldsymbol{S} = \frac{c}{8\pi} \boldsymbol{E} \times \boldsymbol{B} \tag{3.5}$$

式中,c 为光速。若 $\boldsymbol{n}$ 与电磁波的传播方向重合,在不考虑磁场作用的情况下,沿 $\boldsymbol{n}$ 方向的能流密度分量关于时间的平均值可表示为

$$\langle \boldsymbol{S} \rangle = \frac{c}{8\pi} \boldsymbol{n} \langle |\boldsymbol{E}|^2 \rangle \tag{3.6}$$

式中,$\langle \rangle$ 表示关于时间取平均值。因此,结合式(3.3)可以得到在 $\boldsymbol{r}$ 处微分散射截面的表达式为

$$\frac{d^2\sigma}{d\Omega d\omega} = \frac{r^2}{N \langle E_{0,z}^2 \rangle} \boldsymbol{n} \langle |\boldsymbol{E}_{sc}(\boldsymbol{r})|^2 \rangle \tag{3.7}$$

式中,$E_{0,z}$ 为激发光在 z 方向的电场强度;$\boldsymbol{E}_{sc}(\boldsymbol{r})$ 表示散射光在 $\boldsymbol{r}$ 处的电场分布。

3.1.2　电偶极辐射

在光散射的宏观理论中,以经典电动力学的电偶极辐射理论为基础,可以进一步研究散射截面和激发光的关系。此时,靶中的散射体,如电子、原子、分子和固体的各种元激发(声子、电子、磁子等),均可看作经典的偶极子。

根据经典电动力学的相关理论,在如图 3.1(b)所示的极坐标系中,原点处频率为 ω,方向沿 z 轴的振荡电偶极矩 $\boldsymbol{P}$ 在离原点远大于光波波长的位置 r 处产生的辐射电场 $\boldsymbol{E}$ 为

$$\boldsymbol{E} = -\frac{\omega^2 P \sin\theta}{c^2 r}\cos(\omega t - \boldsymbol{k} \cdot \boldsymbol{r})\hat{e}_E \tag{3.8}$$

式中,P 表示电偶极矩 $\boldsymbol{P}$ 的振幅;c 为真空中的光速;波矢 $\boldsymbol{k}$ 的模为 ω/c;$\hat{e}_E$ 为 r 和 $\boldsymbol{P}$ 组成的平面上垂直于 r 方向的单位向量;θ 表示 r 和 $\boldsymbol{P}$ 的夹角。结合式(3.8)和式(3.5),电偶极矩 $\boldsymbol{P}$ 在 r 处辐射出的能流密度 $\boldsymbol{S}$ 为

$$\boldsymbol{S} = \frac{\omega^4 P^2 \sin^2\theta}{4\pi^2 c^3 r^2}\cos^2(\omega t - \boldsymbol{k} \cdot \boldsymbol{r})\hat{e}_r \tag{3.9}$$

式中,$\hat{e}_r$ 表示 r 方向(即能流密度 $\boldsymbol{S}$ 的方向)上的单位向量。将式(3.9)代入式(3.6)可得,电偶极矩 $\boldsymbol{P}$ 辐射的平均能流密度为

$$\langle\boldsymbol{S}\rangle = \frac{\omega^4 P^2}{8\pi c^3 r^2}\sin^2\theta\hat{e}_r \tag{3.10}$$

将式(3.10)代入式(3.3)可得光散射的微分散射截面为

$$\frac{\mathrm{d}^2\sigma}{\mathrm{d}\Omega\mathrm{d}\omega} = \frac{1}{Nj_{0,z}}\frac{\omega^4}{8\pi c^3}P^2\sin^2\theta \tag{3.11}$$

因此,求解光散射的微分散射截面需要知道散射光的电偶极矩 $\boldsymbol{P}$。在经典光散射理论中,求解微分散射截面的问题进一步归结为求解激发光场在靶材料中感生电偶极矩的问题。

感生偶极矩是粒子在激发光场激励下做受迫局域振动而产生的。当激发光不太强时，如太阳光、汞灯和氙灯做激发光源，感生电偶极矩 $\boldsymbol{P}$ 与激发光电场 $\boldsymbol{E}_\mathrm{L}$ 的强度呈线性关系：

$$\boldsymbol{P}(\boldsymbol{k}_\mathrm{L},\,\omega_\mathrm{L}) = \chi\,(\boldsymbol{k}_\mathrm{L},\,\omega_\mathrm{L})\cdot\boldsymbol{E}_\mathrm{L}(\boldsymbol{k}_\mathrm{L},\,\omega_\mathrm{L}) \tag{3.12}$$

式中，χ 表示极化率，取决于介质本身的性质。在一定温度下，热激发导致的晶格振动会引起材料极化率 χ 的涨落，进而导致感生偶极矩产生变化。晶格振动的简正模可以被量子化成声子。在绝热近似下，决定 χ 的电子频率远大于声子频率，这使得晶格振动对极化率 χ 的调控作用可以看作微扰项。这时，极化率 χ 包括不受晶格振动微扰的极化率 χ_0 和晶格振动引起的极化率微扰项 χ_1。$\chi_1\cdot\boldsymbol{E}_\mathrm{L}$ 也就是热激发导致的晶格振动（声子）所产生的额外偶极矩。

每个声子模式的集体振动可通过格波描述。对于某个声子模式，原子位移 $\boldsymbol{Q}(\boldsymbol{r},\,t)$ 与格波 $\boldsymbol{Q}(\boldsymbol{q},\,\omega_\mathrm{ph})$ 的关系为

$$\boldsymbol{Q}(\boldsymbol{r},\,t) = \boldsymbol{Q}(\boldsymbol{q},\,\omega_\mathrm{ph})\mathrm{e}^{-i(\boldsymbol{q}\cdot\boldsymbol{r}-\omega_\mathrm{ph}t)} + \boldsymbol{Q}^*(\boldsymbol{q},\,\omega_\mathrm{ph})\mathrm{e}^{i(\boldsymbol{q}\cdot\boldsymbol{r}-\omega_\mathrm{ph}t)} \tag{3.13}$$

式中，$\boldsymbol{q}$ 为声子波矢；ω_ph 为声子频率。声子振动对极化率 χ 的调控作用可以看作微扰项，将极化率 χ 展开为 $\boldsymbol{Q}$ 的泰勒级数：

$$\chi(\boldsymbol{k}_\mathrm{L},\,\omega_\mathrm{L},\,\boldsymbol{Q}) = \chi_0(\boldsymbol{k}_\mathrm{L},\,\omega_\mathrm{L}) + \left(\frac{\partial\chi}{\partial\boldsymbol{Q}}\right)_0\boldsymbol{Q}(\boldsymbol{r},\,t) + \cdots \tag{3.14}$$

式中，χ_0 表示不受晶格振动微扰的极化率；第二项表示格波 $\boldsymbol{Q}(\boldsymbol{r},\,t)$ 引起的极化率 χ_1。将式(3.14)代入式(3.12)，保留到一阶近似，可得声子所引起的偶极矩 $\boldsymbol{P}_\mathrm{ind}(\boldsymbol{r},\,t,\,\boldsymbol{Q})$ 为

$$\begin{aligned}
\boldsymbol{P}_\mathrm{ind}(\boldsymbol{r},\,t,\,\boldsymbol{Q}) = \boldsymbol{E}_\mathrm{L}(\boldsymbol{k}_\mathrm{L},\,\omega_\mathrm{L}) \\
\times \left\{ \left(\frac{\partial\chi}{\partial\boldsymbol{Q}}\right)_0\boldsymbol{Q}(\boldsymbol{q},\,\omega_\mathrm{ph})\mathrm{e}^{[(\boldsymbol{k}_\mathrm{L}+\boldsymbol{q})\cdot\boldsymbol{r}-(\omega_\mathrm{L}+\omega_\mathrm{ph})t]} \right. \\
\left. + \left(\frac{\partial\chi}{\partial\boldsymbol{Q}^*}\right)_0\boldsymbol{Q}^*(\boldsymbol{q},\,\omega_\mathrm{ph})\mathrm{e}^{i[(\boldsymbol{k}_\mathrm{L}-\boldsymbol{q})\cdot\boldsymbol{r}-(\omega_\mathrm{L}-\omega_\mathrm{ph})t]} \right\}
\end{aligned} \tag{3.15}$$

$\boldsymbol{P}_{ind}$ 包括斯托克斯项 $e^{[(k_L - q) \cdot r - (\omega_L - \omega_{ph})t]}$ 和反斯托克斯项 $e^{[(k_L + q) \cdot r - (\omega_L + \omega_{ph})t]}$。

根据能量守恒和动量守恒,斯托克斯拉曼信号的频率 ω_S 和波矢 $\boldsymbol{k}_S$,以及反斯托克斯拉曼信号的频率 ω_{aS} 和波矢 $\boldsymbol{k}_{aS}$ 可写为

$$\omega_S = \omega_L - \omega_{ph}$$

$$\omega_{aS} = \omega_L + \omega_{ph}$$

$$\boldsymbol{k}_S = \boldsymbol{k}_L - \boldsymbol{q} \tag{3.16}$$

$$\boldsymbol{k}_{aS} = \boldsymbol{k}_L + \boldsymbol{q}$$

即声子频率等于激发光和散射光的频率差,一般称这个差值为拉曼频移。拉曼光谱通常表示成散射光强度和拉曼频率的函数。

上述讨论表明声子的光散射过程周期性地改变了介质中的电子极化率,而极化率的变化量与晶格振动产生的原子位移和激发光场强度有线性依赖关系。声子对极化率的调制产生了频率为 $\omega_L \pm \omega_{ph}$ 的散射光,因而散射光的频率依赖声子频率和激发光频率。从这个方面来看,散射光更像是调频的结果,而激发光则是扮演着载波的角色。

3.1.3 拉曼选择定则

1. 能量守恒和动量守恒

拉曼散射的实验配置对参与光散射的光子和声子有一定的选择性。由于半导体材料具有较高的折射率且对光的吸收较强,拉曼散射实验通常采用背散射或者近背散射配置,即散射角约为 $180°$。这里我们以背散射为例,讨论单个声子参与一阶拉曼散射过程的选择定则。

拉曼散射实验通常采用可见光到近红外范围内的激光作为激发光,激发光波长数量级约为 10^3 nm,激发光能量为 $1 \sim 3$ eV。因此,激发光波矢约为 10^4 cm^{-1}。声子能量一般远小于激发光的能量。根据能量守恒定则,散射光与激发光能量基本相同,散射光与激发光波矢也基本相同。根据动量守恒定则,参与一阶拉曼散射的声子波矢与激发光波矢有相同的

量级,约为 10^4 cm^{-1}。普通半导体材料布里渊区边界声子波矢的量级约为 10^7 cm^{-1}。因此,参与拉曼散射的光子波矢和声子波矢都远小于布里渊区边界的波矢,也就是说,一阶拉曼散射一般来说只能探测到布里渊区中心的声子。

声学声子支的声子频率与波矢呈线性关系,散射光依赖激发光的频率和散射角。在布里渊区中心附近的声学声子能量接近零,除了在背散射配置下采用超低波数拉曼光谱技术以外,[50]其他常规的拉曼光谱技术很难直接探测到声学支声子。声学支声子通常也可以通过布里渊散射来直接探测。对于光学声子来说,布里渊区中心附近光学声子的群速度(即声子频率关于波矢的函数在布里渊区中心的斜率)较小。在参与拉曼散射时,长光学波的声子能量可看作常数。因此,参与一阶拉曼散射的光学支声子的能量(拉曼光谱中光学支声子拉曼峰的峰位)与散射角无关,也与激发光能量和入射方向无关。

2. 对称性和选择定则

根据式(3.11),拉曼强度可以通过感生偶极矩 $\boldsymbol{P}_{\mathrm{ind}}$ 产生的光场在散射角中强度的时间平均值来计算。本节以斯托克斯过程为例讨论拉曼散射强度与激发光的关系。反斯托克斯与斯托克斯这两种散射过程中的激发光和声子相同,只有散射光频率不同,因此对于反斯托克斯散射过程,也可得出类似的结果。

$\boldsymbol{P}_{\mathrm{ind}}$ 具有方向性,它在不同方向上的分量可能不同,$\boldsymbol{P}_{\mathrm{ind}}$ 所产生拉曼散射的强度也就依赖于探测器所收集散射光的偏振方向 $\hat{e}_{\mathrm{S}}$,即 $|\boldsymbol{P}_{\mathrm{ind}} \cdot \hat{e}_{\mathrm{S}}|$。结合式(3.11)和式(3.15),可得拉曼散射截面为

$$\frac{\mathrm{d}\sigma}{\mathrm{d}\Omega} = \frac{\omega^4}{(4\pi\epsilon_0)^2 c^4} \left| \hat{e}_{\mathrm{L}} \cdot \left(\frac{\partial \chi}{\partial \boldsymbol{Q}}\right)_0 \boldsymbol{Q}(\omega_{\mathrm{ph}}) \cdot \hat{e}_{\mathrm{S}} \right|^2 \quad (3.17)$$

式中,$\hat{e}_{\mathrm{L}}$ 为式(3.15)中激发光场 $\boldsymbol{E}_{\mathrm{L}}(\boldsymbol{k}_{\mathrm{L}}, \omega_{\mathrm{L}})$ 的偏振方向;$\boldsymbol{Q}$ 为原子振动的位移矢量;$\dfrac{\partial \chi}{\partial \boldsymbol{Q}}$ 是一个三阶张量。从上式可以看出,散射光强度与振动

幅度 Q 的平方成正比,也就是说,如果原子没有振动,则斯托克斯散射强度为 0。

如果引入单位矢量 $\hat{Q} = Q/|Q|$,并定义一个三阶张量 R,则斯托克斯拉曼强度 I_S 与激发光和散射光偏振方向的关系可以简化为

$$I_S \propto |\hat{e}_L \cdot R \cdot \hat{e}_S|^2 \tag{3.18}$$

式中,R 就是所谓的拉曼张量,定义如下:

$$R = \left(\frac{\partial \chi}{\partial Q}\right)_0 \hat{Q}(\omega_{ph}) \tag{3.19}$$

拉曼张量可以通过极化率 χ 对 Q 的一阶导数来求得,是与极化率类似的三阶张量。对于可能存在两个或者三个拉曼张量(R_j,$j = 1$,2 或 $j = 1$,2,3)的某一声子模来说,其拉曼强度 I_{ph} 与拉曼张量 R_j 的关系如下:

$$I_{ph} \propto \sum_j |\hat{e}_L \cdot R_j \cdot \hat{e}_S|^2 \tag{3.20}$$

由式(3.17)和式(3.20)可知,在实验上可以测试激发光和所收集散射光处于不同偏振方向时的拉曼峰强度,以此反推得到相应声子所对应拉曼张量的相关信息。在拉曼实验中这种选择激发光和散射光偏振方向的配置方式,称为偏振拉曼配置方式,相应的实验方法称为偏振拉曼散射技术。

下面以分子的拉曼散射为例,介绍如何通过偏振拉曼实验来研究振动模的对称性等相关信息。若某个散射源(如分子的某个振动模 Q_v)在激发光激发下可以产生拉曼散射,则该振动模是拉曼活性的。由式(3.17)可知,Q_v 拉曼活性的条件是极化率的一阶微分不为零,即 $\frac{\partial \chi}{\partial Q} \neq 0$。拉曼张量的非零矩阵元 R_{ij} 的具体表达式和数值由散射体系的对称性所决定。因此,偏振拉曼散射实验的结果取决于与材料空间对称性相关的拉曼选择定则。拉曼选择定则为偏振拉曼散射实验所采用的偏振拉曼配置方式提出了具体要求,也为所测得偏振拉曼光谱的分析以及振动模式

对称性的指认提供了依据。

图 3.2 给出了某种三原子分子的 Q_1、Q_2 和 Q_3 三种振动模的原子位移示意图。该分子具有不动（E）、绕 z 轴 $180°[C_2(z)]$、关于 x - z 平面（σ_{xz}）和 y - z 平面（σ_{yz}）的镜像这 4 种对称操作。Q_1 和 Q_2 振动模在四种对称操作下都与自身重合，具有全对称性，而 Q_3 只在 E 和 σ_{xz} 对称操作下与自身重合。不同对称性的振动模对极化率的影响$\left(\text{即}\dfrac{\partial \chi}{\partial Q}\right)$不同，导致拉曼张量的矩阵结构不同。这三种振动模的拉曼张量可以写为

$$R_1 = \begin{pmatrix} R_{1,xx} & 0 & 0 \\ 0 & R_{1,yy} & 0 \\ 0 & 0 & R_{1,zz} \end{pmatrix},$$

$$R_2 = \begin{pmatrix} R_{2,xx} & 0 & 0 \\ 0 & R_{2,yy} & 0 \\ 0 & 0 & R_{2,zz} \end{pmatrix}, \tag{3.21}$$

$$R_3 = \begin{pmatrix} 0 & 0 & R_{3,xz} \\ 0 & 0 & 0 \\ R_{3,zx} & 0 & 0 \end{pmatrix}$$

式中，R_1、R_2 和 R_3 分别表示 Q_1、Q_2 和 Q_3 振动模的拉曼张量。对称性相同的振动模（Q_1 和 Q_2）具有相同结构的拉曼张量。对称性不同的振动模（Q_1 和 Q_3）具有结构完全不同的拉曼张量 R，因此，同一偏振方向的激发光所激发产生散射光的光谱特征（如散射光光强和偏振方向）是不同的。

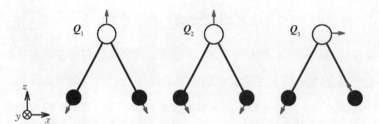

图 3.2　某种三原子分子的 Q_1、Q_2 和 Q_3 三种振动模的原子位移示意图

注：实心和空心圆分别表示两种原子，红色箭头表示相应的原子位移方向。

　　　　　　　　石墨烯基材料的拉曼光谱研究

根据式(3.18)和式(3.21)，Q_1 和 Q_2 振动模具有相同的偏振特性。这里,以 Q_1 和 Q_3 两种具有不同对称性的振动模为例来讨论拉曼强度[分别为 $I_S(Q_1)$ 和 $I_S(Q_3)$]与激发光和散射光偏振方向之间的关系。若激发光偏振方向为 $\hat{e}_L = [1, 0, 0]$，散射光与激发光偏振方向相同，即 $\hat{e}_S = [1, 0, 0]$，根据式(3.18)和式(3.21)可知,Q_1 和 Q_3 模的拉曼强度分别为 $I_S^{\parallel}(Q_1) \propto |R_{1,xx}|^2$ 和 $I_S^{\parallel}(Q_3) = 0$。因此,激发光与散射光偏振方向平行时,Q_1 为拉曼活性模,Q_3 为拉曼禁戒模。若散射光与激发光偏振方向垂直,即 $\hat{e}_S = [0, 0, 1]$，根据式(3.18)和式(3.21)可得,Q_1 和 Q_3 两模的拉曼强度分别为 $I_S^{\perp}(Q_1) = 0$ 和 $I_S^{\perp}(Q_3) \propto |R_{3,xz}|^2$，也就是说,当激发光与散射光偏振方向垂直时,$Q_1$ 为拉曼禁戒模,而 Q_3 为拉曼活性模。改变式(3.18)中激发光和散射光偏振矢量所对应的单位向量,结合式(3.21)可以进一步计算得到其他偏振配置下各个拉曼模的散射强度。总的来说,在背散射配置下,当激发光和散射光的偏振方向相互平行时,可以观测到振动模 Q_1 的拉曼散射信号,而不能观测到振动模 Q_3 的拉曼散射信号;而当激发光和散射光的偏振方向相互垂直时,则情况相反。这种拉曼张量矩阵结构导致要观察到特定振动模的拉曼散射信号,就必须对激发光和散射光的传播和偏振方向有一定的选择要求,这种选择性称作拉曼选择定则。拉曼选择定则并不涉及分子振动的其他属性,如质量、原子间的力常数等。只要知道了振动模的对称性,就可以导出其拉曼张量,然后根据拉曼选择定则来分析振动模的偏振特性。同样地,也可根据拉曼光谱的偏振特性来了解相应振动模的对称性。

在中心对称的晶体中,声子根据宇称可分为奇宇称和偶宇称。若晶体在中心反演操作下具有不变性,则拉曼张量在相同的操作下也具有不变性。具有奇宇称的声子振动模,其振动矢量在中心反演操作下会改变符号,则 $\dfrac{\partial \chi}{\partial Q}$ 也会改变符号,即 $\dfrac{\partial \chi}{\partial Q} = -\dfrac{\partial \chi}{\partial Q} = 0$。在具有中心反演对称性的晶体中,部分声子模的拉曼活性和红外活性是互补的,即奇宇称的声子是拉曼禁戒的(通常是红外活性的),而偶宇称的声子是拉曼活性的(通常是非红外活性的）。既不是红外活性也不是拉曼活性的声子模被称作寂静模。

光散射的宏观理论对光散射机制和拉曼光谱特性给出了合理的解释，包括对一些主要光谱特征的定量描述，如散射光频率、散射光强度以及声子模的偏振特性等。但是经典理论对涉及微观机制的拉曼光谱特征，如斯托克斯和反斯托克斯强度比、拉曼峰的展宽等，不能给出合理的解释，这就需要借助下节讨论的光散射的量子描述来理解。

3.2　光散射的量子描述

拉曼散射的光谱特征包括拉曼峰的峰位、线宽、线型和退偏比等。这些光谱特征依赖光散射的微观过程。了解拉曼散射过程的量子理论有助于定量地描述实验所测得的拉曼光谱。在量子理论框架下，整个散射体系都由量子化的粒子构成。入射粒子和散射粒子是光波场的量子，即光子；散射靶是由量子化的粒子或准粒子构成的，如声学声子、光学声子、表面和体极化激元、磁子、等离激元和单粒子激发等。散射过程是在光子和散射靶相互作用下，激发光子、靶粒子和散射光子的产生和湮灭的过程。

光的非弹性散射主要是由电极化率在空间和时间上的涨落引起的，与晶体的元激发有关。在诸如集体激发（如晶格振动）所引起的光散射过程中，涨落来源于集体激发对于电极化率的调制作用。电极化率在空间和时间上的涨落可由跃迁极化率给出。根据量子理论，跃迁极化率正比于跃迁矩阵元，这些电子跃迁伴随着激发光子的湮灭和散射光子的产生以及晶体元激发的产生（斯托克斯过程）和湮灭（反斯托克斯过程）。跃迁电极化率可按振动模的简正坐标的幂次展开，展开系数为拉曼张量。拉曼张量描述了激发光场、散射光场和振动模之间的耦合。对于极性模，拉曼张量也与非线性极化率的张量系数有关。当激发光能量与电子带间跃迁的能量匹配时，拉曼强度会表现出与电子带间跃迁的光学调制谱类似的特征。因此,光散射的量子理论使得拉曼散射的研究领域扩展到了非线性光学极化率以及晶体能带结构等方面。量子力学对于描述拉曼散射的机制以及解释拉曼散射实验过程中的现象来说是不可或缺的。

3.2.1　微观过程

首先以半导体的声子参与的一阶拉曼散射过程为例来讨论光散射的量子描述,其散射系统包括激发光、散射光以及半导体中的电子和参与散射的声子。图 3.3(a)给出了瑞利散射、斯托克斯散射和反斯托克斯拉曼散射的量子描述,散射发生之前,整个系统处于基态 $|i\rangle$,激发光频率为 ω_L,光子数为 $N(\omega_L)$,散射光频率为 ω_{Sc},散射光子数为 $N(\omega_{Sc})$,声子能量为 $\hbar\omega_{ph}$,声子数为 n。对于半导体来说,电子的基态 $|i\rangle$ 为价带全满、导带全空的状态。散射过程完成之后,系统处于末态 $|f\rangle$,激发光子数 $N(\omega_L)$ 减少 1,而斯托克斯散射光子数 $N(\omega_S)$ 和声子数 n 增加 1,或反斯托克斯散射光子数 $N(\omega_{aS})$ 增加 1、声子数减少 1,电子保持不变。从初态和末态的电子状态来看,声子参与的光散射过程没有电子的参与,因而只需要描述光子和声子相互作用的哈密顿量就可以理解拉曼散射过程。实际上,除非声子和光子具有相似的频率,否则声子和光子的相互作用非常弱,很难直接通过声子和光子的耦合产生光散射。当前,在大部分实验条件下,激发光处于可见光波段,其频率远高于声子频率。在可见光激发的拉曼散射过程中,光与电子间的相互作用占主导。有电子参与的斯托克斯拉曼散射过程[图 3.3(a)]主要分为以下三步。

(1) 频率为 ω_L 的激发光通过电偶极子相互作用激发电子从基态($|i\rangle$,能量为 E_i)跃迁到中间态($|m\rangle$,能量为 E_m),并产生一对电子空穴对(或者激子)。

(2) 光激发的电子通过电声子相互作用,被散射到另一个中间态($|m'\rangle$,能量为 $E_{m'}$),并产生一个声子。

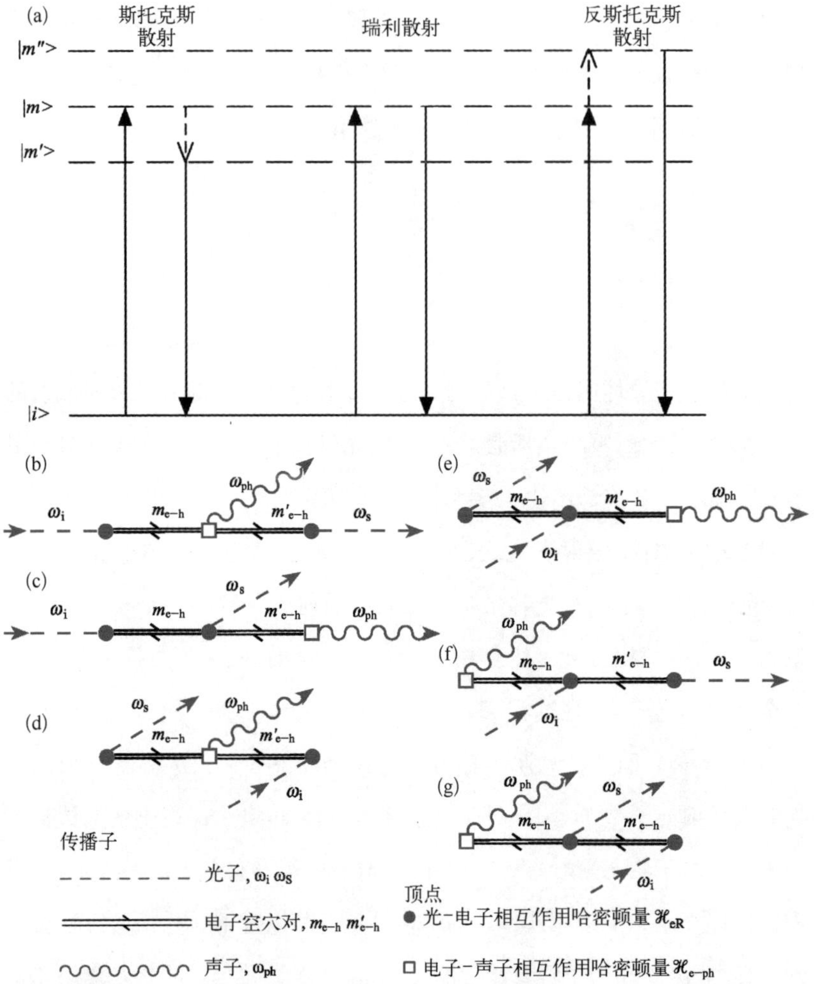

图 3.3　光散射过程的示意图

（a）瑞利散射、斯托克斯散射和反斯托克斯拉曼散射的量子描述；（b）～（g）六种不同时序的一阶拉曼散射过程的费曼图[47]

　　（3）在$|m'\rangle$态的电子与空穴复合，同时通过电偶极子相互作用发射一个频率为ω_S的光子。

　　图3.3(a)中的虚线表示电子虚态。根据微扰理论，虚态可以用电子本征态的线性组合来描述。光散射过程的初态由处于$|i\rangle$态的电子和频率为ω_L的光子组成，终态为处于$|i\rangle$态的电子和一个频率为ω_S的光子，以及一个能量为$\hbar\omega_{ph}$的声子。虽然从表面上看电子在散射前后状态没有发生变化，但是电子却参与了整个拉曼散射过程。虚态参与电子跃迁导

致拉曼散射的各个过程不一定满足能量守恒,但是要满足动量守恒,而整个散射过程要满足能量守恒。在拉曼散射过程中,电子从初态出发,散射到一个或更多的中间态,最后与空穴复合,并发出散射光,因此在描述光散射的微观过程时,需要考虑二级或更高级的微扰。二级微扰理论可以解释光的弹性(瑞利)散射,而描述拉曼散射过程需要引入三级甚至更高级的微扰理论。

费曼图可以更清晰地给出各种可能的拉曼散射过程。如图 3.3(b)~(g)所示的费曼图描述了六种不同时序的一阶拉曼散射过程。[47]不同的线(传播子,propagator)表示参与拉曼散射的准粒子,如光子、声子以及电子空穴对等,同时给出了这些传播子的波矢、频率以及极化等性质。传播子的交点表示不同准粒子之间的相互作用,相互作用从左往右顺序发生,传播子上的箭头方向表示相互作用导致相应准粒子的产生或者湮灭。因此,调整一个确定散射过程中相互作用发生的顺序,可以得到其他可能发生的散射过程的费曼图。图 3.3(b)为图 3.3(a)所示的一阶拉曼散射过程的费曼图,图 3.3(c)~(g)为其他五种可能的一阶拉曼散射过程的费曼图。[47]

对于大多数拉曼散射实验来说,激发光场足够弱,以至于相关效应可以在微扰理论的框架下处理。结合费曼图和微扰论,通过费米黄金定则可以计算得到散射概率。未被微扰的波函数可以作为描述微扰系统的基矢。激发光场为随时间变化的周期函数,需要含时微扰理论来处理光散射过程。具体的计算过程可以参考文献[45]。以图 3.3(a)(b)所示的拉曼散射过程及其对应的费曼图为例,来介绍如何通过量子理论描述散射过程。图 3.3(b)中第一个顶点,光子与电子相互作用对散射概率的贡献为[47]

$$\sum_m \frac{\langle m|H_{eR}(\omega_L)|i\rangle}{E_L-(E_m-E_i)} \tag{3.22}$$

式中,$\langle m|H_{eR}(\omega_L)|i\rangle$表示光与物质相互作用矩阵元;分母中能量的符号表示吸收(+号)和放出(-号)相应的能量;求和表示对所有中间态

$|m\rangle$的求和。进一步考虑图 3.3(b)中第二个顶点,电声子相互作用时[47]:

$$\sum_{m,\,m'} \frac{\langle m' | H_{e-ph}(\omega_{ph}) | m \rangle \langle m | H_{eR}(\omega_L) | i \rangle}{[E_L - (E_m - E_i)][E_L - (E_m - E_i) - \hbar\omega_{ph} - (E_{m'} - E_m)]}$$

(3.23)

式中,$|m'\rangle$是另一个中间态。斯托克斯过程发射一个声子,因此,分母中 $\hbar\omega_{ph}$ 为负号。类似地,费曼图中每增加一个顶点,就在分子中增加相应的相互作用矩阵元,并在分母中增加对应的能量项,不断重复这个过程,一直到费曼图中最后一个顶点为止。原则上,分母中的能量项与费曼图中的顶点数应该保持一致。然而,分母中最后一个能量项表示整个散射过程需要满足的能量守恒条件,可以转化为狄拉克函数。例如,图 3.3(b)中最后一个能量项可写成[47]

$$[E_L - (E_m - E_i) - \hbar\omega_{ph} - (E_{m'} - E_m) - E_S - (E_f - E_{m'})]$$
$$= [E_L - \hbar\omega_{ph} - E_S - (E_i - E_f)]$$

(3.24)

前面我们提到,声子参与的拉曼散射过程是以电子为媒介的,电子的状态在散射前后没有发生改变,也就是$|f\rangle$态的能量 E_f 与初态$|i\rangle$的能量 E_i 相同,因此式(3.24)所示的能量项可简化为

$$[E_L - \hbar\omega_{ph} - E_S]$$

(3.25)

根据拉曼散射过程中的能量守恒定则,$E_L - \hbar\omega_{ph} - E_S = 0$,即分母中的最后一个能量项为 0。通过费米黄金定则计算散射概率时,最后一个能量项的倒数需要用狄拉克函数 $\delta(E_L - \hbar\omega_{ph} - E_S)$ 代替。因此,图 3.3(b)中费曼图表示的声子散射过程的散射概率可以写成[47]

$$P_{ph}(E_S) = \frac{2\pi}{\hbar} \left| \sum_{m,\,m'} \frac{\langle i | H_{eR}(\omega_L) | m' \rangle \langle m' | H_{e-ph} | m \rangle \langle m | H_{eR}(\omega_L) | i \rangle}{[E_L - (E_m - E_i)][E_L - \hbar\omega_{ph} - (E_{m'} - E_i)]} \right|^2$$
$$\times \delta(E_L - \hbar\omega_{ph} - E_S)$$

(3.26)

式中,$H_{eR}(\omega_L)$ 和 $H_{eR}(\omega_S)$ 分别表示物质(或电子)与激发光和散射光辐

射场相互作用的哈密顿量；$H_{\text{e-ph}}(\omega_{\text{ph}})$ 表示频率为 ω_{ph} 的晶格振动（声子）与电子相互作用的哈密顿量；$\langle m\,|\,H\,|\,i \rangle$ 等表示相应的哈密顿量矩阵元。

光与电子相互作用哈密顿量 H_{eR} 可以通过电子在电磁场中受到的洛伦兹力表示，可以写成如下形式：

$$H_{eR} = \frac{1}{2m}(\boldsymbol{p} - e\boldsymbol{A})^2 + V(\boldsymbol{r}) \tag{3.27}$$

式中，m 和 e 分别表示电子的质量和电荷量；$\boldsymbol{p}$、$\boldsymbol{A}$ 和 $V(\boldsymbol{r})$ 分别表示动量、矢势和晶体势。在库仑规范（$\nabla \cdot \boldsymbol{A} = 0$）下，$H_{eR}$ 可表示为

$$H_{eR} = \left[\frac{\boldsymbol{p}^2}{2m} + V(\boldsymbol{r})\right] - \frac{e}{m}\boldsymbol{p} \cdot \boldsymbol{A} + \frac{e^2 \boldsymbol{A}^2}{2m} \tag{3.28}$$

式中，括号中两项之和表示在势能 $V(\boldsymbol{r})$ 下电子的哈密顿量 H_0。由于电磁场较弱，带有 $\boldsymbol{A}^2$ 的项可以忽略。因此，光与电子相互作用可以写为

$$H_{eR} = -\frac{e}{m}\boldsymbol{p} \cdot \boldsymbol{A} \tag{3.29}$$

电声子相互作用哈密顿量 $H_{\text{e-ph}}$ 描述了原子振动对电子态的影响，其哈密顿量可以表示为

$$H_{\text{e-ph}}(\boldsymbol{R}_{s'}, \boldsymbol{R}_s) = \int \varphi(\boldsymbol{r} - \boldsymbol{R}_{s'}) \nabla V(\boldsymbol{r} - \boldsymbol{R}_{\text{ph}}) \varphi(\boldsymbol{r} - \boldsymbol{R}_s) \mathrm{d}\boldsymbol{r} \tag{3.30}$$

式中，$\boldsymbol{R}_s$ 和 $\boldsymbol{R}_{s'}$ 分别表示两个电子中心；$\boldsymbol{R}_{\text{ph}}$ 表示原子势的中心位置，即原子位置；$\varphi(\boldsymbol{r} - \boldsymbol{R}_s)$ 表示 $\boldsymbol{R}_s$ 电子在 $\boldsymbol{r}$ 处的波函数；$V(\boldsymbol{r} - \boldsymbol{R}_{\text{ph}})$ 表示 $\boldsymbol{R}_{\text{ph}}$ 处原子在 $\boldsymbol{r}$ 处的原子势能；$\nabla V(\boldsymbol{r} - \boldsymbol{R}_{\text{ph}})$ 表示原子振动导致的势能变化。这里，只考虑光学声子振动引起的晶格结构形变导致电子能量改变的电声子相互作用的形式，相应的电声子相互作用矩阵元可表示为

$$\langle m\,|\,H_{\text{e-ph}}\,|\,i \rangle = \sqrt{\frac{\hbar}{2N_\Omega M \omega_{\text{ph}}}} \sum_a \boldsymbol{\epsilon}_a \frac{\partial E_m}{\partial u_a} \tag{3.31}$$

式中，a 表示原胞中原子的序号；m 表示能带指数；u_a 表示相应原子的位

移;ϵ_a 表示声子的偏振矢量;N_Ω、M 和 ω_{ph} 分别表示原胞数目、原子质量和声子的频率。

将光与电子以及电声子相互作用矩阵元代入式(3.26)中,可以得到相应散射过程的散射概率。若计算声子参与的所有可能拉曼散射过程的散射概率,则需要对图 3.3(b)～(g)所示的六种散射过程对散射振幅的贡献进行求和,然后平方求得散射概率[47]:

$$
\begin{aligned}
P_{ph}(E_S) = \frac{2\pi}{\hbar} \Bigg| & \sum_{m, m'} \frac{\langle i | H_{eR}(\omega_L) | m' \rangle \langle m' | H_{e\text{-}ph} | m \rangle \langle m | H_{eR}(\omega_L) | i \rangle}{[E_L - (E_m - E_i)][E_L - \hbar\omega_{ph} - (E_{m'} - E_i)]} \\
& + \frac{\langle i | H_{eR}(\omega_L) | m \rangle \langle m | H_{eR}(\omega_s) | m' \rangle \langle m' | H_{e\text{-}ph} | i \rangle}{[E_L - (E_m - E_i)][E_L - E_S - (E_{m'} - E_i)]} \\
& + \frac{\langle i | H_{eR}(\omega_S) | m \rangle \langle m | H_{e\text{-}ph} | m' \rangle \langle m' | H_{eR}(\omega_L) | i \rangle}{[-E_S - (E_m - E_i)][-E_S - \hbar\omega_{ph} - (E_{m'} - E_i)]} \\
& + \frac{\langle i | H_{eR}(\omega_L) | m \rangle \langle m | H_{eR}(\omega_s) | m' \rangle \langle m' | H_{e\text{-}ph} | i \rangle}{[-E_S - (E_m - E_i)][-E_S + \hbar\omega_i - (E_{m'} - E_i)]} \\
& + \frac{\langle i | H_{e\text{-}ph} | m \rangle \langle m | H_{eR}(\omega_i) | m' \rangle \langle m' | H_{eR}(\omega_S) | i \rangle}{[-\hbar\omega_{ph} - (E_m - E_i)][-\hbar\omega_{ph} + \hbar\omega_i - (E_{m'} - E_i)]} \\
& + \frac{\langle i | H_{e\text{-}ph} | m \rangle \langle m | H_{eR}(\omega_s) | m' \rangle \langle m' | H_{eR}(\omega_L) | i \rangle}{[-\hbar\omega_{ph} - (E_m - E_i)][-\hbar\omega_{ph} - E_S - (E_{m'} - E_i)]} \Bigg|^2 \\
& \times \delta(E_L - \hbar\omega_{ph} - E_S)
\end{aligned}
\tag{3.32}
$$

Loudon 将半导体材料的相关参数代入式(3.32),估算出拉曼散射效率为 $10^{-7} \sim 10^{-6}$ cm^{-1} · Sr^{-1}①。[51]然而,在实际的拉曼散射研究中,大量的参数是不能精确知道的,如电声子耦合矩阵元等,因此,很难直接通过上式计算拉曼散射的绝对效率。

虽然拉曼强度正比于跃迁概率,但实际测得的拉曼强度却取决于具体的实验细节、所用的探测器、拉曼散射配置以及数据处理方法,这使得单独讨论一个拉曼峰的绝对强度是没有意义的。因此,测量绝对拉曼散射强度和特定拉曼峰强度的共振轮廓并不是一项简单的工作。在相同的

---

① Sr, steradian, 立体角的标准单位。

测试条件(包括激发光波长、信号光波长、激发光功率、信号积分时间、光路上各元件、探测器、显微物镜和聚焦状态等)下,比较所测两种材料的拉曼信号强度或者同一种材料中探测效率比较接近或可校正的两个拉曼信号强度才具有物理意义。讨论特定拉曼峰强度或其共振轮廓的一个比较简单的方法,就是通过测量一个绝对拉曼强度已公认的拉曼散射体(一个标准参考物质,如石英和氟化钙)的拉曼光谱,并根据其特定拉曼峰强度对在相同测试条件下所测样品的拉曼强度进行校正,从而得到绝对拉曼强度或可信的共振轮廓。

3.2.2 对称性分析

根据式(3.29),考虑晶体中所有电子的贡献,光与物质相互作用哈密顿量可表示为

$$H_{eR} = -\frac{e}{m} \sum_a \boldsymbol{p}_a \cdot \boldsymbol{A}(\boldsymbol{r}_a) \qquad (3.33)$$

式中,a 表示第 a 个电子,求和遍及材料中所有的电子;$\boldsymbol{p}_a$ 表示第 a 个电子的动量;$\boldsymbol{A}(\boldsymbol{r})$ 表示辐射场在 $\boldsymbol{r}$ 处的量子化矢势:

$$\boldsymbol{A}(\boldsymbol{r}) = (2\pi c^2 \hbar / V_R)^{1/2} \sum_k \omega_k^{-1/2} \cdot \hat{\boldsymbol{e}}_k \big[a_k \exp(i\boldsymbol{k} \cdot \boldsymbol{r})$$
$$+ a_k^{\dagger} \exp(-i\boldsymbol{k} \cdot \boldsymbol{r}) \big] \qquad (3.34)$$

式中,V_R 为辐射场归一化体积;$\boldsymbol{k}$ 为光子波矢;$\hat{\boldsymbol{e}}_k$ 表示光子的单位偏振矢量;a_k 和 $a_k^{\dagger}$ 为光子的湮灭和产生算符。在粒子数表象下,a_k 和 $a_k^{\dagger}$ 的非零矩阵元为

$$\langle n_k | a_k^{\dagger} | n_k - 1 \rangle = \langle n_k - 1 | a_k | n_k \rangle = \langle n_k \rangle^{1/2} \qquad (3.35)$$

因此,计算 H_{eR} 矩阵元时,辐射场提供了一个零或者 $\langle n_k \rangle^{1/2}$ 的因子,体系材料内电子跃迁吸收的激发光和发射的散射光贡献了另一个因子。在电子态 $|1\rangle$ 和 $|2\rangle$ 之间跃迁的光吸收和光发射矩阵元可分别表示为

$$\boldsymbol{p}_{12,k} = \langle 1 | \sum_a \boldsymbol{p}_a \exp(i\boldsymbol{k} \cdot \boldsymbol{a}) | 2 \rangle$$

$$\boldsymbol{p}_{12,k}^\dagger = \langle 2 | \sum_a \boldsymbol{p}_a \exp(-i\boldsymbol{k} \cdot \boldsymbol{a}) | 1 \rangle \tag{3.36}$$

式中，$\boldsymbol{p}$ 表示动量算符。一般来说，激发光和散射光的波长远大于晶体的原胞尺寸，电子波函数 $\varphi(\boldsymbol{r})$ 局域在原子位置 $\boldsymbol{r}_0$ 附近，因此上式中的指数因子可以用偶极子展开。式(3.22)和式(3.26)中激发光与电子相互作用矩阵元可以分解为

$$\langle m | H_{eR} | i \rangle = -\frac{e}{mc}(2\pi c^2 \hbar / V_R)^{1/2} E_L^{1/2} \times \sum_a [\hat{e}_L \cdot \langle m | \boldsymbol{p}_a | i \rangle$$

$$+ i\hat{e}_L \cdot \langle m | \boldsymbol{p}_a | i \rangle \cdot \boldsymbol{k}_L + \cdots] \tag{3.37}$$

展开式中，第一项为电偶极子，第二项为电四极子和磁偶极子。通常只保留电偶极子项，忽略高次项。因此，光与物质相互作用矩阵元依赖光的单位偏振矢量 $\hat{e}_L$ 和波长，与传播方向无关。

从群论的角度来说，两个态 $|a\rangle$ 和 $|b\rangle$ 通过相互作用哈密顿量(H)耦合，若 $H|b\rangle$ 与 $|a\rangle$ 正交，则 $\langle a | H | b \rangle$ 矩阵元为零，否则矩阵元不为零。相互作用矩阵元不为零表明 H 相互作用可导致从 $|a\rangle$ 到 $|b\rangle$ 的跃迁。相互作用矩阵元是否为零可以通过群论中的对称性来判断。首先，确定 $|a\rangle$、$|b\rangle$ 和 H 的不可约表示，$H|b\rangle$ 的对称性可以通过 H 和 $|b\rangle$ 对称性的直积得到，即不同不可约表示的特征标的线性组合。如果这个线性组合包含了 $|a\rangle$ 的不可约表示，则相应的矩阵元不为零。因此，若光与电子相互作用矩阵元[式(3.37)，取偶极子近似，保留到 $\langle m | \boldsymbol{p} | i \rangle$ 项]不为零，则需要满足：

$$\Gamma_m \subset \Gamma_p \otimes \Gamma_i \tag{3.38}$$

式中，Γ_i、Γ_m 和 Γ_p 分别为电子的初态、中间态和电子辐射场相互作用哈密顿量的不可约表示。同理，若电声子相互作用矩阵元 $\langle m' | H_{e-ph} | m \rangle$ 不为零，结合式(3.38)可得

$$\Gamma_m' \subset \Gamma_{e-ph} \otimes \Gamma_m \subset \Gamma_{e-ph} \otimes \Gamma_p \otimes \Gamma_i \tag{3.39}$$

式中，$\Gamma_{\text{e-ph}}$表示电声子相互作用哈密顿量的对称性。根据式(3.26)，初态$|i\rangle$上的电子经过H_{eR}、$H_{\text{e-ph}}$和H_{eR}三次相互作用回到初态，即初态和末态相同。因此，若拉曼散射矩阵元$\langle i|H_{eR}(\omega_L)|m'\rangle\langle m'|H_{\text{e-ph}}|m\rangle\langle m|H_{eR}(\omega_L)|i\rangle$不为零，需要满足：

$$\Gamma_i \subset \Gamma_p \otimes \Gamma_{m'} \subset \Gamma_p \otimes \Gamma_{\text{e-ph}} \otimes \Gamma_p \otimes \Gamma_i \tag{3.40}$$

也就是说，拉曼活性的声子模需要满足：

$$\Gamma_p \otimes \Gamma_{\text{e-ph}} \otimes \Gamma_p \supset \Gamma_1 \tag{3.41}$$

式中，Γ_1是完全对称的不可约表示。由群论分析可知，Γ_p与x、y和z基函数的不可约表示相同。因此，若$\Gamma_{\text{e-ph}}$与二次基函数xx、yy、zz、xy、xz和yz的不可约表示相同，则该模式可能是拉曼活性的。

在偶极子近似下，H_{eR}不能耦合具有相同宇称的电子态。如3.1.3节所述，具有反演中心的材料，拉曼活性的声子模为偶宇称，这就限制了参与拉曼散射过程中间态的状态。一般情况下，可以根据拉曼散射振幅对光子偏振矢量的依赖关系来定义拉曼张量R。对于某一声子模来说，可能对应一个、两个或者三个拉曼张量(R_j，$j=1$，$j=1$，2，或$j=1$，2，3)。拉曼张量决定了当激发光和散射光处于某一偏振状态下的拉曼散射振幅：

$$K_{\text{ph}} \propto |\hat{e}_L \cdot R_j \cdot \hat{e}_S| \tag{3.42}$$

式中，拉曼张量是光子能量以及末态性质的函数。式(3.42)即为拉曼选择定则的量子描述。拉曼强度可表示为散射振幅的平方。对于存在多个拉曼张量的某一声子模来说，拉曼强度I_{ph}与拉曼张量R_j的关系如下：

$$I_{\text{ph}} \propto \sum_j |\hat{e}_L \cdot R_j \cdot \hat{e}_S|^2 \tag{3.43}$$

拉曼选择定则的量子描述还可解释其在某些情况下失效的情况。在式(3.37)中，电四极子项可以耦合相同宇称的态，从而导致不同的选择定则。在共振增强的拉曼散射中，禁戒的电四极子跃迁或磁偶极子跃迁的共振增强,可能使得电四极子项对拉曼散射的贡献大于电偶极子项的贡献,从而出现在共振情况下拉曼禁戒模的强度与拉曼活性模的强度可比拟甚至更强的现象。这种选择定则失效也适用于拉曼活性模强度为零的情况。拉曼选择定则失效的另一个原因还有可能是中间态在实空间中占有较大的范围,如 Wannier 激子等,导致极化率和拉曼矩阵元的空间色散。

3.2.3 多声子拉曼散射

根据拉曼选择定则,一阶拉曼散射只能探测布里渊区中心的光学声子,这限制了通过拉曼散射进一步研究整个布里渊区内的声子色散关系。在实际的拉曼光谱实验中,除了一阶拉曼散射,往往还可以观察到丰富的拉曼模,这些拉曼模可能来源于多个声子参与的高阶拉曼散射。高阶拉曼模的研究不但可以帮助人们了解材料整个布里渊区内光学声子支的色散情况,而且还提供了通过拉曼散射探测声学声子的途径。

首先以较为简单的双声子参与的二阶拉曼散射为例来介绍多个声子参与的拉曼散射过程。一般来说,二阶拉曼散射是两个声子参与的拉曼散射过程。斯托克斯拉曼散射可以是发射两个声子或者吸收一个声子并发射另一个声子。参与二阶拉曼散射的两个声子的动量和能量分别为 q、q' 和 $\omega_{\mathrm{ph}i}(q)$、$\omega_{\mathrm{ph}j}(q')$,其中 i 和 j 表示声子支序号。根据动量守恒定则,参与拉曼散射的两个声子的波矢满足:

$$q + q' \approx 0 \tag{3.44}$$

即 $q = -q'$,也就是说,参与二阶拉曼过程的两个声子只须满足动量大小相等、方向相反的条件。与一阶拉曼不同,二阶拉曼散射对声子波矢 q 的大小和方向并没有严格的限制。由于布里渊区本身具有空间反演对称性,因而相同和不同声子支上具有相同声子波矢 q 的两个声子都可以参

与二阶拉曼散射,这样使得整个布里渊区内的声子都可以参与二阶拉曼散射。若二阶拉曼过程同时发射两个声子,则相应的拉曼频移为 $\omega_{2ph} = \omega_{phi}(\boldsymbol{q}) + \omega_{phj}(-\boldsymbol{q})$,一般称为和频模。若 $i = j$,即参与二阶拉曼散射的声子来源于同一个声子支,则称为倍频模,相应的拉曼频移可表示为 $\omega_{2ph} = 2\omega_{phj}(\boldsymbol{q})$。若二阶拉曼散射过程吸收一个声子并发射一个声子,一般称为差频模,相应的拉曼频移可表示为 $\omega_{2ph} = |\omega_{phi}(\boldsymbol{q}) - \omega_{phj}(-\boldsymbol{q})|$。

二阶拉曼散射的强度非常弱,一般情况下至少要比一阶拉曼散射弱一到两个数量级。式(3.15)中只保留到了一阶近似,描述二阶拉曼散射过程需要考虑式(3.14)中的二阶近似项,并将其代入式(3.12),即可得双声子参与拉曼散射所引起的偶极矩 $\boldsymbol{P}_{\text{ind}}^{(2)}$,以同一声子支的两声子参与的散射过程为例:

$$
\begin{aligned}
\boldsymbol{P}_{\text{ind}}^{(2)} = {} & \boldsymbol{E}_i(\boldsymbol{k}_{\text{L}}, \omega_{\text{L}}) \\
& \times \left\{ \frac{1}{2}\left(\frac{\partial^2 \chi}{\partial \boldsymbol{Q}^2}\right)_0 \boldsymbol{Q}^2(\boldsymbol{q}, \omega_{\text{ph}}) \mathrm{e}^{i\left[(\boldsymbol{k}_{\text{L}}+2\boldsymbol{q})\cdot\boldsymbol{r}-(\omega_{\text{L}}+2\omega_{\text{ph}})t\right]} \right. \\
& + \frac{1}{2}\left(\frac{\partial^2 \chi}{\partial \boldsymbol{Q}^{*2}}\right)_0 \boldsymbol{Q}^{*2}(\boldsymbol{q}, \omega_{\text{ph}}) \mathrm{e}^{i\left[(\boldsymbol{k}_{\text{L}}-2\boldsymbol{q})\cdot\boldsymbol{r}-(\omega_{\text{L}}-2\omega_{\text{ph}})t\right]} \\
& \left. + \frac{1}{2}\left(\frac{\partial^2 \chi}{\partial \boldsymbol{Q}\partial \boldsymbol{Q}^*}\right)_0 (\boldsymbol{Q}\boldsymbol{Q}^* + \boldsymbol{Q}^*\boldsymbol{Q}) \right\}
\end{aligned} \tag{3.45}
$$

式(3.45)前两项表示频率为 $\omega_{\text{L}} \pm 2\omega_{\text{ph}}$ 的倍频模;第三项表示激发并吸收相同频率的声子导致的瑞利散射(正比于 $\boldsymbol{Q}$ 的二次方),和之前讨论的瑞利散射(弹性散射)有所差别。如果考虑两个声子,频率分别为 ω_{ph} 和 ω_{ph}',简正模分别为 $\boldsymbol{Q}$ 和 $\boldsymbol{Q}'$,相应的二阶项将产生频率为 $\omega_{\text{L}} + (\omega_{\text{ph}} - \omega_{\text{ph}}')$ 和 $\omega_{\text{L}} - (\omega_{\text{ph}} - \omega_{\text{ph}}')$ 的差频模,以及 $\omega_{\text{L}} - (\omega_{\text{ph}} + \omega_{\text{ph}}')$(斯托克斯散射)和 $\omega_{\text{L}} + (\omega_{\text{ph}} + \omega_{\text{ph}}')$(反斯托克斯散射)的和频模。式(3.14)可以扩展到更高阶的近似,进而描述三阶和四阶等更高阶的拉曼散射过程。

图 3.4 给出了一阶和二阶拉曼散射的典型过程费曼图,中间态为激发光激发的电子空穴对。[45] 同样地,把表示电声子相互作用的顶点位置和光与物质相互作用顶点位置的顺序进行调换,可以由这些费曼图得到

其他散射过程的费曼图。改变图 3.3(a)的相互作用顺序,可以得到图 3.3
讨论的所有一阶拉曼散射过程。[47]若将图 3.4(a)中电声子相互作用重复
两次,就可以得到图 3.4(b)中的拉曼散射过程。[45]图 3.4(c)和图 3.4(a)具
有相似的费曼图,只不过是把单声子与电子相互作用换成了双声子与电
子相互作用。[45]图 3.4(d)有 6 个相互作用顶点,表示一个更高阶的过程,
一般可以忽略。[45]接下来,主要讨论图 3.4(b)(c)所示的多声子非共振拉
曼散射过程,多声子共振拉曼散射将在下一节讨论。

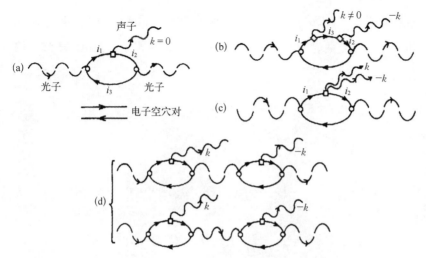

图 3.4 一阶(a)
和二阶〔(b)~
(d)〕拉曼散射的
典型过程[45]费曼图

　　通过图 3.4(b)所示拉曼散射过程的费曼图,结合上节中讨论的光与
电子相互作用以及一阶电声子相互作用矩阵元($H_{\text{e}^-\text{ph}}^{(1)}$),可以描述相应的
二阶拉曼散射过程。图 3.4(c)所示的二阶拉曼散射过程,需要通过二阶
电声子相互作用哈密顿量来描述,记为 $H_{\text{e}^-\text{ph}}^{(2)}$。对于非共振情况,即激发
光能量远小于半导体带隙的情况,一阶 $H_{\text{e}^-\text{ph}}^{(1)}$ 和二阶 $H_{\text{e}^-\text{ph}}^{(2)}$ 电声子相互作
用哈密顿量不可分辨,可看作一个整体的相互作用哈密顿量 $\overline{H_{\text{e}^-\text{ph}}^{(2)}}$,其对
角矩阵元(非对角矩阵元类似)可写成

$$\langle i|\overline{H_{\text{e}^-\text{ph}}^{(2)}}|i\rangle = \langle i|H_{\text{e}^-\text{ph}}^{(2)}|i\rangle + \sum_j \frac{\langle i|H_{\text{e}^-\text{ph}}^{(1)}|j\rangle\langle j|H_{\text{e}^-\text{ph}}^{(1)}|i\rangle}{\omega_{\text{L}} - \omega_j} \quad (3.46)$$

　　　　　　　　　　　　　　　　　　　石墨烯基材料的拉曼光谱研究

双声子参与的斯托克斯散射过程需要满足动量守恒,即两个声子动量满足: $\boldsymbol{q} = -\boldsymbol{q}'$。对于长波声学声子($\boldsymbol{q} \to 0$)来说,晶格整体的振动不能导致电子能量的变化,根据式(3.31)可知,电子与单声子相互作用哈密顿量为零,即$\langle i | \overline{H_{\mathrm{e-ph}}^{(2)}} | i \rangle \to 0$,然而,$H_{\mathrm{e-ph}}^{(2)}$分量的矩阵元不为零。事实上,在刚性离子模型框架内,$H_{\mathrm{e-ph}}^{(2)}$与晶体势U相关,可以写成如下形式[44]:

$$H_{\mathrm{e-ph}}^{(2)} = M^{-1} \left(\frac{\partial^2 U}{\partial u^2} \right) \delta_{1,2}\, b_2^{\dagger} b_1^{\dagger} \sqrt{\frac{1}{4\omega_{\mathrm{ph}} \omega_{\mathrm{ph}}' V^2}} \tag{3.47}$$

式中,$b_1^{\dagger}$和$b_2^{\dagger}$为两个声子的产生算符;$\delta_{1,2}$表示若两个声子属于同一声子支则为1,否则为零。因此,只有倍频模对二阶电声子相互作用有贡献,而和频模没有贡献。$H_{\mathrm{e-ph}}^{(2)}$具有晶体全对称性,参与$H_{\mathrm{e-ph}}^{(2)}$导致的二阶拉曼散射的两个声子也应该有这种对称性。具有其他对称性的声子参与的二阶拉曼散射,主要由$H_{\mathrm{e-ph}}^{(1)}$相互作用贡献。

二阶斯托克斯拉曼散射强度可以写成式(3.17)的形式[44]:

$$I \propto |\hat{\boldsymbol{e}}_{\mathrm{S}} \cdot \chi_{\mathrm{s}} \cdot \hat{\boldsymbol{e}}_{\mathrm{L}}|$$

$$\chi_{\mathrm{s}} = \frac{\mathrm{d}\chi}{\mathrm{d}\omega_{\mathrm{L}}} \frac{\overline{D}}{3a_0^2 M} \left[\frac{(1+n_1)(1+n_2)}{\omega_{\mathrm{ph}} \omega_{\mathrm{ph}}'} V_c N_{1,2} \right]^{1/2} V^{-1/2} \tag{3.48}$$

式中,$\overline{D}$表示电子与两个声子耦合产生($\overline{H_{\mathrm{e-ph}}^{(2)}}$)的形变势;$N_{1,2}$表示双声子态密度。与一阶拉曼散射不同,二阶拉曼散射的偏振特性与双声子态密度有关。因此,二阶拉曼散射可以给出整个布里渊区内声子态密度的相关信息。整个布里渊区的声子都可能参与二阶拉曼散射,导致二阶拉曼光谱是连续谱。对二阶拉曼光谱的分析,可以通过与双声子态密度作比较,或者根据理论计算的声子色散曲线,将各个拉曼峰频率与可能的倍频模或和频模比较,进而指认实验所测得的各个拉曼峰的来源。[52]

一般来说,比一阶拉曼散射强度弱1~2个数量级的二阶拉曼散射在实验中不容易被观测到。多声子拉曼模的阶数越高、强度越弱,就越难被观测到。多声子拉曼模的频率一般都很高,在实验中很容易分别实现入射共振和出射共振,使得在共振条件下很容易观察到多声子拉曼散射峰。高阶拉曼模包含远离布里渊区中心的声子贡献,相关的拉曼峰线宽会随着阶数的增加而增加。[28,53] 拉曼峰的频率可能也与各个基频模频率之和有一定差别。在一些半导体材料中,较强的电声子耦合或显著的激子效应导致的多声子共振拉曼散射现象及其对高阶拉曼模强度的增强效应将在下一节中详细讨论。

3.3　共振拉曼散射

在通常情况下,激发光能量(数个电子伏特)远大于声子能量(几十到几百个毫电子伏特)。因此,拉曼散射是以电子为媒介,实现光与声子交换能量的光与物质相互作用的过程。在非共振激发下,激发光的光子能量不能直接激发电子从价带到导带的直接跃迁,而是电子被激发到一个虚态并在初态留下一个空穴。电子在虚态完成与声子的相互作用后,再与留在初态未被散射的空穴复合产生拉曼散射光。虚能级的参与导致相应的拉曼信号极弱,使得在拉曼光谱发展早期探测拉曼信号成为一项极具挑战性的工作。当通过改变入射激光的波长使得激发光的光子能量与散射介质电子能级之间的跃迁能量相匹配时,拉曼散射概率可能会被极大地增强(约为 10^3),这就是所谓的共振拉曼散射过程(入射共振)。同样地,当散射光的光子能量与散射介质电子能级之间的跃迁能量相匹配时,也可能发生类似的共振拉曼散射过程(出射共振)。共振拉曼散射可极大地增强拉曼信号的强度。在二阶或更高阶的拉曼散射中,根据参与拉曼散射的中间态为实能级的数目,可形成双共振和三共振拉曼散射过程。与一阶拉曼散射不同,参与双共振拉曼散射的声子可以是非布里渊区中心的声子,二阶拉曼模的频率可能会依赖激发光的光子能量。因此,共振拉曼光谱不但可以帮助人们研究晶体材料的声子色散关系,还可以给出关于晶体材料的电子能带结构、光吸收以及电声子相互作用等方面的信

　　　　　　　　　　　石墨烯基材料的拉曼光谱研究

息,是半导体材料光学等性质表征的有力工具。

3.3.1　单共振拉曼散射

一阶拉曼散射的斯托克斯微观过程包括激发光激发电子跃迁到一个中间态$|m\rangle$并在初态留下一个空穴,随后光激发电子发射一个声子并被散射到另一个中间态$|m'\rangle$,最后被散射的电子与留在初态的空穴复合并发出散射光。拉曼光谱可以看作散射振幅的平方与拉曼频移的函数。根据式(3.23),考虑所有电子和布里渊区中心的能量相同声子的贡献,拉曼光谱强度与激发光能量的依赖关系可以通过三级含时微扰理论来计算,即

$$I(E_{\mathrm{L}},\hbar\omega_{v})=\sum_{v}\left|\sum_{k}\sum_{f=i,m,m'}\frac{M_{\mathrm{eR}}^{fm'}(\boldsymbol{k})M_{\mathrm{e-ph}}^{m'mv}(\boldsymbol{k})M_{\mathrm{eR}}^{mi}(\boldsymbol{k})}{\left[E_{\mathrm{L}}-\hbar\omega_{v}-\Delta E_{m'i}(\boldsymbol{k})\right]\left[E_{\mathrm{L}}-\Delta E_{mi}(\boldsymbol{k})\right]}\right|^{2}$$

$$(3.49)$$

式中,对v求和表示对所有能量为$\hbar\omega_{v}$的声子求和;$M_{\mathrm{eR}}^{mi}(\boldsymbol{k})=\langle m|H_{\mathrm{eR}}|i\rangle$和$M_{\mathrm{e-ph}}^{m'mv}(\boldsymbol{k})=\langle m'|H_{\mathrm{e-ph}}(\omega_{v})|m\rangle$分别表示$H_{\mathrm{eR}}$和$H_{\mathrm{e-ph}}$相互作用矩阵元;$k$表示参与拉曼散射的电子波矢;$M_{\mathrm{e-ph}}^{m'mv}(\boldsymbol{k})$也被称为形变势,与参与拉曼散射的中间态和声子相关;E_{L}表示激发光能量;E_{i}、E_{m}和$E_{m'}$分别表示初态$|i\rangle$、中间态$|m\rangle$和$|m'\rangle$的能量;$\Delta E_{mi}(\boldsymbol{k})=E_{m}(\boldsymbol{k})-E_{i}(\boldsymbol{k})+i\gamma$表示初态和中间态的能量差,$i\gamma$表示由光激发电子的寿命所决定的能级展宽。从式(3.49)可以看出,分母中的任何一项或者两项变为零时,如:$E_{\mathrm{L}}=E_{m}-E_{i}$或者$E_{\mathrm{L}}=E_{m}-E_{i}+\hbar\omega_{v}$,拉曼散射强度都可能得到极大程度的增强,也就是所谓拉曼散射的共振增强效应。$E_{\mathrm{L}}=E_{m}-E_{i}$和$E_{\mathrm{L}}=E_{m}-E_{i}+\hbar\omega_{v}$所对应的共振条件分别被称为入射共振条件和出射共振条件,如图3.5(a)所示。当激发光子能量远离共振条件时,分母变大,拉曼强度减弱,这一过程被称为非共振拉曼散射,这时非共振拉曼光谱的强度与激发光能量没有显著的依赖关系。

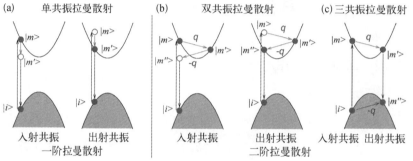

图 3.5 共振拉曼
散射过程示意图

满足入射共振或出射共振条件的（a）单共振拉曼散射和（b）双共振拉曼散射过程示意图；（c）同时满足入射共振和出射共振条件的三共振拉曼散射过程示意图

注：$|m\rangle$、$|m'\rangle$ 和 $|m''\rangle$ 分别表示参与散射过程的中间态，其中，实心和空心圆分别表示实态和虚态。$|i\rangle$ 表示初态。双共振或三共振拉曼散射过程中，声子将电子从一个实态散射到另一个实态而满足散射共振条件。

参与非共振拉曼散射的中间态可以是虚态。在微扰理论框架下，虚态可以表示为未被占据电子态本征矢 $|u\rangle$ 的线性组合，如 $|m\rangle = \sum_u C_u |u\rangle$。线性组合系数 C_u 正比于实态和虚态能量差 $(E_u - E_m)$ 的倒数。因此，在某些情况下，可以把虚态 $|m\rangle$ 近似地认为是与其能量差最小的实态 $|u\rangle$。

3.3.2　双共振拉曼散射

二阶拉曼散射过程描述了光激发的电子被两个声子散射后再与空穴复合的过程。在特殊情况下，缺陷可以替代一个声子参与散射过程。根据动量守恒定则，参与二阶拉曼散射过程的两个声子自身不受 $q = 0$ 和 $q' = 0$ 的限制，但是两个声子动量之和必须满足总动量为 0（即 $q + q' = 0$）的拉曼选择定则，因而两个声子参与的二阶拉曼散射光谱是一个连续谱。在非共振情况下，电子与单声子的相互作用 $H_{\text{e-ph}}^{(1)}$ 以及电子与双声子 $H_{\text{e-ph}}^{(2)}$ 的相互作用都对二阶拉曼散射有贡献。在共振情况下，式（3.46）中 $H_{\text{e-ph}}^{(1)}$ 项的分母趋于零，导致 $H_{\text{e-ph}}^{(1)}$ 在总的拉曼散射强度中占主导作用，因此，我们主要关注二阶或高阶共振拉曼散射过程中 $H_{\text{e-ph}}^{(1)}$ 项的贡献。

　　　　　　　　　　　　　　　石墨烯基材料的拉曼光谱研究

类比式(3.49),和频模($v \neq v'$)及倍频模($v = v'$)的二阶拉曼散射强度与激发光能量的关系可以通过四级含时微扰理论计算得到：

$$I(E_{\mathrm{L}}, \hbar\omega_v + \hbar\omega_{v'}) =$$

$$\sum_{v, v'} \left| \sum_{k} \sum_{f=i,\ m,\ m',\ m''} \frac{M_{\mathrm{eR}}^{fm''}(\boldsymbol{k}) M_{\mathrm{e-ph}}^{m''m'v}(\boldsymbol{k}-\boldsymbol{q}, \boldsymbol{k}) M_{\mathrm{e-ph}}^{m'mv}(\boldsymbol{k}, \boldsymbol{k}-\boldsymbol{q}) M_{\mathrm{eR}}^{mi}(\boldsymbol{k})}{[E_{\mathrm{L}} - \hbar\omega_v - \hbar\omega_{v'} - \Delta E_{m''i}(\boldsymbol{k})][E_{\mathrm{L}} - \hbar\omega_v - \Delta E_{m'i}(\boldsymbol{k})][E_{\mathrm{L}} - \Delta E_{mi}(\boldsymbol{k})]} \right|^2$$

$$(3.50)$$

四级含时微扰理论计算的二阶拉曼散射过程包含两个电声子相互作用矩阵元以及三个能量项。满足 $E_{\mathrm{L}} = \Delta E_{mi}(\boldsymbol{k})$、$E_{\mathrm{L}} = \hbar\omega_v + \Delta E_{m'i}(\boldsymbol{k})$ 和 $E_{\mathrm{L}} = \hbar\omega_v + \hbar\omega_{v'} + \Delta E_{m''i}(\boldsymbol{k})$ 的两项和三项分别被称为双共振拉曼散射和三共振拉曼散射。一般来说,二阶拉曼散射峰的强度弱于一阶拉曼散射峰的强度。但是,当满足双共振或者三共振条件时,二阶共振拉曼散射强度可以与一阶拉曼散射强度相比拟甚至更强。

简单起见,式(3.50)和图 3.5(b)只考虑了电子单独参与的二阶拉曼散射。事实上,空穴也可以单独参与二阶拉曼散射过程,其示意图可参考图 3.5(b),只是空穴的散射过程是在价带中完成的。空穴还可以与电子一起参与二阶拉曼散射过程,这时激发光所激发布里渊区 $\boldsymbol{k}$ 处的电子受到 $\boldsymbol{q}$ 声子的散射,空穴也同时受到声子 $-\boldsymbol{q}$ 的散射。随后,被散射的电子和空穴在布里渊区 $\boldsymbol{k}-\boldsymbol{q}$ 处复合产生散射光。空穴和电子一起参与的二阶拉曼散射过程对整个共振拉曼光谱的贡献度,取决于电声子相互作用的强弱以及电子和空穴在 $\boldsymbol{k}$ 和 $\boldsymbol{k}-\boldsymbol{q}$ 之间散射时能否同时满足相应的共振散射条件。如果晶体材料的能带结构在费米能级上下一定能量范围内完全对称,电子和空穴一起参与的拉曼散射过程甚至可能满足三共振拉曼散射的条件,如图 3.5(c)所示。传统半导体材料能带结构的价带和导带差异较大,一般以电子或空穴单独参与的二阶拉曼散射过程占主导作用。因此,可以根据拉曼散射强度与激发光能量的关系并结合电子能带结构来具体分析相应的二阶拉曼散射过程。

图 3.5(b)为满足入射共振或出射共振条件的双共振拉曼散射过程的示意图。与单共振拉曼散射类似,双共振拉曼散射也包括入射共振和出

射共振两种情况。当满足入射共振条件时,中间态$|m\rangle$和$|m'\rangle$为电子实态。当满足出射共振条件时,中间态$|m'\rangle$和$|m''\rangle$为电子实态。参与双共振拉曼散射的声子波矢与处于相应电子态的电子在散射过程中必须满足一定的动量守恒条件,这导致相应的拉曼模表现出与一阶拉曼模可比拟的线宽。对于半导体材料来说,当激发光和散射光能量都小于其带隙时,所发生的拉曼散射过程通常是非共振的。一旦激发光或散射光能量大于半导体材料的带隙,所发生的拉曼散射过程就很可能是共振拉曼过程。而且由于半导体能带结构一般是连续的,入射共振和出射共振可以在不同的 k 点同时发生。但在半导体材料拉曼光谱的测试过程中,除非选择特定的激发光能量,否则在实验中很难观察到显著的共振增强效应。这主要在于,共振拉曼增强效应还与参与共振拉曼散射过程的电子态密度有关。半导体材料在布里渊区高对称点及其相互之间连线上的电子态密度一般来说都非常高,在这些地方会存在与电子态密度极值相对应的范霍夫奇点。特别是在二维材料中,量子限制效应和电子能带结构的鞍点会导致电子态密度范霍夫奇点的出现,相应的电子态密度会得到极大的增强。当激发光或散射光与这些范霍夫奇点之间的跃迁能量相匹配时,由于有大量电子态参与共振拉曼散射过程,相应的一阶和二阶拉曼散射强度会得到数量级的增强。

对于半导体材料来说,双共振拉曼散射的中间态$|m\rangle$和$|m'\rangle$取决于激发光能量 E_L 和参与散射过程的声子的波矢 q 及能量$\hbar\omega(q)$。因此,改变激发光的能量,共振条件的约束将导致双共振拉曼散射过程的中间态发生改变,双共振条件所选择的声子波矢和能量也发生相应的改变。以图 3.5(b)所示的双共振拉曼散射为例,增大激发光能量会导致在远离价带顶的位置激发电子的共振跃迁,共振条件所选择的声子波矢 q 变大,相应的声子能量$\hbar\omega_1(q)+\hbar\omega_2(-q)$也将发生变化。需要注意的是,图 3.5(b)讨论了非布里渊区中心的声子可能参与的双共振拉曼散射过程,而事实上,对于特殊的电子能带结构,$q=0$ 的声子也可参与双共振拉曼散射过程。

石墨烯基材料的拉曼光谱研究

通过共振拉曼散射条件可以得到参与散射的相应电子和声子的波矢，进而可计算得到双共振拉曼散射对应的拉曼峰位和拉曼强度。根据式(3.50)，入射共振拉曼散射需要满足的条件为

$$E_{L} = \begin{cases} \Delta E_{mi}(\boldsymbol{k}) \\ \hbar \omega_{v}(\boldsymbol{q}) + \Delta E_{m'i}(\boldsymbol{k}) \end{cases} \tag{3.51}$$

相应的出射共振拉曼散射需要满足的条件为

$$E_{L} = \begin{cases} \hbar \omega_{v}(\boldsymbol{q}) + \Delta E_{m'i}(\boldsymbol{k}) \\ \hbar \omega_{v}(\boldsymbol{q}) + \hbar \omega_{v'}(-\boldsymbol{q}) + \Delta E_{m''i}(\boldsymbol{k}) \end{cases} \tag{3.52}$$

根据具体的散射过程所满足的拉曼共振条件可将其共振情况分为入射共振、散射共振和出射共振。入射共振指激发光把电子从价带实态激发到导带实态时所发生光的共振吸收过程；散射共振指声子将电子从一个实态散射到另一个实态的共振散射过程；出射共振指处于导带实态的电子与处于价带实态的空穴之间发生复合并发出散射光的过程。接下来，我们将根据共振条件，详细地讨论共振拉曼散射过程中的光吸收过程和声子散射过程，并讨论参与共振拉曼散射过程的电子和声子的波矢和能量与激发光能量的关系。

3.3.3　共振条件分析

1. 激发光的共振吸收

激发光的共振吸收是激发光所激发的电子从价带垂直跃迁到导带的过程，需要满足激发光能量与导带和价带之间的能量差相匹配[$E_{L} = E_{m}(\boldsymbol{k}) - E_{i}(\boldsymbol{k})$]，以及式(3.50)中光与电子相互作用矩阵元 $M_{eR}^{mi}(\boldsymbol{k})$ 不为零。$M_{eR}^{mi}(\boldsymbol{k})$ 的光学选择定则决定了光子能否把电子从价带有效地激发到导带。在整个布里渊区内电子跃迁能有效发生的数量（光学跃迁允许的联合态密度，也称为有效联合态密度）决定了共振吸收的强度。有效联合态密度(joint density of states，JDOS)可以表示为[29]

$$\text{JDOS}(E_\text{L}) = \sum_{m,i,k} \delta \left[E_m(\boldsymbol{k}) - E_i(\boldsymbol{k}) - E_\text{L} \right] \tag{3.53}$$

式中,求和符号表示对整个布里渊区中所有 E_L 激发的电子跃迁的求和。结合光与电子相互作用矩阵元以及有效联合态密度的概念,可以得到相应激发光下光吸收概率 α 与电子动量 $\boldsymbol{k}$ 的关系:

$$\alpha(E_\text{L}, \boldsymbol{k}) = \frac{2\pi}{\hbar} | M_{eR}^{mi}(\boldsymbol{k}) |^2 \delta \left[E_m(\boldsymbol{k}) - E_i(\boldsymbol{k}) - E_\text{L} \right] \tag{3.54}$$

在一级含时微扰理论框架下,保留偶极子项,电子的共振跃迁矩阵元可以写为[7]

$$M_{eR}^{mi}(\boldsymbol{k}) = \frac{e\hbar^2}{mE_\text{L}} \sqrt{\frac{I}{c\varepsilon_0}} e^{i\left[(E_m - E_i \pm E_\text{L}) / \hbar \right] t} \boldsymbol{D}^{mi}(\boldsymbol{k}) \cdot \hat{\boldsymbol{e}}_\text{L} \tag{3.55}$$

式中,I 为激发光强度;ε_0 为介电常数;$\boldsymbol{D}^{mi}(\boldsymbol{k})$ 为偶极子矢量;$\hat{\boldsymbol{e}}_\text{L}$ 为激光偏振矢量。光吸收概率 α 也可写成 $\boldsymbol{D} \cdot \hat{\boldsymbol{e}}_\text{L}$ 的形式:

$$\alpha(E_\text{L}, \boldsymbol{k}) = \alpha_0 a_0^2 E_\text{L} \sum_{m,i} | \boldsymbol{D}^{mi}(\boldsymbol{k}) \cdot \hat{\boldsymbol{e}}_\text{L} |^2 \delta \left[E_m(\boldsymbol{k}) - E_i(\boldsymbol{k}) - E_\text{L} \right]$$

$$\tag{3.56}$$

式中,$\alpha_0 = \dfrac{2\pi e^2 \hbar^3 I}{m^2 c\varepsilon_0 E_\text{L}^3 a_0}$。因此,改变激发光的偏振方向可以改变激发光所激发的电子跃迁矩阵元以及相应的光吸收概率。通过不同偏振状态下激发光和散射光的 $M_{eR}^{mi}(\boldsymbol{k})$ 和 $M_{eR}^{fm'}(\boldsymbol{k})$ 可以得到共振拉曼散射强度与偏振方向的关系,这与量子描述的光散射的偏振特性[式(3.42)]一致。非偏振光相应的电子跃迁矩阵元 $| M_{eR}^{mi}(\boldsymbol{k}) |^2$ 可通过 $\sum_{\beta = x, y, z} \dfrac{| D_\beta^{mi}(\boldsymbol{k}) |^2}{3}$ 计算得到。

2. 散射共振

接下来,我们进一步分析双共振拉曼散射过程需要满足的第二个条件,即散射共振条件:$\hbar\omega_v(\boldsymbol{q}) = E_\text{L} - \Delta E_{m'i}(\boldsymbol{k})$。如图 3.5 所示,光激发的

石墨烯基材料的拉曼光谱研究

布里渊区 k 点处 m 态电子被声子散射到 $k+q$ 处的 m' 态,若 m' 态为电子实态,则声子参与的散射过程满足散射共振条件。若满足散射共振条件,m' 态和 m 态之间的能量差 $\Delta E_{m'm}$ 对应声子色散中动量为 q 的声子能量 $\hbar\omega_v(q) = \Delta E_{m'm}$,结合入射共振条件 $E_L = \Delta E_{mi}$,可得到散射共振需要满足的条件为 $\hbar\omega_v(q) = E_L - \Delta E_{m'i}(k)$。对单共振拉曼散射过程进行分析,只需要了解材料的电子能带结构和激发光能量。然而,双共振拉曼过程的散射共振需要同时考虑材料的电子能带结构、声子色散关系以及激发光的能量。这样才能通过散射共振条件了解激发光能量与散射过程所选择声子波矢之间的关系,进而求得参与双共振拉曼散射过程的声子能量。在实验中,也可根据激发光能量与声子能量的关系,完成对双共振拉曼模的指认。

3. 声子模指认

由式(3.50)可知,双共振拉曼散射的计算需要了解材料的电子能带结构和声子色散关系等信息,第一性原理可以较为精确地计算这些信息。在此基础上,结合双共振散射条件,就可以得到所有可能对双共振拉曼散射强度有贡献的声子的两两组合。若组合包含两个不同声子,对这两个声子的能量进行加减,就可以得到所有可能的二阶拉曼模(和频模及差频模)的频率;若组合为相同声子,则可获得其倍频模的频率,并将这些结果与实验测得的拉曼峰位进行比较,从而可以对二阶拉曼模的来源进行指认。有较多组合可能性的二阶拉曼模可通过理论计算和实验测得的频率与激发光能量的关系进行指认,或者借助一阶拉曼模的偏振特性来协助指认。[52] 此外,差频模 $[\hbar\omega_1(q) - \hbar\omega_2(-q)]$ 可看作一个斯托克斯拉曼模和一个反斯托克斯拉曼模的组合,而反斯托克斯拉曼散射在低温下很快变弱,甚至几乎消失,因此,差频模可以根据其拉曼强度与温度的关系来指认。

4. 共振窗口宽度

式(3.49)和式(3.50)分别给出了一阶和二阶拉曼散射强度与激发光

能量的关系。当激发光从远小于共振吸收的能量逐渐增加时,拉曼散射会经历一个从非共振状态到共振状态再到非共振状态的变化过程,相应拉曼峰强度的变化会呈现一个半高宽为 γ 的峰。γ 被称为共振拉曼散射的共振窗口(resonance window)宽度,其与激发态电子的寿命相关,主要受电声子相互作用(<1 ps)、电子与光子相互作用(<1 ns)以及电子间的库仑相互作用等弛豫路径的影响[6,7]。γ 决定了拉曼散射过程的寿命,即吸收激发光和发射散射光的过程。

图 3.4(a)(c)所示的两类共振拉曼散射过程[45]的中间态属于同一能带,整个拉曼散射过程涉及两个电子能带,称作双带过程。如果两个中间态属于不同能带,则称为三带过程。图 3.4(b)所示的拉曼散射可以是双、三或者四带过程。一般来说,可以通过拉曼散射强度与激发光能量的关系来判断拉曼过程所属的散射类型。

3.4　拉曼光谱特征

通过拉曼光谱实验可以获得拉曼散射信号的光谱结构,即拉曼峰的散射强度与其拉曼频移之间的函数关系图。图 3.6 给出了典型拉曼光谱示意图。斯托克斯和反斯托克斯信号光出现在瑞利线的两侧。在拉曼光谱中,一般约定,斯托克斯信号光的拉曼频移为正,反斯托克斯信号光的拉曼频移为负。如图 3.6 所示,拉曼光谱的光谱特征包括:拉曼峰的数量和线型、频移(ω_{ph})、峰强度(斯托克斯 I_S 和反斯托克斯 I_{aS})、半高宽(full width at half maximum,FWHM)以及峰面积(A_{ph})等。不同材料的光谱一般都会有其独特的光谱特征,因此,拉曼光谱是材料的一种指纹谱。对材料施加外界微扰,相应的拉曼光谱特征会发生变化。根据拉曼特征对外界微扰的响应,可以进一步深入研究材料的各种性质。因此,了解与拉曼光谱特征相关的物理机制有助于我们通过拉曼光谱深入研究固体材料及其相关器件的性质。

　　　　　　　　　石墨烯基材料的拉曼光谱研究

图 3.6　典型拉曼
光谱示意图

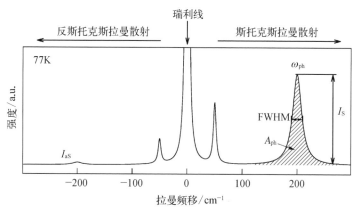

注：0 cm⁻¹处为瑞利线，瑞利线强度远高于拉曼信号强度。

　　激光的波长通常以 nm 为单位。由于激发光和散射光的能量差较
小，若以波长为单位来识别散射光，其数值与激发光波长相差极小。同
时，散射光的波长与激发光波长相关，通过以波长为单位的拉曼光谱不便
于直接获得声子能量等相关信息。方便起见，在处理拉曼光谱时，首先将
激发光和散射光的波长转换成以绝对波数为单位的数值。绝对波数是波
长的倒数，以 cm⁻¹为单位，1 cm⁻¹表示波长为 2π cm 的光所对应的能量。
绝对波数 $\tilde{\omega}$(cm⁻¹)、能量 E(eV)、波长 λ(nm)、频率 ν(GHz)之间的转化
关系可以写为

$$E = \frac{1240}{\lambda}$$

$$\tilde{\omega} = \frac{10^7}{\lambda} \tag{3.57}$$

$$1\ \text{eV} \approx 8065\ \text{cm}^{-1}$$

$$1\ \text{cm}^{-1} \approx 30\ \text{GHz}$$

为了直观地得到参与拉曼散射过程的声子的相关信息，拉曼信号的峰位
通常用激发光与拉曼信号绝对波数之间的差值来表示，该数值称为拉曼
信号的拉曼频移。因此，拉曼光谱就是拉曼信号的强度和其拉曼频移的
关系曲线。瑞利线（与激发光具有相同能量的散射光）位于 0 cm⁻¹，斯托

克斯和反斯托克斯拉曼峰分布在瑞利线的两侧,拉曼频移分别大于和小于 0 cm^{-1}。

3.4.1　涨落耗散理论

如式(3.15)所述,极化率可以以元激发(这里是声子)的简正坐标进行泰勒展开。根据涨落耗散理论,可以计算得到元激发简正坐标的涨落对散射截面产生的影响。[45]

外力 $F(t)$(激发拉曼散射的激发光场)与元激发相互作用哈密顿量为

$$\delta H = -X(r, t)F(t) \tag{3.58}$$

式中,$X(r, t)$ 表示元激发振幅,即晶格振动的原子位移大小。对 $F(t)$ 进行傅里叶展开,可得频率项为 $F(\omega)$。频率为 ω 的外力对元激发的影响为

$$\delta X(\omega) = T(\omega)F(\omega) \tag{3.59}$$

式中,$T(\omega)$ 为复的线性响应函数。对 X 进行二次量子化,根据涨落耗散理论,温度变化导致的 X 的涨落与响应函数的关系为

$$\langle XX^{\dagger} \rangle_{\omega} = \frac{\hbar}{\pi}(n+1)\Im\{T(\omega)\}$$

$$\langle X^{\dagger}X \rangle_{\omega} = \frac{\hbar}{\pi}n\,\Im\{T(\omega)\} \tag{3.60}$$

式中,$\Im$ 表示函数的虚部;n 为元激发布居数,是温度的函数。

特别地,参与拉曼散射过程的声子(即元激发)的简正坐标为 Q,光场(外力)F 与声子振动 Q 的运动方程可以写为

$$Q(-\omega^2 + \omega_0^2 - i\Gamma\omega) = F \tag{3.61}$$

式中,ω 表示外力 F 的频率;ω_0 表示声子振动 Q 的本征频率;Γ 在拉曼散

射的经典理论中表示阻尼系数。因此,响应函数为

$$T(\omega) = \frac{1}{\omega_0^2 - \omega^2 - i\Gamma\omega} \tag{3.62}$$

根据式(3.60)可得

$$\langle QQ^{\dagger} \rangle_{\omega} = \frac{\hbar}{\pi}(n+1)\frac{\Gamma\omega}{(\omega_0^2 - \omega^2)^2 + \Gamma^2\omega^2}$$

$$\langle Q^{\dagger}Q \rangle_{\omega} = \frac{\hbar}{\pi}n\frac{\Gamma\omega}{(\omega_0^2 - \omega^2)^2 + \Gamma^2\omega^2} \tag{3.63}$$

式中,⟨⟩表示热力学平均值。

3.4.2 斯托克斯和反斯托克斯拉曼过程

1. 一阶拉曼散射

拉曼散射过程是激发光与介质中的声子等准粒子发生相互作用后,产生(斯托克斯过程)或者湮灭(反斯托克斯过程)一个声子,并发出散射光的过程。结合式(3.13)、式(3.14)和式(3.17)可得,斯托克斯拉曼散射强度为

$$\frac{\mathrm{d}\sigma_{\mathrm{S}}}{\mathrm{d}\Omega} = \frac{\omega_{\mathrm{S}}^4}{(4\pi\epsilon_0)^2 c^4}\left|\hat{e}_{\mathrm{S}} \cdot \frac{\partial\chi}{\partial Q} \cdot \hat{e}_{\mathrm{L}}\right|^2\langle QQ^* \rangle \tag{3.64}$$

反斯托克斯拉曼散射强度为

$$\frac{\mathrm{d}\sigma_{\mathrm{aS}}}{\mathrm{d}\Omega} = \frac{\omega_{\mathrm{aS}}^4}{(4\pi\epsilon_0)^2 c^4}\left|\hat{e}_{\mathrm{S}} \cdot \frac{\partial\chi}{\partial Q^*} \cdot \hat{e}_{\mathrm{L}}\right|^2\langle Q^*Q \rangle \tag{3.65}$$

若不考虑拉曼峰的展宽,拉曼光谱的声子模应该表现为脉冲函数 $\delta(\omega_{\mathrm{R}} - \omega_{\mathrm{ph}})$,式中 ω_{R} 为拉曼频移;ω_{ph} 为声子频率。斯托克斯拉曼散射的微分散射截面为

$$\frac{\partial\sigma_{\mathrm{S}}}{\partial\Omega\partial\omega_{\mathrm{R}}} = \frac{\omega_{\mathrm{S}}^4}{(4\pi\epsilon_0)^2 c^4}\left|\hat{e}_{\mathrm{S}} \cdot \frac{\partial\chi}{\partial Q} \cdot \hat{e}_{\mathrm{L}}\right|^2\langle QQ^* \rangle\delta(\omega_{\mathrm{R}} - \omega_{\mathrm{ph}}) \tag{3.66}$$

式(3.66)计算得到的拉曼光谱与实验所测得的拉曼光谱有显著差异。为了进一步研究实验所测得的拉曼光谱,需要考虑简谐振动的阻尼项,此时拉曼峰在声子频率 ω_v 附近会有展宽。根据涨落耗散理论,将式(3.63)代入式(3.64)可得到洛伦兹线型的拉曼峰,而非简单的脉冲函数线型。在半经典理论框架下,原子在平衡位置附近做简谐振动的平均振幅为 $\langle Q^*Q + QQ^* \rangle^{1/2}$。当原子振动到最大位移处时,简正模 Q 的能量 $|Q + Q^*|^2 \omega_0^2/2$ 可简化为 $2Q^2 \omega_0^2$,与 n 阶谐振子能量 $\hbar\omega_{\mathrm{ph}}(n + 1/2)$ 相同。因此,声子模的平均能量为

$$\langle Q^*Q + QQ^* \rangle_n = \frac{\hbar}{2\omega_{\mathrm{ph}}}(2n + 1) \tag{3.67}$$

式中,$n = \dfrac{1}{\exp(\hbar\omega_{\mathrm{ph}}/k_{\mathrm{B}}T) - 1}$ 表示声子的玻色-爱因斯坦分布;k_{B} 为玻耳兹曼常数。上式同时包含了斯托克斯散射和反斯托克斯散射的贡献。为了分别求得斯托克斯散射和反斯托克斯散射的贡献,将简正坐标 Q 和 Q^* 进行二次量子化处理,并分别用 Q 和 $Q^\dagger$ 来表示,标准的声子湮灭和产生算符可通过 Q 和 Q^* 得到:

$$\hat{b} = \sqrt{\frac{2\omega_{\mathrm{ph}}}{\hbar}}Q$$
$$\hat{b}^\dagger = \sqrt{\frac{2\omega_{\mathrm{ph}}}{\hbar}}Q^\dagger \tag{3.68}$$

则斯托克斯散射和反斯托克斯散射的贡献分别为

$$\langle QQ^\dagger \rangle = \langle n|Q|n + 1 \rangle\langle n + 1|Q^\dagger|n \rangle = \frac{\hbar}{2\omega_{\mathrm{ph}}}(n + 1)$$
$$\langle Q^\dagger Q \rangle = \langle n|Q^\dagger|n - 1 \rangle\langle n - 1|Q|n \rangle = \frac{\hbar}{2\omega_{\mathrm{ph}}}n \tag{3.69}$$

根据涨落耗散理论,对式(3.63)中的 ω 从 0 到 ∞ 积分,也可得到与式(3.69)一致的结果。因此,斯托克斯散射和反斯托克斯散射强度及其强

石墨烯基材料的拉曼光谱研究

度比值与温度的关系为

$$I_S \propto \cfrac{1}{1 - \exp\left(-\cfrac{\hbar\omega_{ph}}{k_B T}\right)}$$

$$I_{aS} \propto \cfrac{1}{\exp\left(\cfrac{\hbar\omega_{ph}}{k_B T}\right) + 1} \tag{3.70}$$

$$\frac{I_S}{I_{aS}} \propto \exp\left(\frac{\hbar\omega_{ph}}{k_B T}\right)$$

一般情况下, $\exp\left(\cfrac{\hbar\omega_{ph}}{k_B T}\right) \gg 1$, 即斯托克斯拉曼峰强度远大于反斯托克斯拉曼峰强度, 与实验结果一致。同时, 利用式(3.70)可以定量地解释斯托克斯和反斯托克斯拉曼强度比与样品温度的关系。因此, 量子理论正确地解释了经典理论所不能解释的斯托克斯与反斯托克斯拉曼散射强度有显著差异的问题。根据其强度比, 可以精确地获得样品的温度。需要特别指出的是, 式(3.70)是在不考虑共振的条件下得到的结果, 只适用于非共振的情况。当共振散射条件得到满足时, 可能会出现反斯托克斯散射强度比斯托克斯散射强度更大的现象, 这时式(3.70)不再适用。

2. 高阶拉曼散射

结合式(3.45)和式(3.17), 可得二阶拉曼散射的散射截面正比于极化率 χ 关于简正坐标 Q 的二阶导数。二阶拉曼散射的和频模、倍频模和差频模必须加以区分, 分别计算相应拉曼模的强度:

斯托克斯过程:
$$
\begin{cases}
\text{倍频模:} & |\langle n+2|Q^\dagger|n+1\rangle\langle n+1|Q^\dagger|n\rangle|^2 \\
& = \cfrac{\hbar^2}{4\omega_{ph}^2}(n+1)(n+2) \\
\text{和频模:} & |\langle n'+1|Q'^\dagger|n'\rangle\langle n+1|Q^\dagger|n\rangle|^2 \\
& = \cfrac{\hbar^2}{4\omega_{ph}\omega_{ph'}}(n+1)(n'+1)
\end{cases}
$$

$$
反斯托克斯过程
\begin{cases}
倍频模：|\langle n-2|\boldsymbol{Q}|n-1\rangle\langle n-1|\boldsymbol{Q}|n\rangle|^2 \\
\qquad = \dfrac{\hbar^2}{4\omega_{\mathrm{ph}}^2}n(n-1) \\
和频模：|\langle n'-1|\boldsymbol{Q}'|n'\rangle\langle n-1|\boldsymbol{Q}|n\rangle|^2 \\
\qquad = \dfrac{\hbar^2}{4\omega_{\mathrm{ph}}\omega_{\mathrm{ph}'}}nn'
\end{cases}
$$

$$
差频模：|\langle n'-1|\boldsymbol{Q}'|n'\rangle\langle n+1|\boldsymbol{Q}^{\dagger}|n\rangle|^2 = \frac{\hbar^2}{4\omega_{\mathrm{ph}}\omega_{\mathrm{ph}'}}(n+1)n'
$$

$$
\tag{3.71}
$$

理论上，可以通过式(3.71)预测二阶拉曼散射强度以及斯托克斯和反斯托克斯强度比与温度之间的关系。类似地，若不考虑拉曼峰的展宽，和频模的斯托克斯拉曼光谱可通过下式描述：

$$
\frac{\partial \sigma_{\mathrm{S}}}{\partial \Omega \partial \omega_{\mathrm{R}}} = \frac{\omega_{\mathrm{S}}^4}{(4\pi\epsilon_0)^2 c^4}\left|\hat{\boldsymbol{e}}_{\mathrm{S}}\cdot\frac{\partial^2\chi}{\partial\boldsymbol{Q}\partial\boldsymbol{Q}'}\cdot\hat{\boldsymbol{e}}_{\mathrm{L}}\right|^2\frac{\hbar^2}{4\omega_{\mathrm{ph}}\omega_{\mathrm{ph}'}}
$$

$$
(n+1)(n'+1)\delta[\omega_{\mathrm{R}}-(\omega_{\mathrm{ph}}+\omega_{\mathrm{ph}'})] \tag{3.72}
$$

将 δ 函数换为洛伦兹函数或其他线型的函数可精确描述实验所测得的拉曼光谱。对于更多声子参与的拉曼散射模，可将式(3.14)保留到更高阶项，通过相似的计算过程，求得高阶拉曼模的斯托克斯散射和反斯托克斯散射强度。根据 3.2.3 节所述，高阶拉曼散射不止包括一种散射过程。特别是对于高阶共振拉曼散射，只要满足共振散射条件的声子都可以参与散射过程。因此，这时高阶拉曼模可以看作多个二阶拉曼散射过程的叠加。在分析二阶和更高阶的拉曼模时，可以通过分峰（多个洛伦兹峰拟合）的方式分析其可能的拉曼散射过程。

3.4.3　拉曼峰线型和线宽

拉曼光谱是强度随拉曼频移变化的函数，光谱强度随频移变化的曲线形状被称为光谱线型。若不考虑简谐振子的阻尼项，即假定能级的能量是确定的,电子在具有确定能量的能级之间跃迁所导致光辐射的频率是单一的,即没有线宽。由式(3.66)可得,声子模导致的拉曼峰为脉冲函数。实际参与拉曼散射的能级 E 都是有宽度(ΔE)的,能级跃迁产生的辐射总有一定的频率展宽,即拉曼峰展宽。考虑简谐振子的阻尼项 Γ_{ph}(声子与其他声子或准粒子相互作用导致的声子弛豫),拉曼光谱可看作具有本征频率 ω_{ph} 的简谐振子对频率为 ω_R 外场的响应。拉曼峰的展宽表现为洛伦兹线型:

$$I(\omega_R) = \frac{I_0}{\pi} \frac{\Gamma_{ph}}{(\omega_R - \omega_{ph})^2 + \Gamma_{ph}^2} \tag{3.73}$$

洛伦兹峰的线宽可定义为强度最大值的一半处的全宽,即半高宽(FWHM),FWHM $= 2\Gamma_{ph}$。洛伦兹线型强度最大位置对应的频率为声子的本征频率 ω_{ph}。拉曼峰的展宽与阻尼强度以及能量不确定性(或者说是声子的寿命)相关。根据不确定性原理,能级的宽度(即光谱的展宽)ΔE 与声子寿命 Δt 之间的关系为

$$\Delta E \Delta t \sim \hbar \tag{3.74}$$

因此,拉曼峰的半高宽 FWHM 对应声子寿命的倒数。若不考虑阻尼项,即声子寿命 $\Delta t \to \infty$,则声子展宽 FWHM$\to 0$,洛伦兹线型退化为脉冲函数,与式(3.66)的结果一致。参与拉曼散射的声子激发电子跃迁(电声子相互作用)或弛豫为更低能量的声子(声子非简谐作用)将导致声子寿命 Δt 缩短,进而影响光谱的线型和展宽。因此,拉曼峰的半高宽可以提供声子寿命和电声子耦合等相关性质。实际上,拉曼光谱实验测得的拉曼峰的半高宽还受环境温度、激光功率以及光谱仪等多种因素的影响。接下来,我们介绍几种光谱展宽的机制。

1. 自然展宽

辐射存在自发辐射、受激吸收和受激辐射三种过程,分别用 A_{21}、B_{12} 和 B_{21} 表示准粒子在 1 和 2 能级间跃迁辐射的爱因斯坦系数。A_{21} 与粒子

从能级 2 至能级 1 的跃迁概率成正比,自发辐射是准粒子在能级间跃迁产生的,不依赖激发光。自发辐射是准粒子从能级 2 跃迁至能级 1,能级 2 上的粒子数 N_2 与时间 t 的关系可表示为:$dN_2(t) = -A_{21}N_2(t)dt$。求积分可得:$N_2(t) = N_2(0)\exp(-A_{21}t)$,式中,$N_2(0)$ 表示 $t = 0$ 时刻 N_2 的值,A_{21} 的量纲为时间的倒数。若粒子在能级 2 上的寿命为 $\tau = 1/A_{21}$,则 $N_2(t) = N_2(0)\exp(-t/\tau)$。能级的自然展宽导致的光谱线型可表示为

$$I(\omega) \propto \frac{\Gamma_L/\pi}{[(\omega - \omega_{ph})^2 + \Gamma_L^2]} \tag{3.75}$$

式中,$\Gamma_L = 1/(2\tau)$,为光谱的线宽。这种由能级宽度导致的展宽是一种固有的线宽,称为自然线宽。不同谱线的自然展宽是不同的,但都是实际能够测到的最小线宽。

2. 相互作用所致展宽

由于各种原因,声子会与其他准粒子发生相互作用,如声子的非简谐性和电声子相互作用。非简谐性来源于声子弛豫为双声子(三声子过程)或三声子(四声子过程)的过程,该过程的满足需要能量守恒和动量守恒。声子的非简谐性是材料热膨胀和热传导的主要原因。电声子相互作用是指声子将价带的电子激发到导带或者散射一个激发的电子到其他的非占据态。这两种电声子相互作用过程的机制不同,前一种电声子相互作用对价带中的电子有效,后一种对处于激发态的电子有效。

在某些特殊情况下,拉曼峰的线型偏离简单的洛伦兹线型。例如,当拉曼峰来源于多个不等价的声子散射过程时,拉曼峰表现出多个洛伦兹峰的卷积或叠加,具体线型取决于每个声子贡献的权重。另一种情况是存在电声子相互作用时,即晶格振动和电子激发之间耦合,拉曼峰会有额外展宽,甚至线型也发生非对称的展宽,显示出所谓的 Breit-Wigner-Fano (BWF)线型:

$$I(\omega) = I_0 \frac{\left[1 + 2(\omega - \omega_{\mathrm{ph}})/(q\Gamma)\right]^2}{\left[1 + 4(\omega - \omega_{\mathrm{ph}})^2/\Gamma^2\right]} \tag{3.76}$$

式中,$1/q$ 表示电子(连续态)和声子(分立能级)激发的耦合系数;Γ 为 BWF 峰的半高宽。在某些金属性的碳纳米管和多层石墨烯的拉曼光谱中就能观察到这种效应。

3. 实际线型和展宽

实验上实际测到的光谱线型和半高宽还受到仪器分辨率以及探测器的响应效率等因素的影响。用分辨率低于光谱线宽的仪器所测得的拉曼光谱不能正确地反映其光谱线型,光学元件响应效率未经校正的光谱仪所测到的拉曼光谱也可能会发生变形。

实际测得的拉曼光谱一般同时包含了上述几种因素导致的展宽。在实际分析过程中,首先要对光谱的物理机制进行分析,以保证采用正确的线型进行拟合,例如声子与其他元激发之间的相互作用所导致的展宽和自然展宽两种机制同时起作用时,谱线仍为洛伦兹线型,但洛伦兹峰的半高宽等于两者之和。上述几种展宽机制中自然展宽最窄,如氖原子发射的 633 nm 谱线的展宽约为 10^{-5} nm。在室温条件下,分子或原子体系的碰撞展宽和多普勒展宽大致相同,约为自然展宽的 100 倍。光谱展宽还可能来源于低维体系的量子限制效应等。[54,55]

3.5　拉曼光谱信噪比

拉曼光谱的研究进展极大地依赖拉曼光谱技术的进步。相比吸收、光致发光和瑞利散射等光学过程,拉曼散射具有极低的效率,这导致对微弱拉曼信号的探测是极其困难的。因此,选择低噪声、高灵敏度的探测器对拉曼光谱仪探测拉曼信号来说是非常重要的。如何设计并搭建一台灵敏度高且背景信号噪声尽可能低从而使所测拉曼光谱具有高信噪比的拉曼光谱系统,一直是科学仪器公司和广大科研工作者追求的目标。除了微弱的拉曼信号以外,各种背景信号也可能被探测器探测到。这些背景信号包括来自激光、样品、光学元件和环境等但不属于所分析拉曼信号的光子信号,例如,样品及所用元件的光致发光、热发射、杂散激光以及被探测到的来自外部环境的光子信号。这些干扰可能会在一定程度上影响光谱分析的准确性,甚至干扰拉曼信号特征的判定。信噪比(signal-to-noise ratio,SNR)作为重要的技术指标被广泛应用于通信系统、图像质量、光谱采集等领域。由于不同的拉曼光谱系统收集信号的效率以及探测到的信号强度都存在差异,通常用 SNR 而不是拉曼信号的绝对强度来评估拉曼光谱仪探测有效信号的能力。SNR 的定义和测量也因其应用场景的不同而存在差异。拉曼光谱中 SNR 最通常的定义是基线以上拉曼峰的平均值峰高与其标准偏差的比值。SNR 的另一种定义是基线以上拉曼峰的平均值峰高相对于基线噪声的比值,或是相对于非拉曼信号的光谱区域数据的均方根。有时也会使用信背比(signal-to-background ratio,SBR)来代替,其定义为基线以上拉曼峰的平均值峰高与基线变化幅度(即基线最大值减去基线最小值)的比值。以上这些定义的主要区别在于如何从实测的拉曼光谱中确定噪声水平的大小,这会显著地影响 SNR 的值,从而将影响采用统一标准来评估并比较不同拉曼光谱仪探测有效信号的能力。

探测器的噪声水平是也是评价检测器性能的重要指标之一,对于探测微弱的拉曼信号来说,选择具有低噪声和高灵敏度的探测器非常重要。多道/阵列探测器具有较高的量子效率,可以极大降低信号的采集时间。多道/阵列探测器的广泛使用极大地促进了拉曼光谱仪在实验研究中的应用以及便携式拉曼光谱仪的发展。在拉曼光谱的探测过程中,传统拉曼光谱系统采用的单道探测器会产生非均匀电流涨落进而导致噪声水平随采集发生变化。因此,严格说来,SNR 分析应基于单道探测器对单个数据点进行多次测量得到的结果。现代拉曼光谱仪通常采用的多道/阵列探测器是由在一个方向上成百上千个独立的光电传感器或阵元组成,可同时采集不同波长位置的信号。从理论上来说,只有对多道/阵列探测器的所有阵元多次测量得到的信号强度进行逐个分析,才能对整个探测器的质量和性能进行评价,但是,这在实际操作中是不现实的。事实上,探测器各个阵元的质量和性能可以认为是基本一致的,那么我们可以通过单次测量并对所有阵元测得的信号强度进行分析来评估探测器的整体性能。然而,多道/阵列探测器在不同温度下工作时,各阵元的噪声水平之间有一定的差异,且探测器各个阵元的光响应存在明显的非均匀性且具有不同程度的非线性。例如,InGaAs(IGA)探测器各个阵元的光响应水平的差异可达 ± 10%。因此,电荷耦合器件(charge coupled device,CCD)和 IGA 等多道/阵列探测器各个阵元的噪声水平、光响应水平以及探测效率会有较大差异。为了获得多道/阵列探测器真实的噪声水平,我们需要进行两次甚至是多次测量来消除不同阵列光响应的非均匀性以及非线性响应带来的影响。

下面,我们首先介绍各种不同的噪声源,并以目前较为常见的 CCD 和 IGA 探测器为例,讨论如何评测拉曼光谱仪探测器所测拉曼信号的信噪比以及噪声源对信噪比的影响。基于此,我们进一步讨论如何提高拉曼光谱仪所测拉曼光谱的信噪比并提出一种基于实测光谱进行信噪比评估的方法。[56]

本节所显示的拉曼光谱主要由两种典型的拉曼光谱系统探测得到,一种是配备 Horiba iHR550 单色仪和热电制冷硅 CCD(Si CCD)探测器的 SmartRaman 共焦显微拉曼模块(由中国科学院半导体研究所研制,http://raman.semi.cas.cn/znhd/sjmd/),用来探测 633 nm(He-Ne 激光器)激发光激发的拉曼信号,SmartRaman 共焦显微拉曼模块也可配备薄型背照式 CCD 和光纤光谱仪 Maya2000 Pro;另一种是配备深度热电制冷 Si CCD 探测器和液氮制冷线性阵列 IGA 探测器的 Horiba HR800 显微拉曼系统,分别用来探测 671 nm 和 1064 nm 激光所激发的拉曼信号。

3.5.1 暗光谱的噪声分析

单道探测器或多道/阵列探测器的单个阵元多次测量得到的拉曼信号强度的标准偏差 σ 可用于分析拉曼信号的 SNR。标准偏差 σ 定义为一组测试数据的均方根,可用于描述所有数据偏离平均值的程度,即数据集的离散程度。假设测得的数据为 y_1,y_2,…,y_N,这些数据的平均值为 $\bar{y}$,则 σ 可通过下式计算:

$$\sigma = \sqrt{\frac{1}{N}\sum_{i=1}^{N}(y_i - \bar{y})^2} \tag{3.77}$$

σ 越小,测得的数据偏离平均值的程度也就越小。σ 也可以通过高斯分布概率密度函数拟合测得的数据分布来得到,高斯分布概率密度函数有如下形式:

$$P(y) = \frac{1}{\sqrt{2\pi}\,\sigma}\exp\left\{-\frac{(y-\bar{y})^2}{2\sigma^2}\right\} \tag{3.78}$$

$P(y)$ 表示测试值为 y 的概率。测得的数据位于置信区间 $[\bar{y}-\sigma,\ \bar{y}+\sigma]$ 的概率(置信度)为 68%。更高的置信度对应更宽的置信区间,例如,置信度为 95% 和 99.7% 所对应的置信区间分别为 $[\bar{y}-2\sigma,\ \bar{y}+2\sigma]$ 和 $[\bar{y}-3\sigma,\ \bar{y}+3\sigma]$。这表明通过测得的数据分布可以估算相应的 σ。

在进一步分析 CCD 探测器所探测拉曼信号的 SNR 之前,需要说明的是,不同 CCD 探测器有不同的电子偏置,这会导致所测拉曼信号的强度或计数有额外不同的偏移量。[57] 这些电子偏置是人为设置的,用以确保通过 CCD 的模数转换器得到的信号强度数值始终为正值。探测器本身的暗噪声是由电子的热激发所导致,与探测器在没有任何光源的暗环境下产生的暗信号相关。原则上来说,没有任何光源的暗环境下探测器测得的光谱(即暗光谱)包含了电子偏置和暗信号的贡献。对于工作温度在 $-55\ ℃$ 以下的液氮制冷和热电制冷 CCD 探测器,其暗噪声通常可以忽略,暗光谱中只有电子偏置[如图3.7(a)所示,约980计数]的贡献。拉曼软件可设置参数以自动扣除光谱中电子偏置所对应的额外强度或计数偏移,并直接给出扣除电子偏置后的光谱,如图3.7(b)所示。通常,液氮制冷和热电制冷CCD探测器的各个阵元有基本相同的质量和性能,因此,可以通过对单次测量得到的暗光谱强度进行统计分析来获得σ,这样就避免了对每个阵元多次测得的信号强度进行统计分析。如图3.7(c)所示,通过式(3.78)所示的高斯函数对图3.7(b)的暗光谱强度分布拟合可得其标准差$\sigma = 3.6$,这里,越小的σ值表明该CCD探测器探测微弱拉曼信号的性能越强。

图3.7 CCD探测器所测暗光谱的标准偏差[56]

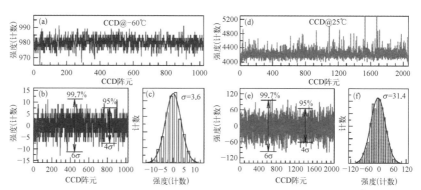

工作温度为-60℃的CCD探测器测得(a)未扣除电子偏置和(b)扣除电子偏置后所得到的暗光谱;(c)柱状图为图(b)中暗光谱强度的统计分布,实线为拟合所得到$\sigma = 3.6$时的高斯分布概率密度函数;(d)工作温度为-25℃的CCD探测器所测得未扣除电子偏置的暗光谱;(e)两次连续所测(d)暗光谱的差谱;(f)柱状图为图(e)中暗光谱强度的统计分布,实线为拟合结果,拟合得到$\sigma = 31.4$

工作在室温或更高温度下的CCD探测器会具有较高的暗噪声水平。如图3.7(d)所示,CCD探测器各个阵元的暗噪声是非均匀的,这导致CCD探测器所测暗光谱存在很多尖锐的杂线,这些杂线可能会掩盖微弱的拉曼信号。采用相同的积分时间,每次测得的暗光谱中,杂线的强度和位置是一致的,而不是随机出现的。因此,对于工作在室温或更高温度下的CCD探测器,不能像上述液氮制冷和热电制冷CCD探测器那样通过分析拟合仅扣除电子偏置后暗光谱的强度分布来直接得到σ,这时需要通过差谱(即将两次连续测试所得光谱之差)来消除这些杂线。图 3.7(e)给出了两次连续所测暗光谱的差谱,通过式(3.78)拟合差谱的强度分布可得到 $\sigma = 31.4$,如图 3.7(f)所示,其数值远高于图 3.7(c)对应的 $\sigma = 3.6$,这表明工作在室温下的 CCD 探测器具有较高的暗噪声水平。需要说明的是,基于差谱强度分布所拟合得到的 σ 比原始光谱的 σ 大 $\sqrt{2}$ 倍,在 SNR 分析中需要注意这一点,以得到实际的 σ。

3.5.2 拉曼信号的噪声来源

所测拉曼信号的信噪比最为科学的定义为所测拉曼峰高度(S)与其标准偏差 σ 的比值,即[57]

$$SNR = S/\sigma \qquad (3.79)$$

原则上来说,光谱仪所测拉曼信号的噪声 σ 主要来源于以下几个方面:[57]

σ_S——所研究的拉曼信号的标准偏差;

σ_B——背景信号的标准偏差,这里,背景信号主要包括非研究对象的拉曼信号以及不相关的来源于激光器、样品和环境光源等的光子信号;

σ_d——探测器暗信号的标准偏差;

σ_F——闪烁噪声,也称为 1/f 噪声;

σ_r——读出噪声。

在这些噪声源中,σ_S 来源于所研究的拉曼信号本身,与所用的仪器无关。σ_B、σ_d、σ_F 和 σ_r 则主要依赖所用的拉曼光谱仪。闪烁噪声与电子元件的扰动相关。在设计优良的拉曼光谱仪中,多道/阵列探测器的闪烁噪声低至可以忽略。因此,与 SNR 相关的噪声 σ 主要来源于除了闪烁噪声以外上述噪声源的贡献:

$$\sigma = (\sigma_S^2 + \sigma_B^2 + \sigma_d^2 + \sigma_r^2)^{1/2} \qquad (3.80)$$

根据上述标准偏差的计算方法,我们可以进一步分析拉曼信号的信噪比。

1. 拉曼信号的散粒噪声 σ_S

拉曼散射产生的光子信号会随机地到达光电二极管上而被捕获并探测到,这导致了拉曼信号散粒噪声 σ_S 的产生。由于光的粒子特性,即使散射光的强度不变,多次测量时,相同时间内被探测器记录的光子数量也不会完全相同,这种被光电探测器记录的光子数量的随机涨落导致的噪声就是所谓的散粒噪声。因此,所有光电探测器所探测的拉曼信号都会存在 σ_S。如果一个事件发生的速率是不依赖时间的且在一个平均速率附近波动,那么该事件在单位时间内发生的次数服从泊松分布。某一时刻到达探测器的散射光子数是随机的,而单位时间内被探测器探测到的散射光子数在均值 $\dot{S}$ 附近做微小波动,因此,被探测到的光子数服从泊松分布,在照射时间 t 内探测器探测到 n 个光子的概率 $P(n)$ 有如下表达式:

$$P(n) = \frac{(\dot{S}t)^n}{n!}\exp(-\dot{S}t) \tag{3.81}$$

拉曼信号的散粒噪声等于被探测器探测到所研究的拉曼信号光子数(S)的均方根,式中,$S = \dot{S}t$。

一般来说,当对任何由泊松统计支配的物理量进行计数时,散粒噪声都是存在的。对任何随机事件计数的标准偏差等于所计数量的平方根,也就是说,散射噪声 σ_S 等于 $\sqrt{S}$,即 $\sigma_S = \sqrt{\dot{S}t}$。当光子数较少时,相对标准差 σ_S/S 就会非常大。随着积分时间(也就是探测器被信号光照射的时间)增加,σ_S 增加而 σ_S/S 减小。

拉曼测试过程中,当拉曼信号散粒噪声是唯一噪声源或者大到其他因素可忽略时,σ 由拉曼信号的散粒噪声决定,我们将这种情况称为拉曼信号散粒噪声极限。当拉曼信号强度远高于背景信号时,会出现拉曼信号散粒噪声极限的情况。拉曼信号散粒噪声极限下,标准差 $\sigma = \sigma_S = \sqrt{S}$,相应的拉曼信号信噪比 SNR_S 可通过下式计算:

$$SNR = SNR_S = S/\sigma_S = \dot{S}^{1/2}t^{1/2} \tag{3.82}$$

由式(3.82)可知，SNR$_S$随$t^{1/2}$线性增加，因此，可以通过增加积分时间来提高所测拉曼信号的信噪比。如图3.8所示，当积分时间从1 s逐渐增加到10 s和100 s时，拉曼光谱背景逐渐变得平滑，说明所测拉曼信号的SNR得到了显著提升。然而，即使对一个完美的拉曼光谱仪，SNR也不会超过拉曼信号散粒噪声极限下的信噪比$\dot{S}^{1/2}t^{1/2}$，也就是说，拉曼信号散粒噪声极限限制了所测拉曼信号SNR的最大值。

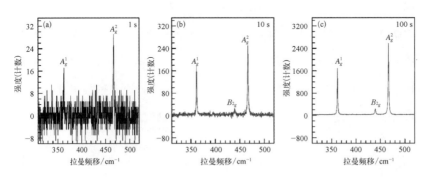

图3.8　633 nm激发光激发下，不同积分时间测得的黑磷拉曼光谱[56]

2. 背景信号的散粒噪声σ_B

背景信号是一个笼统的术语，这里表示来自激光器、样品和环境的不属于所分析拉曼信号的光子信号。背景信号可能来自拉曼系统本身，主要包括激光线、激光等离子线、来自样品和所采用的光学元件的瑞利散射光、非拉曼信号（如光致发光）和非研究对象的拉曼信号，这些背景信号一般依赖激光功率。背景信号也可能来自与仪器本身无直接关联的外部环境所导致的光子信号，如环境照明光、环境电磁波、宇宙射线等干扰信号，这类背景信号一般不随激光功率的改变而改变。

背景信号的噪声主要由散粒噪声决定，即背景信号的散粒噪声，标记为σ_B。根据散粒噪声特点可得

$$\sigma_B = B^{1/2} = (\dot{B}t)^{1/2} \tag{3.83}$$

式中，B和$\dot{B}$分别表示t时间内和单位时间内探测器探测到的来源于背景信号的强度。因此，背景信号越强，其散粒噪声越大。这可以通过图3.9

石墨烯基材料的拉曼光谱研究

(a)和(b)所示的具有不同强度的环境背景信号的金刚石拉曼光谱来说明。两次连续测得的拉曼光谱做差谱可以消除拉曼信号和背景信号的影响。背景信号的散粒噪声和拉曼信号的散粒噪声分别在远离和位于拉曼峰的位置,如图3.9(c)所示,从差谱的噪声分析可轻易地分辨来源于这两种噪声源的噪声水平差异。σ_B可以从基于差谱强度分布拟合所得到的σ除以$\sqrt{2}$得到,因此从图3.9(c)中远离拉曼峰的背景信号可得到 $\sigma_B = 3.9$。而当较强的背景信号与拉曼峰叠加[图3.9(b)]时,尽管所测拉曼峰强度与图3.9(a)中的一致,但是较强的背景信号导致相应的散粒噪声较强,由图3.9(d)可得到 $\sigma_B = 53.3$。这表明较强的背景信号将大大降低系统提取拉曼特征的能力,即使所测拉曼信号具有相同的强度。

图3.9 不同环境背景信号下拉曼光谱差谱之间的差别[56]

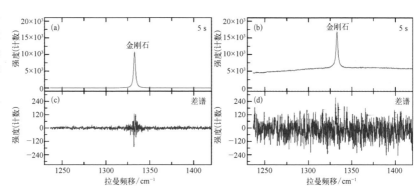

在相同积分时间(5s)内,具有(a)较弱和(b)较强的环境背景信号的金刚石拉曼光谱;在(c)较弱和(d)较强背景信号下两次连续测得拉曼光谱的差谱

当噪声主要来源于背景信号的散粒噪声时,其SNR可通过下式计算:

$$\mathrm{SNR_B} = S/\sigma_B = \frac{\dot{S}}{\sqrt{\dot{B}}} t^{1/2} \tag{3.84}$$

由式(3.84)可知,即使在背景信号非常强的时候,我们也可以通过增加积分时间来改善所测拉曼信号的SNR。图3.10给出了不同积分时间测得的633 nm激发光所激发 SiO_2/Si 衬底上 MoS_2 薄片的拉曼光谱(背景信号来源于 MoS_2 的A激子光致发光信号)。MoS_2 薄片较强的光致发光信号

几乎掩盖了 300～500 cm^{-1} 范围内线宽较窄、强度相对较弱的拉曼信号。SNR 按 $t^{1/2}$ 方式随积分时间的增加而增加。如图 3.10(b)和(c)所示,积分时间增加后,背景信号强度随之增强,但是所测拉曼信号的 SNR 发生了显著的改善,MoS$_2$薄片拉曼峰的光谱特征也变得更为清晰了。

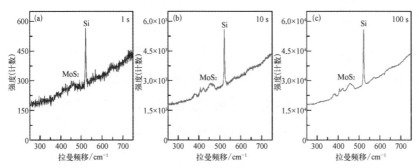

图 3.10 不同积分时间测得的 633 nm 激发光所激发 SiO$_2$/Si 衬底上 MoS$_2$ 薄片的拉曼光谱(背景信号来源于 MoS$_2$ 的 A 激子光致发光信号)[56]

在探测拉曼光谱时,特别是探测生物样品和半导体材料的拉曼光谱时,我们可以采用远离荧光峰位置的近红外或深紫外波长的激发光,以减弱较强荧光所导致的背景信号散粒噪声的影响。室内各种照明光导致的背景信号可以通过关闭这些照明光源来部分地消除其影响,但这会给拉曼光谱仪的日常使用和维护带来不便。因此,为了在日常测试中得到高质量、高信噪比的拉曼光谱,优化拉曼仪器设计以减弱环境光导致的背景信号是非常重要的。

3. 探测器暗噪声 σ_d

当前拉曼光谱仪所采用的光电探测器都存在暗电流,主要来源于光电倍增管阴极或固态探测器中电子的热激发。[57]暗电流相关的暗信号强度与积分时间成正相关,暗信号会增加所测总信号强度和噪声水平。暗信号对所测总信号强度的贡献为 $\Phi_d t$,其中,Φ_d 为单位时间内单个电子所导致的暗信号强度,单位为 e$^-$/s。Φ_d 对温度有较强的依赖关系,温度越高,Φ_d 越大,因此,可以通过降低探测器的工作温度来抑制探测器的暗信号,如图 3.7(a)和(d)所示。不同探测器的 Φ_d 跨度范围较广,液氮制冷

CCD 探测器中 Φ_d 基本可以忽略（$\Phi_d < 0.001\mathrm{e}^-/\mathrm{s}$），而非制冷或近红外探测器中 Φ_d 则具有较高的数值（$\Phi_d > 100\mathrm{e}^-/\mathrm{s}$）。[57]

"暗"电子的计数方式与拉曼信号和背景信号的计数方式相似，同样服从泊松分布。因此，暗信号的噪声（也就是暗噪声）与散粒噪声有相同的计算形式：

$$\sigma_d = (\Phi_d t)^{1/2} \tag{3.85}$$

当探测器（如非制冷或近红外探测器）的 $\Phi_d t$ 远大于其他噪声时，会发生暗噪声极限。这种情况下，所测拉曼信号的信噪比为

$$\mathrm{SNR}_d = S/\sigma_d = \frac{\dot{S}}{\sqrt{\Phi_d}} t^{1/2} \tag{3.86}$$

暗信号对所测光谱强度有贡献，但是暗信号强度不依赖激发光功率和被测样品种类。IGA 阵列探测器和在室温下工作的 CCD 探测器通常有较高的 Φ_d，各个阵元的噪声水平和光电响应也是非均匀的。具有较高 Φ_d 的探测器所测光谱有较高的基线和电子偏置。非均匀的暗信号导致所测光谱中除了拉曼和荧光信号，还有很多不相关的杂线。如图 3.11（a）和（c）所示的硅和碳纳米管的未做任何处理的原始光谱中，这些杂线会掩

图 3.11 扣除暗信号前后的拉曼光谱[56]

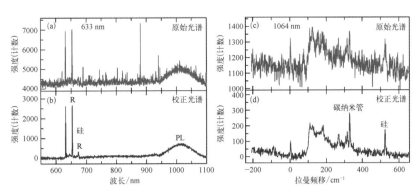

633 nm 激发光激发下，配备薄型背照式 CCD 探测器（工作温度为室温）的光纤光谱仪测得的硅（a）未做任何处理的原始光谱和（b）扣除 CCD 探测器暗光谱后的校正拉曼光谱；1064 nm 激发光激发下，配备 IGA 探测器（液氮制冷）的显微拉曼光谱仪测得的碳纳米管（c）未做任何处理的原始光谱和（d）扣除 IGA 探测器暗光谱后的校正拉曼光谱。拉曼峰标记为 R，荧光峰标记为 PL

盖来自所研究材料本身的拉曼信号。在这种情况下，我们需要在测得样品原始光谱后，再关闭探测器快门或激光线的挡板，并采用相同的积分时间来探测暗光谱，从原始光谱减去相应的暗光谱来消除暗信号的影响。图 3.11(b)和(d)给出了扣除探测器暗光谱后的校正拉曼光谱，能够清晰地显示出来自被测样品本身的拉曼信号且具有较高的 SNR。

需要说明的是，在拉曼测试中，拉曼信号光只能照射到 CCD 探测器的一部分阵元上，而没有被照射到的阵元探测不到拉曼信号，却会产生额外的暗噪声和背景散粒噪声。为了避免这种不利的影响，我们可以设置拉曼软件的相关参数，只使用可以被信号光照射到的 CCD 阵元所对应的区域，这样就可以避免没有被用到的 CCD 阵元影响所测拉曼信号的 SNR 估计。

4. 读出噪声 σ_r

读出对应将探测器所产生的电信号转化为有用形式的过程，这里，有用形式通常是存储在电脑中的数值信号。读出噪声 σ_r 也就是从探测器大量读出信号时的标准偏差。[57] 对于常用的 CCD 探测器，σ_r 是通过模数转换将 CCD 探测器所存储的电子转换成强度计数这一过程的标准偏差，其主要贡献来自 CCD 探测器的放大器、模数转换器以及电子元件的约翰逊-奈奎斯特噪声(热噪声)。σ_r 强烈地依赖探测器的类型，可以从科研级 CCD 探测器的几个电子到一个光电二极管阵列的几千个电子不等，σ_r 的具体数值一般在探测器的性能指标说明书中给出。相比科研级 CCD 探测器可低至 $0.3e^-/(pixel \cdot h)$ 的暗电流，探测器的读出噪声是不可忽略的。如今，除了探测极弱的信号或采用较短的积分时间，大型拉曼光谱仪很少遇到读出噪声极限的情况。在读出噪声极限下，所测拉曼信号的信噪比为

$$SNR_r = \frac{\dot{S}}{\sigma_r} t \qquad (3.87)$$

如果所测拉曼信号具有极弱的强度，我们可以通过增加积分时间来减弱 σ_r 对其 SNR 的影响。

读出噪声可看作每个 CCD 探测器阵元每次测量时所产生的一种一

石墨烯基材料的拉曼光谱研究

次性噪声,与测试次数相关,而不依赖所测信号的强度和积分时间。拉曼测试过程中,读出噪声和暗噪声通常是同时存在的。由于 σ_d 正比于积分时间而 σ_r 与积分时间无关,因此,关闭激光器并尽可能排除环境因素所导致背景噪声的影响,采用不同的积分时间进行多次测量可以区分出暗噪声和读出噪声。

通常可以通过增加累积次数的方式,即多次重复测量并对测得的拉曼光谱取平均,来得到具有更高 SNR 的拉曼光谱。然而,当读出噪声占主导时,这种通过增加累积次数的方式并不能有效提升所测拉曼信号的 SNR。这里以黑磷的拉曼光谱为例,如图 3.12(a)所示,黑磷极弱的拉曼信号被读出噪声和暗噪声完全掩盖。这种情况下,通过增加积分时间可以获得较为清晰的黑磷拉曼信号,如图 3.12(b)所示。尽管黑磷拉曼峰的每秒计数只有 2,但 100 s 的积分时间足以使得该拉曼信号从噪声中突显出来。如果保持拉曼测试的总时间不变,改为每次积分时间为 1 s,累积 100 次,测得的拉曼光谱的 SNR 会变差,如图 3.12(c)所示。在读出噪声极限下,每次读出信号都会产生读出噪声,这使得增加累积次数并不能有效提高所测拉曼光谱的 SNR。

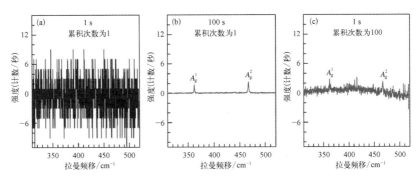

图 3.12 黑磷的拉曼光谱[56]

3.5.3 拉曼信号的 SNR 估算

对于所研究的拉曼峰,其 SNR 的表达式为

$$\mathrm{SNR} = S/(\sigma_S^2 + \sigma_B^2 + \sigma_d^2 + \sigma_r^2)^{1/2}$$
$$= \dot{S}t/(\dot{S}t + \dot{B}t + \Phi_d t + \sigma_r^2)^{1/2} \tag{3.88}$$

式中，S 通常被定义为在拉曼峰两侧光谱区域之间基线之上的拉曼信号强度，也可以被定义为在基线之上的拉曼峰高或面积，据此可以定义相应的噪声为 σ_S。[57] 原则上来说，σ_B、σ_d 和 σ_r 对基线的噪声都有贡献。但实际测量中，很难将各个因素所产生的噪声分开测量得到。这些噪声对于基线的噪声都有贡献，可以统一定义为 σ_{BL}，即 $\sigma_{BL}^2 = \sigma_B^2 + \sigma_d^2 + \sigma_r^2$。那么，SNR 可以简化为如下形式：

$$\mathrm{SNR} = S/(\sigma_S^2 + \sigma_{BL}^2)^{1/2} \tag{3.89}$$

对于所测拉曼光谱，S 是所测拉曼信号在基线之上拉曼峰的高度（I_{Ram}），那么，$\sigma_S = \sqrt{I_{Ram}}$。对于低 Φ_d 的探测器及基于探测器各个阵元的质量和性能基本一致时，若在测试之前通过拉曼软件将电子偏置设置为 0，则可认为所研究拉曼信号处的基线强度（I_{BL}）与 σ_{BL} 密切相关，$\sigma_{BL}^2 = I_{BL}$。因此，拉曼信号 SNR 的表达式可以进一步简化为

$$\mathrm{SNR} \approx I_{Ram}/\sqrt{I_{Ram} + I_{BL}} \tag{3.90}$$
$$= I_{Ram}/\sqrt{I_{tot}}$$

式中，$I_{tot} = I_{Ram} + I_{BL}$ 是包括拉曼信号和基线在内的总强度。

我们以 GaAsN 合金的拉曼光谱为例来展示如何使用式（3.90）进行 SNR 分析。被测样品 $GaAs_{1-x}N_x$（$x = 0.62\%$）是通过气态源分子束外延生长在半绝缘（001）GaAs 衬底上，使用二极管泵浦固态激光器产生的 671 nm 与 GaAsN 合金中 E + 跃迁进行共振拉曼激发。图 3.13 (a) 为利用深度热电制冷硅 CCD 探测器所测得的暗光谱，其标准偏差 $\sigma = 4.2$，其电子偏置在测量前已在拉曼软件中设置为零。图 3.13 (b) 给出了所测 GaAsN 合金的原始拉曼光谱，包括位于 293 cm^{-1} 的类 GaAs 纵光学声子 LO(Γ) 和位于 263 cm^{-1} 的类 GaAs 横光学声子 TO(Γ)，以及显著的荧光信号作为背景。以 LO(Γ) 声子的拉曼峰为

例，如图 3.13（c）所示，通过拟合可以得到对应的 $I_{\text{Ram}} = 7652$ 及 $I_{\text{BL}} = 11750$，由式（3.90）可得 $\text{SNR} = I_{\text{Ram}}/\sqrt{I_{\text{tot}}} = 7652/\sqrt{7652 + 11750} = 54.9$。图 3.13（d）显示了图 3.13（b）中连续两次所测拉曼光谱之间的差谱，其 $\sigma = 165$。从差谱可估计出原始光谱中基线的噪声，即 $\sigma_{\text{BL}} = 165/\sqrt{2} = 116.7$。由式（3.89）可得 $\text{SNR} = S/\sigma = S/(\sigma_{\text{S}}^2 + \sigma_{\text{BL}}^2)^{1/2} = 7652/\sqrt{7652 + 116.7^2} = 52.5$，与式（3.90）估计的一致。此一致性进一步说明了基于式（3.88）～式（3.90）来估计拉曼信号 SNR 的科学性。上面的讨论表明，式（3.89）和式（3.90）都可用于测算被测拉曼信号的信噪比，特别是在信号散粒噪声、暗噪声或背景散粒噪声极限下，即在服从泊松分布的噪声占主导的情况下。

图 3.13 基线（荧光）背景情况下拉曼信号的信噪比分析[56]

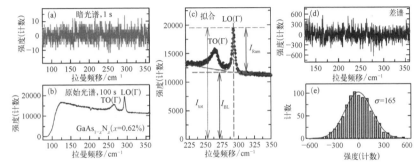

（a）利用深度热电制冷 SiCCD 探测器所测得的暗光谱，采集时间为 1 s，光谱采集前 CCD 探测器的电子偏置已设置为 0；（b）所测 GaAsN 合金的原始拉曼光谱，采集时间为 100 s；（c）通过拟合所得到 LO（Γ）峰的 I_{Ram}、I_{BL} 和 I_{tot} 等参数；（d）图（b）中连续两次所测拉曼光谱之间的差谱；（e）差谱中各阵元强度的统计分析

对于工作在室温附近的 CCD 探测器或 InGaAs 阵列探测器，因其具有高 Φ_{d} 且不同阵元间的噪声电平和光电响应不均匀，需要将包含电子偏置、背景信号和不均匀暗信号的暗光谱从原始光谱中减去，此时式（3.90）不能直接用于已扣除暗光谱的拉曼光谱的 SNR 估算。这时 SNR 可以通过式（3.89）来估算，下面进行举例说明。图 3.14（a）为工作温度为 25℃ 的 CCD 探测器测得的暗光谱，图 3.14（b）为该 CCD 探测器所测黑磷的原始拉曼光谱，其中，黑磷的拉曼信号完全被杂线所掩盖。图 3.14（c）为将原

始拉曼光谱扣除暗光谱后所得的校正拉曼光谱,此时可以清晰地显示出来自黑磷的拉曼信号。如果拉曼信号被掩盖在较强的背景下,通过扣除暗光谱的方法可以有效地获得拉曼信号强度 S。因此,拉曼软件通常直接展示的是校正拉曼光谱。但是,这种方法不能扣除背景噪声,同时,拉曼峰附近基线的平均强度与 σ_{BL} 没有直接的联系。如果基线的强度在所分析拉曼峰附近几乎是一个常数,可以通过两次连续所测校正拉曼光谱之间的差谱[图 3.14(d)]来估算所关注光谱区域内的 σ_{BL},σ_{BL} 约为差谱的标准偏差[图 3.14(e)]除以 $\sqrt{2}$。因此,可以估算图 3.14(c)所示黑磷中较强拉曼信号的 $\sigma_{BL} = 92.6$。由式(3.89)可得,黑磷的最强拉曼峰的 SNR 约为 102。

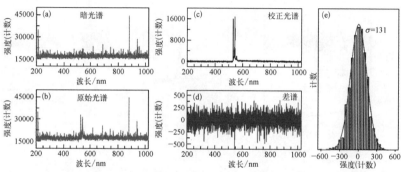

图 3.14 强暗光谱背景情况下拉曼信号的信噪比分析[56]

工作温度为 25℃ 的 CCD 探测器测得的(a)暗光谱、黑磷的(b)原始拉曼光谱和(c)扣除暗光谱后所得的校正拉曼光谱;(d)两次连续所测校正拉曼光谱之间的差谱;(e)图(d)所示差谱强度分布的统计分析

需要注意的是,基于式(3.89)和式(3.90)来估算 SNR 时,在测量前应通过拉曼软件将电子偏置设置为零,否则会导致 SNR 被低估,同时,SNR 分析所使用的原始拉曼数据不可以人为地或者通过计算机的某些技术手段进行平滑处理,否则会导致 SNR 被高估,得到不合理的数值。

上述关于 SNR 的分析对仪器设计和常规测试有一定的指导作用。通常来说,实验人员应当选择 σ_r、σ_d 和 σ_B 可以忽略的拉曼光谱仪进行拉曼测试。当背景信号不是主要的噪声源时,可以通过增加激发光功率或增加积分时间来提升拉曼信号的强度进而改善所测拉曼信号的 SNR。特

石墨烯基材料的拉曼光谱研究

别是对于具有极低噪声水平的液氮制冷或热电制冷 CCD 探测器,优化拉曼光谱仪设计是抑制环境因素导致的背景信号噪声的关键。当通过较长的积分时间来探测较弱的拉曼信号时,暗噪声将成为主要的噪声源,此时,选用高量子效率和低暗电流的探测器对具有高 SNR 拉曼信号的探测是非常有必要的。

3.6　小结

  本章讨论了拉曼散射的经典理论和量子图像,包括一阶和高阶拉曼散射。拉曼散射过程需要满足能量守恒和动量守恒,拉曼散射强度与激发光和散射光的偏振配置以及拉曼张量相关,可以通过拉曼选择定则定量计算。激发光或散射光能量与电子在实能级之间的跃迁能量匹配时,会发生共振拉曼散射。根据是激发光能量还是散射光能量与电子跃迁能级的能量匹配,可将共振拉曼过程分为入射共振和出射共振两种类型。多声子参与的拉曼散射过程可能发生双共振和三共振拉曼散射现象。最后,讨论了拉曼光谱的光谱特征,包括拉曼峰的峰位、半高宽以及强度等参数,根据拉曼散射过程分析影响光谱特征的主要因素,以及拉曼光谱信噪比的标准定义。本章关于拉曼散射理论的讨论为接下来通过拉曼光谱表征石墨烯基材料提供了理论基础。

第 4 章

单层石墨烯的拉曼
光谱

单层石墨烯(除非特指,后面所提及的石墨烯都指单层石墨烯)自2004 年被发现并制备出以来,其独特的物理化学性质就引起了科学工作者们极大的研究兴趣。石墨烯的声子色散关系和电子能带结构是理解这些独特性质的基础。非弹性 X 射线散射和中子散射是探测传统材料声子色散关系等相关性质的常用技术。[37]但是,技术便捷性和对样品尺寸的要求等方面的因素限制了这些技术在表征具有原子级厚度的二维材料中的广泛应用。拉曼光谱作为材料的指纹谱,以其方便、快捷和可靠的特点而被广泛地应用于材料晶格振动和电子能带结构等基础性质的研究中,在揭示石墨烯基材料独特的物理化学性质、理解其新奇性质的微观机理以及探索其在下一代微纳光电子器件中的应用等方面发挥了重要作用。

　　石墨烯的相关研究可以追溯到 20 世纪 40 年代,至今已有大半个世纪的历史。石墨晶格动力学的研究开始于 20 世纪 50 年代。1970 年,Tuinstra 和 Koenig 发表了关于石墨拉曼光谱的研究成果。[58]自此,拉曼光谱被广泛用于表征热解石墨、石墨晶须、碳纤维、石墨插层化合物、单壁和多壁碳纳米管、石墨烯、多层石墨烯、石墨纳米带以及氧化还原石墨烯等石墨烯基材料,并能够提供其无序度、光学带隙、弹性常数、掺杂浓度、缺陷、多层石墨烯层数和堆垛方式、转角多层石墨烯的界面转角、应力、碳纳米管直径、碳纳米管手性以及导电性(金属性或半导体性)等方面的信息。[5-7,30,31,34,59-61]图 4.1 显示了在 632.817 nm 激光激发下,石墨晶须的斯托克斯和校正后的反斯托克斯拉曼光谱(以波长为单位)所表现出来的丰富光谱特征。[28]石墨烯基材料丰富的拉曼模有助于研究其电子、声子等元激发及其相互作用,表征其各种材料的独特性质以及相应器件的结构和性能。

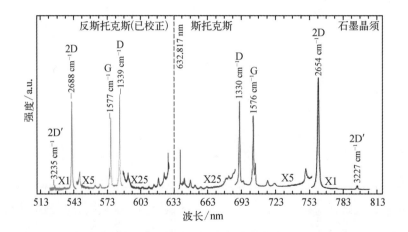

图4.1 在632.817nm激光激发下，石墨晶须的斯托克斯和校正后的反斯托克斯拉曼光谱（以波长为单位）[28]

　　图 4.1 显示了在石墨晶须中观察到的众多拉曼模，[28]基本上涉及了在石墨烯基材料中可能观察到的所有拉曼模。图 4.2 给出了石墨烯内部和边界区域以及含缺陷的石墨烯的拉曼光谱，在 1500～3400 cm^{-1} 可观察到一系列拉曼峰，其中大约位于 1580 cm^{-1}、2700 cm^{-1} 和3240 cm^{-1} 的特征峰分别被命名为 G 模、2D 模(有时也称为 G′模)和 2D′模。G 模对应石墨烯布里渊区中心二重简并(面内纵向光学支 LO 和横光学支 TO)的声子模，具有 E_{2g} 对称性，是石墨烯基材料的特征峰。G 峰的频率，$\omega(G)$，对缺陷、载流子浓度、应变、温度和磁场等外部扰动较为敏感，因此被广泛地应用于表征石墨烯基材料和器件的各种性质及其所受到外界扰动的影响。2D 模为石墨烯布里渊区 K 点附近 TO 声子的倍频模，涉及三共振拉曼散射过程。石墨烯声子色散关系在 K 点附近的科恩异常(Kohn anomaly)导致了 2D 频率对激发光能量具有显著的依赖关系。[5,7]2D′模为 $\varGamma$ 点附近 LO 声子的倍频模，也涉及三共振拉曼过程。2D 模和 2D′模对应的一阶模分别为 D 模和 D′模。根据拉曼散射的动量守恒定则，D 模和 D′模只有在缺陷辅助的情况下才能完成相应的双共振拉曼散射过程。如图 4.2 所示，在含缺陷的石墨烯的拉曼光谱中才能够观测到 D 模和 D′模。石墨烯样品的平移对称性在其边界处被破坏，边界也可以被看作一种缺陷，因此，在石墨烯边界处也能观测到 D 模和 D′模。

　　本章将详细介绍石墨烯拉曼光谱的各个拉曼模，包括 G、2D 以及 2D′

　　　　　　　　　　　　　　　　　　　石墨烯基材料的拉曼光谱研究

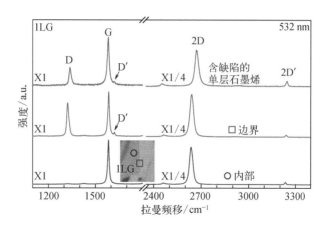

图 4.2 石墨烯内部（蓝色圆形）和边界区域（红色方框）以及含缺陷的石墨烯的拉曼光谱

等拉曼模及其相关的拉曼散射过程和偏振特性。随后介绍石墨烯拉曼散射存在的有趣的物理现象，如量子干涉、拉曼峰频率与激发光能量的依赖关系、边界区域的双共振拉曼散射、斯托克斯和反斯托克斯拉曼模的不对称性等现象。根据双共振拉曼模的频率与激发光能量的关系可以探测石墨烯布里渊区内的声学声子支，得到其声速及其相关的力学性质等。最后，介绍石墨烯拉曼模的光谱特征对外界微扰的响应，包括缺陷、磁场、温度和电场。通过这些响应可以获得石墨烯的掺杂浓度、电子-声子耦合、声子-声子相互作用等信息。本章的内容可进一步扩展到其他石墨烯基材料拉曼光谱的分析和应用，相关内容将在后续章节详细讨论。

4.1 一阶拉曼模：G 模

　　G 模是石墨烯拉曼光谱中唯一可观察到的一阶拉曼模。石墨烯的特殊能带结构导致其具有独特的共振拉曼过程。由拉曼选择定则可知，只要声子的对称性允许，布里渊区中心 Γ 点声子的一阶拉曼模就是拉曼活性的。如 3.3 节所述，当激发光能量与电子能级之间的跃迁能量相匹配时，拉曼散射强度可被增强 1～6 个数量级，这种现象就是共振拉曼散射。如图 4.3 所示，本征石墨烯在狄拉克点（K 点）附近具有线性能带结构并在狄拉克点处交叉,其价带和导带分别用 π 和 π* 表示。这使得任意激发光能量 E_L 都能共振激发石墨烯中具有某动量 k 的电子从价带态 a 跃迁到导带态 b,并在价带态 a 处留下一个空穴,如图 4.3(a)所示。此时 $E_L = E_b(k) - E_a(k)$,其中 $E_b(k)$ 和 $E_a(k)$ 分别是动量为 k 的电子态 a 和 b 的能量。处于导带态 b 的光激发电子被 $q \approx 0$ 的 E_{2g} 声子散射后,再与位于价带态 a 处未被散射的空穴复合,并发出散射光,完成拉曼散射过程。此散射过程满足式 (3.51)所描述的入射共振条件。类似地,对任意能量的激发光来说,石墨烯 G 模的散射过程也可满足出射共振条件,发生出射共振拉曼散射过程。

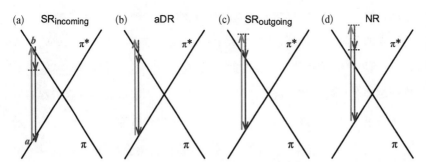

图 4.3 石墨烯 G 模的拉曼散射过程示意图

（a）入射共振（SR$_{incoming}$）；（b）近双共振（aDR）；（c）出射共振（SR$_{outgoing}$）；（d）非共振（NR）

根据费米黄金定则,在单位散射角 dΩ 内,石墨烯 G 模的斯托克斯拉曼强度 I_G 为[62]

$$\frac{dI_G}{d\Omega} \propto \frac{E_S^2}{(2\pi)^2 c^4} |M|^2 \times \delta(E_L - E_S - \hbar\omega_{ph}) \tag{4.1}$$

式中,E_L 和 E_S 分别表示激发光和散射光的能量。拉曼散射矩阵元 M 为[63]

$$iM2\pi\delta(E_L - E_S - \hbar\omega_{ph}) \equiv \langle E_S, \nu; \omega_{ph}, \lambda | i\hat{T} | E_L, \mu \rangle \tag{4.2}$$

式中,$|E_L, \mu\rangle$ 表示能量为 E_L、偏振方向为 μ 的激发光;$|E_S, \nu; \omega_{ph}, \lambda\rangle \equiv |E_{Sc}, \nu\rangle \otimes |\omega_{ph}, \lambda\rangle$ 表示能量为 E_S、偏振方向为 ν 的斯托克斯散射光和频率为 ω_{ph}、偏振方向为 λ 的光学声子的直积。如 3.4 节所述,参与拉曼散射过程的声子寿命是有限长的,这样 δ 函数需要换成半高宽为 γ_{ph} 的洛伦兹

石墨烯基材料的拉曼光谱研究

函数。

如图 3.3(b)～(g)所示,一阶拉曼散射过程有六种可能的散射路径,式(4.1)包含了石墨烯中相应六个散射过程的贡献。[47]根据其拉曼散射过程是否满足共振条件,对于特定激发光能量 E_L 来说,拉曼散射矩阵元 M_k 包括了以下三个部分的贡献[62]:

$$iM_k = iM_k^{NR} + iM_k^{SR} + iM_k^{aDR} \tag{4.3}$$

式中,NR、SR 和 aDR 分别表示非共振、(入射或出射)单共振和近双共振拉曼过程的贡献。由于石墨烯具有线性能带结构,对可见光波段附近的任何激发光能量来说,上面三种拉曼散射过程的贡献都是同时存在的。在图 4.3 中,对于一定能量的激发光来说,随着参与拉曼过程初态电子能量 $|E_a(\pmb{k})|$ 的逐渐增加,G 模的拉曼散射过程会先后经历非共振、出射单共振、近双共振、入射单共振和非共振状态。

在图 4.3(b)所示的近双共振条件下,G 模的拉曼散射矩阵元可表示为[62]

$$iM_k^{aDR} = \frac{\left[(\gamma_k^\nu)^\dagger\right]_{\pi,\pi^*}\left[(g_k^\lambda)^\dagger\right]_{\pi^*,\pi^*}(\gamma_k^\mu)_{\pi^*,\pi}}{(E_L - \Delta E_k^{\pi^*,\pi} + i\overline{\gamma}_k^{\pi^*,\pi})(E_S - \Delta E_k^{\pi^*,\pi} + i\overline{\gamma}_k^{\pi^*,\pi})} \tag{4.4}$$

式中,$\Delta E_k^{\pi^*,\pi} \equiv E_k^{\pi^*} - E_k^\pi$ 表示布里渊区 $\pmb{k}$ 处 π^* 和 π 带的能量差。在通常情况下,由于 $E_L \gg \hbar\omega_{ph}$,$E_L \approx E_S$,激发光能量和散射光能量几乎同时与电子跃迁能量相匹配,因而分母的两个能量项可能同时满足共振条件,基本上是满足双共振条件的拉曼散射过程。G 模的单共振拉曼散射矩阵元为[62]

$$
\begin{aligned}
iM_k^{SR} = \sum_{s=\pi,\pi^*} \Bigg\{ &\frac{(\gamma_k^\nu)_{\pi,\pi^*}(\gamma_k^\mu)_{\pi^*,s}(g_k^\lambda)_{s,\pi}}{(E_S - \Delta E_k^{\pi^*,\pi} + i\overline{\gamma}_k^{\pi^*,\pi})(-\hbar\omega_{ph} - \Delta E_k^{s,\pi} + i\overline{\gamma}_k^{s,\pi})} \\
&+ \frac{(g_k^\lambda)_{\pi,s}(\gamma_k^\nu)_{s,\pi^*}(\gamma_k^\mu)_{\pi^*,\pi}}{(\hbar\omega_{ph} - \Delta E_k^{s,\pi} + i\gamma_k^{s,\pi})(E_L - \Delta E_k^{\pi^*,\pi} + i\overline{\gamma}_k^{\pi^*,\pi})} \Bigg\}
\end{aligned}
\tag{4.5}
$$

分母中只能满足一个共振条件,另一项因子的值主要取决于声子频率。式中,$\overline{\gamma}_k^{s,s'}$ 表示电子态 $|s,\pmb{k}\rangle$ 和 $|s',\pmb{k}\rangle$ 的平均弛豫宽度。

若只考虑共振拉曼散射过程(后面简写为共振拉曼过程),即式(4.3)

中的 M_k^{aDR} 和 M_k^{SR} 项,对 k 在第一布里渊区内进行积分即可得到 I_G。满足共振条件的电子态数量越多,拉曼散射强度越大,也就是说 I_G 应正比于光学跃迁允许的有效联合态密度。如图 4.4(a)所示,理论计算结果表明 I_G 显著依赖 E_L。[62]有效联合态密度在约 4.1 eV 能量处存在范霍夫奇点,当 E_L 与此范霍夫奇点能量匹配时,I_G 显著增强。当 E_L 减小到可见光范围内时,图 4.4(b)显示,I_G 大致正比于 E_L 的四次方,[62]与图 4.4(c)中实验所测石墨纳米晶的 I_G 与 E_L 的关系大致相同[64]。实验测得激发光能量为 2.41 eV 时,石墨烯 G 模的拉曼散射效率约为 200×10^{-5} $m^{-1} \cdot Sr^{-1}$,且拉曼散射效率与激发光能量的四次方成正比[65],这与石墨纳米晶的实验结果[64]一致。相比于可见光能量范围内的有效联合态密度,相应能量激光所激发的 I_G 被显著抑制,两者的显著差异表明在可见光能量范围内,共振拉曼散射对 I_G 的贡献不是主要因素。这种 I_G 被抑制的现象与接下来要讨论的石墨烯 G 模拉曼散射过程的量子干涉效应有关。

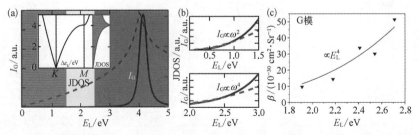

图 4.4 I_G 与 E_L 的依赖关系

（a）理论计算得到的 I_G 与 E_L 的关系（蓝色实线）;[62]（b）I_G 与 E_L 关系在两个区域的放大图;[62]（c）实验所测得到石墨纳米晶（尺寸约为 65 nm）的 G 模微分散射截面与 E_L 的关系[64]

4.2　共振拉曼散射

4.2.1　双共振拉曼散射过程

图 4.5(a)给出了石墨烯一阶拉曼模的入射共振和出射共振的拉曼散

图 4.5 石墨烯一阶拉曼模的入射共振和出射共振的拉曼散射过程[5]

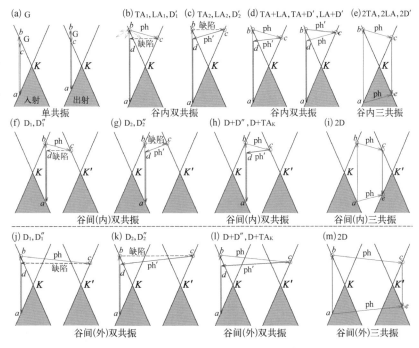

（a）一阶拉曼模的入射共振和出射共振的拉曼散射过程；（b）～（d）谷内双共振拉曼过程；（e）谷内三共振拉曼过程；（f）～（h）谷间（内）双共振拉曼过程；（i）谷间（内）三共振拉曼过程；（j）～（l）谷间（外）双共振拉曼过程；（m）谷间（外）三共振拉曼过程

射过程。[5]在二阶或更高阶的拉曼散射过程中，单个声子可以不受动量为 0 的限制。任意激发光能量 E_L 都能共振激发石墨烯中具有某动量 k 的电子从价带态 a 跃迁到导带态 b，并在价带态 a 处留下一个空穴。除了被 $q \approx 0$ 的声子散射以外，处于导带态 b 的光激发电子 $[E_b(k)]$ 也可以被非布里渊区中心的一个具有任意波矢 q_{ph} 的声子所散射，如图 4.5(b) 中浅灰色虚线箭头所示。[5]根据动量守恒定则，这些被散射后的电子不能直接与位于态 a 处未被散射的空穴复合而发生一阶拉曼散射过程。若声子将电子从电子态 b 散射到另一个电子态 c，满足散射共振条件，则散射概率会显著增强。对于给定材料的声子色散关系和电子能带结构，参与共振散射过程的声子动量和能量分别为 q_{ph} 和 $\hbar\omega_{ph}$。根据双共振条件式(3.51)中的能量守恒定则，实态 c 的能量 $E_c(k+q_{ph})$ 满足 $\hbar\omega_{ph}=E_b(k)-E_c(k+q_{ph})$。根据单声子拉曼散射过程的动量守恒定则，处于 $k+q_{ph}$ 处态 c 的电子还是不能直接与位于态 a 未被散射的空穴复合。但是，如图4.5(b)所示，位于 $\boldsymbol{k}+\boldsymbol{q}_{ph}$ 处态 c 的电子可以通过晶格缺陷被弹性地散射回到 $\boldsymbol{k}$ 处的虚态 d，然后就可以与位于 $\boldsymbol{k}$ 处态 a 未被散射的空穴相复合并发出散射光，完成整个拉曼散射过程。[5] 整个复杂的声子散射过程满足了动量与能量守恒定则，是拉曼允许的并可能发生的二阶拉曼散射过程，也是单个声子参与的被缺陷散射所激活的双共振拉曼过程。其中发射声子过程为非弹性散射过程，而缺陷参与的过程为弹性散射过程。如图4.5(c)所示，光激发电子也可以先被缺陷散射到态 c，随后被声子散射回到虚态 d，最后与位于态 a 未被散射的空穴相复合并发出散射光。[5] 这两种散射过程选择的声子波矢不同，因此，相应的拉曼模频率也有差异。

如果图4.5(c)中缺陷参与的弹性散射过程被声子参与的非弹性散射过程所取代，整个散射过程就变为双声子参与的二阶拉曼散射过程，该过程如图4.5(d)所示。[5] 这时，光激发电子被声子 $\hbar\omega_{ph}(\boldsymbol{q}_{ph})$ 从能量为 $E_b(\boldsymbol{k})$ 的态 b 散射到能量为 $E_c(\boldsymbol{k}+\boldsymbol{q}_{ph})$ 的态 c 后，被另一个动量大小相等、方向相反的声子 $\hbar\omega_{ph'}(-\boldsymbol{q}_{ph})$ 从能量为 $E_c(\boldsymbol{k}+\boldsymbol{q}_{ph})$ 的态 c 散射回到能量为 $E_d(\boldsymbol{k})$ 的虚态 d，再与位于 $\boldsymbol{k}$ 处态 a 未被散射的空穴相复合并发出散射光，从而完成整个拉曼散射过程。根据动量守恒定则，参与散射过程的第二个声子的动量必须与第一个声子的动量大小相等，但两个声子的能量可以相同，也可以不同，所观察到的双声子拉曼模分别为倍频模或和频模。如果价带和导带关于费米面镜像对称，倍频模对应的二阶拉曼散射过程可以同时满足入射共振、散射共振和出射共振。该过程即所谓的三共振拉曼过程。例如，对于具有线性能带结构的石墨烯来说，在 K 点附近其价带和导带基本上关于费米面镜像对称，如图4.5(e)所示，位于 $\boldsymbol{k}$ 处态 b 的光激发电子和相应留在态 a 的空穴可以同时分别被波矢为 $\boldsymbol{q}_{ph}$ 和 $-\boldsymbol{q}_{ph}$ 的声子(能量都为 ω_{ph})散射到位于 $\boldsymbol{k}+\boldsymbol{q}_{ph}$ 处的导带态 c 和价带态 e，并在此处发生电子-空穴复合，发出散射光，从而完成整个拉曼散射过程。[5] 在这种情况下，参与二阶拉曼散射过程的所有中间态都是实态。这样，电子空穴的产生是一个共振过程，电子和空穴受到声子的散射是一个共振过程,电子和空穴的复合是一个共振过程,因此整个散射过程是一个三共振拉曼散射过程。

图 4.5(b)～(e)所示的参与双共振或三共振拉曼过程的电子态都来自石墨烯 K 点或 K' 点的同一个狄拉克锥内的电子态,这些态都在同一个能谷内,相应的拉曼散射过程即所谓的谷内双共振或谷内三共振拉曼过程。[5]如果拉曼散射过程将石墨烯位于 $K(K')$ 点狄拉克锥内的电子散射到位于 $K'(K)$ 处的狄拉克锥内,电子被散射前后处于不同的能谷内,相应的拉曼散射过程即所谓的谷间共振拉曼散射。图 4.5(f)～(i)给出了石墨烯可能发生的谷间(内)双共振和谷间(内)三共振拉曼过程的示意图。[5]

图 4.5 所示的双共振拉曼过程只给出了满足入射共振条件的情况。[5]实际上,也存在相应的满足出射共振条件的双共振拉曼过程,图 4.6 给出了图 4.5(b)和(c)所对应的满足出射共振条件的情况以及倍频模的双共振拉曼过程。对于单声子和缺陷参与的双共振拉曼散射过程,存在电子先是被声子所散射,还是先被缺陷所散射这两种情况;而对于两个不同声子参与的散射过程,也存在先是被能量大的声子所散射,还是先是被能量小的声子所散射这两种情况。因此,基频模(如 D 模)或者和频模(如 $D + D'$ 模)的双共振拉曼过程都存在着四种不同散射次序所对应的散射过程,即入射共振-声子散射共振[图 4.6(a_1)]、缺陷散射共振-出射共振[图 4.6(a_2)]、入射共振-缺陷散射共振[图 4.6(b_1)]、声子散射共振-出射共振[图 4.6(b_2)]。由于石墨烯具有线性能带结构,当激发光能量确定时,根据选择的声子波矢可知,入射共振和出射共振过程分别是相互等价的[图 4.6 中,(a_1)与(a_2)等价,(b_1)与(b_2)等价]。因此,基频模或者和频模所对应的 4 个双共振拉曼散射过程中只有两个是不等价的。因此,双共振拉曼散射的基频模或者和频模一般可以观察到两个子峰,如石墨烯的 D_1 模和 D_2 模[5,66],或者 $LA_1 + D'$ 模和 $D' + LA_1$ 模[23]。若参与双共振拉曼过程的两个声子属于同一声子支且能量相同,则这个过程为倍频模的双共振拉曼过程。这时,在和频模双共振拉曼过程中原来不等价的两个过程也变得等价了,见图 4.6(c_1)和图 4.6(c_2)。因此双共振拉曼散射的

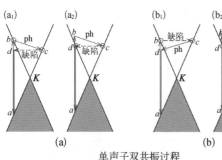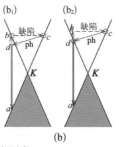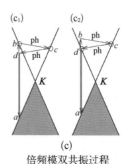

(a)	(b)	(c)
单声子双共振过程		倍频模双共振过程

图 4.6　单声子和倍频模的双共振拉曼过程中相互等价的两个散射过程

（a₁）入射共振-声子散射共振；（a₂）缺陷散射共振-出射共振；（b₁）入射共振-缺陷散射共振；（b₂）声子散射共振-出射共振；（c₁）入射共振-声子散射共振；（c₂）声子散射共振-出射共振

倍频模只能观察到一个呈洛伦兹线型的拉曼峰,如石墨烯的 2D 模和 2D′模[23,66]。需要指出的是,与电子类似,空穴也可以参与双共振拉曼过程,并可以做类似的分析。[61]

原则上来说,在给定激发光能量的情况下,狄拉克锥内等能面上的电子态与具有不同对称性和不同波矢的声子都能够满足双共振条件。然而,(1)满足双共振条件的声子态密度存在范霍夫奇点,(2)电声子相互作用矩阵元对散射电子具有角度依赖关系,(3)不同散射过程可能发生相消干涉,这三方面的影响使得拉曼散射概率主要来自少数几个特定的双共振拉曼过程。和频模以及基频模的谷内和谷间双共振拉曼过程有两个不等价的散射过程(电子受到两个不同声子的散射顺序以及电子受到声子和缺陷的散射顺序),因此,每个激发光能量激发下,和频模或基频模的双共振拉曼过程可以选择出波矢为 q_{ph} 和 $q_{ph'}$ 的两个声子。而对于倍频模,其双共振或三共振拉曼散射过程只能选择一个 Γ 点(谷内共振)或 K 点附近(谷间共振)的波矢为 q_{ph} 的声子。石墨烯的声子能量远小于激发光能量,导致 q_{ph} 与 $q_{ph'}$ 几乎相等,因而所选择的声子波矢与激发光能量有显著的依赖关系。从理论上来说,在同一激发光能量激发下,在不同声子参与相同谷内(或谷间)双共振或三共振拉曼过程中,根据能量和动量选择定则所选择出的声子波矢几乎相同。如图 2.4(a)所示,竖直虚线标出

　　　　　　　　　　　　　石墨烯基材料的拉曼光谱研究

了同一激发光能量激发的谷内和谷间共振拉曼散射过程分别在 Γ 点和 K 点附近所选择出具有几乎相同波矢的各声子支的声子。

在石墨烯布里渊区的 Γ 点处,只有 G 模(约 1582 cm^{-1})是拉曼活性的。在图 4.2 中观察到的其他拉曼模来源于非布里渊区中心声子参与的双共振或三共振拉曼过程。这些拉曼模的起源及其相应的拉曼散射过程可以通过拉曼模频率与激发光能量之间的关系,并结合石墨烯的电子能带结构和声子色散曲线进行指认。如图 4.2 所示,只有当单层石墨烯中存在缺陷时,才能在其拉曼光谱中观察到 D 模和 D′模。D′模和 D 模的频率及其与激发光能量的依赖关系表明,其拉曼散射过程分别为图 4.5 (b)和(c)以及图 4.5(f)和(g)所示的缺陷激活的谷内和谷间双共振拉曼过程[5]。但是,在无缺陷的本征石墨烯中观察不到 D′模和 D 模,主要是因为没有缺陷来激活该声子模的双共振拉曼过程。从图 4.5(e)和(i)[5]可以看出,不需要缺陷的参与,同一声子支上波矢相反的两个声子就能自动满足双共振拉曼过程的动量和能量选择定则,因此在本征石墨烯的拉曼光谱中就可以观察到 D′模和 D 模的倍频模,即 2D′模和 2D 模。由于石墨烯在狄拉克点附近具有相对于费米面对称的线性能带结构,因而 2D′模和 2D 模分别来源于图 4.5(e)和(i)所示的谷内和谷间三共振拉曼过程[5]。对于和频模来说,由于参与二阶拉曼过程的两个声子能量不同,其拉曼散射过程以图 4.5(d)和(h)所示的谷内或谷间拉曼散射过程[5]为主。由于不同声子支的电声子耦合强度不同,因而通过拉曼光谱并不能观察到石墨烯中所有双共振和三共振拉曼过程所激活的声子模。

在 K 点或 K' 点附近 TO 声子参与的双共振拉曼过程可以被缺陷激活,使得在缺陷石墨烯中能观察到该声子拉曼峰,即 D 模。如图 4.6(a)和(b)所示,该 TO 声子参与双共振散射过程的波矢由在该过程中 TO 声子和缺陷散射的顺序决定,这两个不等价的双共振散射过程分别激活了 K 点附近具有不同波矢的 TO 声子,使得实验所观测到的 D 模的拉曼峰具有不对称的线型,需要由两个洛伦兹子峰来拟合。若参与谷间双共振和三共振散射过程的入射共振和出射共振的电子态位于 KK' 之间,如图 4.5

(f)~(i)所示[5]，则称这些过程为内共振拉曼过程；否则，如果它们位于
KK'两侧，如图 4.5(j)~(m)所示[5]，则称相应过程为外共振拉曼过程。
虽然外共振拉曼过程也能满足双共振或三共振条件，但是考虑到电声子
相互作用的影响，理论计算表明，石墨烯 D 模和 2D 模等谷间共振拉曼过
程以内共振拉曼过程为主。[67]

  D'模（约 1620 cm^{-1}）和 2D$'$模（约 3240 cm^{-1}）分别来自单声子和双声
子参与的谷内双共振拉曼过程。D'模的双共振拉曼过程由 $\varGamma$ 点附近 LO
声子在缺陷的参与下完成，而 $\varGamma$ 点附近两个波矢相反的 LO 声子参与了
2D$'$模的三共振拉曼过程。由于 D$'$模强度较弱且 LO 声子支在 $\varGamma$ 点附近
的色散较小，D$'$模的拉曼峰表现为较对称的线型。$\varGamma$ 点附近 LO 声子还
可以分别与 TA 声子和 LA 声子组合，产生和频模 D$'$ + TA 模和 D$'$ + LA
模，其双共振拉曼过程如图 4.5(d)所示。[5]在石墨烯的拉曼光谱中可以观
察到与 D$'$ + TA 模和 D$'$ + LA 模相应的拉曼峰。

  由于石墨烯某些声子(特别是声学声子)所参与的拉曼散射很难在拉
曼光谱中观察到，而石墨晶须和碳纳米管等石墨烯基材料具有更低的对
称性以及更丰富的与声子和电子态密度相关的范霍夫奇点，因此，可以借
助石墨晶须等石墨烯基材料来获得与石墨烯相关的更丰富的声子信息并
对其进行深入研究。K 点附近的 LA 声子可以参与谷间双共振拉曼过
程。与 D 模类似，由于动量守恒和能量守恒的限制，需要缺陷的参与才能
激活相应的拉曼模。石墨烯的拉曼光谱中没有观测到 LA 声子参与的单
声子拉曼模，而相关的拉曼模已在石墨晶须拉曼光谱中观察到，位于
1150 cm^{-1} 附近，并被标记为 D$''$模[28]。$\varGamma$ 点附近的 TA 声子和 LA 声子也
可以参与缺陷激活的谷内双共振拉曼过程，相关的拉曼模在石墨烯的拉
曼光谱中也没有被观察到，却可以在石墨晶须中观察到[28]。其双共振拉
曼过程如图 4.5(c)所示，[5]拉曼峰也显示出不对称的线型。同时，在石墨
晶须拉曼光谱中还观测到了 TA 声子和 LA 声子的和频模(TA + LA)及
其倍频模(2TA、2LA)，其拉曼过程如图 4.5(d)和(e)所示[5]。

  同样地，也可以借助其他石墨烯基材料拉曼模的研究来完成对石墨

烯拉曼模的指认。石墨烯拉曼光谱在 2450 cm⁻¹ 附近出现了一个非对称的拉曼峰,其强度与 2D′ 模相当。此拉曼模也出现在石墨的拉曼光谱中,其指认问题长期以来一直困扰着科学家们。同时,科研人员也在石墨晶须中观察到了此拉曼模,其被指认为 D + D″ 峰[28],并被后来的理论工作所证实[67]。在石墨晶须和其他石墨烯基材料的拉曼光谱中,在 2250 cm⁻¹ 附近可观察到一个很弱的拉曼峰,其被指认为 K 点附近 TO 声子与 TA 声子的和频模,即 D + TA$_K$ 模。[67] 需要指出的是,在碳材料中还没有观察到与 TA$_K$ 有关的基频模。

由于动量守恒的限制,只有动量为 0 的声子可以参与一阶拉曼散射过程,这些声子位于布里渊区 Γ 点。一般来说,光学声子在 Γ 点附近的色散很小,参与一阶拉曼过程时,相应拉曼峰的频率通常与激发光能量无关。的确,如图 4.7 所示,石墨烯 G 模的频率与激发光的波长无关。[5] 然而,对于双共振或三共振拉曼过程来说,由于拉曼选择定则以及共振拉曼条件的限制,参与拉曼散射过程的声子波矢(q_{ph})取决于材料的电子能带结构、声子色散关系以及激发光能量。对石墨烯来说,其双共振或三共振拉曼模的频率的确依赖激发光的能量。如图 4.7(a) 和 (b) 所示,石墨烯 2D 模的频率与激发光能量呈线性关系,斜率约为 100 cm⁻¹/eV。[5] 图 4.7(c) 显示,缺陷石墨烯 D 模的频率也与激发光能量有依赖关系,其斜率约为 2D 模斜率的一半。[5] 在其他石墨烯基材料的拉曼光谱中也能观察到类似现象。一般来说,一阶拉曼散射的斯托克斯和反斯托克斯拉曼峰对称地分布在瑞利线两侧。然而,对于与双共振或三共振拉曼过程有关的拉曼模来说,拉曼选择定则使得其斯托克斯和反斯托克斯散射过程会选择不同波矢的声子,从而导致斯托克斯和反斯托克斯拉曼过程对应的拉曼模频率可能存在一定的差异。这种斯托克斯和反斯托克斯拉曼峰的频率不对称地分布于瑞利线两侧的现象首先在其他石墨烯基材料中被观察到,如体石墨[68]、石墨晶须[28]、多壁碳纳米管[32]。最近在石墨烯和双层石墨烯中也观察到了类似结果。[66] 接下来,我们将详细地介绍石墨烯的二阶拉曼模频率与激发光能量的依赖关系,以及斯托克斯和反斯托克斯拉

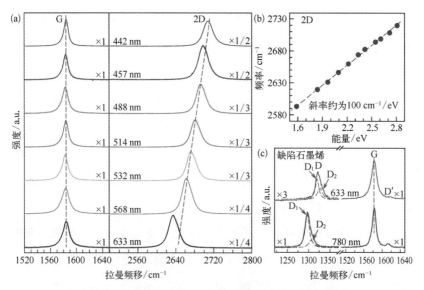

图 4.7　石墨烯拉曼模频率与激发光波长的关系[5]

（a）不同波长激发下，石墨烯 G 模和 2D 模的拉曼光谱；（b）2D 峰的峰位与激发光能量的函数关系；（c）633 nm 和 780 nm 激光所激发缺陷石墨烯的拉曼光谱

曼峰的频率差异现象。利用这些现象可进一步探测石墨烯的声子色散、群速度或声速等性质。

4.2.2　斯托克斯和反斯托克斯拉曼光谱

图 4.8 给出了不同能量激发光所激发的本征和缺陷石墨烯的斯托克斯和反斯托克斯拉曼光谱。[66]可以明显地看到，G 模频率与激发光能量无关，其斯托克斯和反斯托克斯拉曼峰的频率相同，而 D 模和 2D 模的频率却显著地依赖激发光能量，且其斯托克斯和反斯托克斯拉曼模的频率具有显著的差异。

如 4.2.1 节所述，石墨烯拉曼光谱中的 D 模和 2D 模来源于其 K 点附近 TO 声子所参与的谷间共振拉曼过程。由于石墨烯具有关于费米面对称的线性能带结构，2D 模的拉曼散射过程是一个三共振拉曼过程。根据相应的动量和能量选择定则，D 模和 2D 模的频率与激发光能量呈线性关系，其斜率分别约为 50 cm^{-1}/eV 和 100 cm^{-1}/eV[5]。D 模和 2D 模的反斯托克

图 4.8 不同能量激发光所激发的本征和缺陷石墨烯的斯托克斯和反斯托克斯拉曼光谱[66]

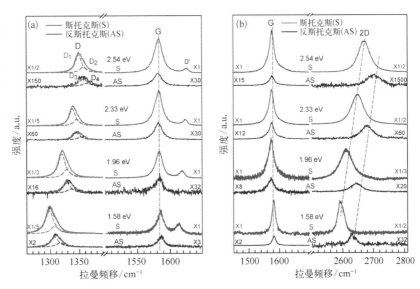

（a）离子注入石墨烯 D 模和 G 模以及（b）本征石墨烯 G 模和 2D 模的斯托克斯和反斯托克斯拉曼光谱

斯频率也具有类似的与激发光能量的依赖关系。D 模和 2D 模的反斯托克斯和斯托克斯拉曼峰的频率差分别定义为 $\Delta\omega(\mathrm{D}) = |\omega_{\mathrm{AS}}(\mathrm{D})| - |\omega_{\mathrm{S}}(\mathrm{D})|$ 和 $\Delta\omega(2\mathrm{D}) = |\omega_{\mathrm{AS}}(2\mathrm{D})| - |\omega_{\mathrm{S}}(2\mathrm{D})|$。根据图 4.8 实验所测不同激发光能量下 D 模和 2D 模的斯托克斯和反斯托克斯拉曼峰的频率，可得到它们之间的关系为：$\Delta\omega(2\mathrm{D}) \approx 4\Delta\omega(\mathrm{D})$。[66]

如 4.2.1 节所述，D 模表现出不对称的拉曼线型，需要用两个半高宽相同的洛伦兹峰来拟合。如图 4.8 所示，D 模的斯托克斯和反斯托克斯拉曼峰的确可以分别用两个洛伦兹峰来拟合。[66] 根据洛伦兹峰绝对频率从小到大的顺序，可以把它们分别标记为 D_1、D_2、D_3 和 D_4。若光激发电子先受到缺陷散射，则 D 模的斯托克斯和反斯托克斯双共振拉曼过程所选择的声子波矢完全相同，也就是 D_2 和 D_3 峰频率的绝对值相同。研究人员在石墨晶须和二维石墨等石墨烯基材料的拉曼光谱中也发现了类似的现象。[28,32,69]

与 G 模 [$|\omega_{\mathrm{AS}}(\mathrm{G})| = |\omega_{\mathrm{S}}(\mathrm{G})|$] 不同，D 模和 2D 模斯托克斯和反斯托克斯频率关系为 $|\omega_{\mathrm{AS}}(\mathrm{D})| > |\omega_{\mathrm{S}}(\mathrm{D})|$，$|\omega_{\mathrm{AS}}(2\mathrm{D})| > |\omega_{\mathrm{S}}(2\mathrm{D})|$。这种频率差异的根源在于图 4.9(a) 和 (b) 所描述的谷间双共振拉曼过程中，斯

托克斯和反斯托克斯过程所选择 K 点附近 TO 声子的波矢不同。[66]由于科恩异常，TO 声子支在 K 点附近表现出显著的色散关系[图 4.9(c)]。这导致了 D 模和 2D 模斯托克斯和反斯托克斯拉曼峰的频率也存在显著的差异。石墨烯 2D 模可以用单个洛伦兹峰完美地拟合，$|\omega_{AS}(2D)|$ 和 $|\omega_S(2D)|$ 可通过洛伦兹拟合得到。根据拟合结果，$\Delta\omega(2D)$ 依赖激发光能量 E_L。当 E_L 从 1.58 eV 增加到 2.54 eV 时，$\Delta\omega(2D)$ 从 36.2 cm^{-1} 减小到了 31.4 cm^{-1}。D 模也有类似结果。根据石墨烯声子色散关系、电子能带结构、电声子耦合以及如图 4.9(a) 和 (b) 所示的 D 模和 2D 模的斯托克斯和反斯托克斯谷间双共振拉曼过程，可以计算得到在不同激发光能量下，石墨烯 D 模和 2D 模的相应的斯托克斯和反斯托克斯谷间双共振拉曼光谱，[67]如图 4.9(d) 和 (e) 所示。理论计算结果显示出与实验所测拉曼光谱相似的现象，包括 D 模的不对称线型，D 模和 2D 模频率以及 $\Delta\omega(2D)$ 都依赖激发光能量等。

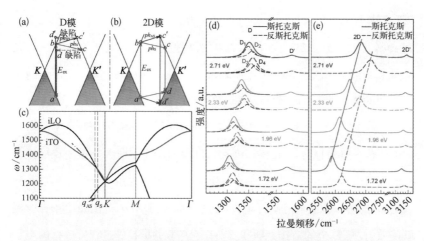

图 4.9 双共振反斯托克斯拉曼散射[66]

石墨烯（a）D 模和（b）2D 模的斯托克斯（红色箭头）和反斯托克斯（蓝色箭头）谷间双共振拉曼过程；（c）石墨烯的声子色散曲线，红色和蓝色虚线分别表示斯托克斯和反斯托克斯双共振拉曼过程所选择的声子波矢；理论计算所得到的（d）D 模和（e）2D 模的斯托克斯和反斯托克斯谷间双共振拉曼光谱

如前所述，根据拉曼选择定则，参与石墨烯双共振或三共振拉曼过程的声子波矢依赖于激发光能量。因此，通过改变激发光能量就可以探测

石墨烯基材料的拉曼光谱研究

到布里渊区不同位置的声子能量,从而得到相应声子支的色散曲线以及相应的声子群速度(声子支的斜率)等信息。这里我们展示如何通过 2D 模斯托克斯频率与激发光能量的关系来得到 TO 声子支的声子群速度。

在如图4.9(b)所示 2D 模的斯托克斯和反斯托克斯拉曼散射过程中,参与三共振拉曼过程的四个电子态分别为 a、b、c 和 d。为了方便地表示线性能带结构,以狄拉克点(K 点)为坐标原点,斜率为费米速度 v_F,在 K' 处狄拉克点能带结构的截距 $E_0 \approx 9.4\,\mathrm{eV}$,则相应电子态的能量与波矢 $\boldsymbol{k}$ 的关系分别为 $E_a = -v_\mathrm{F}\boldsymbol{k}_a$、$E_b = v_\mathrm{F}\boldsymbol{k}_b$、$E_c = -v_\mathrm{F}\boldsymbol{k}_c + E_0$ 和 $E_d = v_\mathrm{F}\boldsymbol{k}_d + E_0$,式中,$\boldsymbol{k}_a = \boldsymbol{k}_b$,$\boldsymbol{k}_c = \boldsymbol{k}_d$。斯托克斯和反斯托克斯共振拉曼过程所选择的声子波矢分别为 $\boldsymbol{q}_\mathrm{S}$ 和 $\boldsymbol{q}_\mathrm{AS}$,相应的声子能量为 $\omega_\mathrm{S}(2\mathrm{D})/2 = -v_\mathrm{ph}\boldsymbol{q}_\mathrm{S} + \omega_0$,式中,$\omega_\mathrm{S}(2\mathrm{D})$、$\boldsymbol{q}_\mathrm{S}$、$v_\mathrm{ph}$ 和 ω_0 分别表示 2D 模斯托克斯的声子能量、声子波矢、声速以及截距。根据斯托克斯拉曼散射过程的能量守恒 $[E_\mathrm{L} = E_b - E_a$ 和 $E_\mathrm{L} - \omega_\mathrm{S}(2\mathrm{D}) = E_c - E_d]$ 和动量守恒($\boldsymbol{k}_b + \boldsymbol{q}_\mathrm{S} = \boldsymbol{k}_c$),并假设电子能带结构在 K 点附近是各项同性的,则可得 $\boldsymbol{q}_\mathrm{S} = \dfrac{E_0 - E_\mathrm{L} + \omega_\mathrm{S}(2\mathrm{D})/2}{v_\mathrm{F}}$,以及 $\omega_\mathrm{S}(2\mathrm{D})$ 与激发光能量的关系为 $\omega_\mathrm{S}(2\mathrm{D})/2 = \dfrac{v_\mathrm{ph}}{v_\mathrm{F} + v_\mathrm{ph}}E_\mathrm{L} + \omega'$,式中,$\omega'$ 为一常数。根据实验结果,$\omega_\mathrm{S}(2\mathrm{D})$ 随 E_L 变化的斜率 $\alpha_\mathrm{S} \approx 95.8\,\mathrm{cm}^{-1}/\mathrm{eV} \ll 1$,因此 $v_\mathrm{ph} = \dfrac{\alpha_\mathrm{S}/2}{1 - \alpha_\mathrm{S}/2}v_\mathrm{F}$ 可以进一步简化为[66]

$$v_\mathrm{ph} \approx v_\mathrm{F} \cdot \alpha_\mathrm{S}/2 \approx 5.94 \times 10^{-3} v_\mathrm{F} \tag{4.6}$$

理论计算得到的石墨烯费米速度 $v_\mathrm{F} = 5.52\,\mathrm{eV} \cdot \mathrm{\AA}$,相应的声子群速度则约为 $299.2\,\mathrm{cm}^{-1} \cdot \mathrm{\AA}$。如图 4.7(b)所示,2D 模频率与激发光能量在一定范围内呈现线性关系。为了精确地求出不同波矢范围内声子色散的群速度,表 4.1 为根据实验所测 2D 模频率与激发光能量关系的斜率 α_S 所得到的石墨烯声子群速度。[66]实验所得结果与理论计算所得结果基本一致,且与图 4.9(c)所示石墨烯的声子色散曲线在相应范围的平均声子群速度一致。[66]

E_L/eV	α_S	q_S/Å^{-1}	$v_{ph}/(\times 10^{-3} v_F)$
1.58~2.33(实验所测)	107.7	1.44~1.31	6.68
2.33~3.81(实验所测)	95.1	1.31~1.04	5.90
1.72~2.71(理论计算)	95.8	1.39~1.21	5.94

表 4.1 根据实验所测 2D 模频率与激发光能量关系的斜率 α_S 所得到的石墨烯声子群速度[66]

　　2D 模斯托克斯和反斯托克斯散射过程所选择的声子波矢有微小差别(这种差别远小于不同激发光能量所选择声子的波矢之间的差别),因此,可以根据特定激发光能量下斯托克斯和反斯托克斯的频率差 $\Delta\omega$(2D)来精确地求得 TO 声子支在相应范围内的群速度。与斯托克斯过程类似,反斯托克斯共振拉曼过程满足能量守恒[$E_L = E_b - E_a$ 和 $E_L - \omega_{AS}$(2D) $= E_{c'} - E_{d'}$]和动量守恒($k_b + q_{AS} = k_{c'}$),据此可得相应的声子动量为 $q_{AS} = \dfrac{E_0 - E_L + \omega_{AS}(2D)/2}{v_F}$。结合 q_{AS} 和 q_S 可得 TO 声子支在 $q_{AS} - q_S$ 范围内的声子群速度为[66]

$$v_{ph} \approx \Delta\omega(2D) \cdot v_F/[2\omega_S(2D)] \tag{4.7}$$

结合图 4.8(b)所得不同激发光能量下的 $\Delta\omega$(2D)可计算得到相应区域 TO 声子的群速度。表 4.2 给出了不同激发光能量激发下所得到的 ω_S(2D)、$\Delta\omega$(2D)、相应的声子波矢 q_{ph}(q_S 和 q_{AS})及根据式(4.7)计算所得到的 v_{ph}。对于确定的激发光能量,q_{AS} 与 q_S 差距较小,表 4.2 的声子群速度比表 4.1 的结果更精确。随着激发光能量增加,q_{AS} 和 q_S 减小,相应的声子群速度减小,表明石墨烯的声子色散关系存在一定的非线性,与图 4.9(c)中的理论计算结果一致。根据式(4.6)和式(4.7)可得[66]

$$\Delta\omega(2D) \approx \alpha_S \omega_S(2D) \tag{4.8}$$

E_L/eV	ω_S(2D)/cm^{-1}	$\Delta\omega$(2D)/cm^{-1}	q_S/Å^{-1}	q_{AS}/Å^{-1}	$v_{ph}/(\times 10^{-3} v_F)$
1.58	2594.9	36.2	1.44	1.39	6.98
1.96	2612.8	32.8	1.38	1.32	6.28
2.33	2649.9	30.6	1.31	1.25	5.77
2.54	2672.0	31.4	1.27	1.21	5.88

表 4.2 不同激发光能量激发下所得到的 ω_S(2D)、$\Delta\omega$(2D)、相应的声子波矢 q_{ph}(q_S 和 q_{AS})及根据式(4.7)计算所得到的 v_{ph}[66]

石墨烯基材料的拉曼光谱研究

式(4.8)同样也可应用于石墨烯基材料其他拉曼模斯托克斯和反斯托克斯频率不对称的情况。[28,32]

4.2.3　声学声子色散曲线

如 4.2.2 节所述,双共振和三共振拉曼模的频率依赖于激发光能量。根据共振条件,不同激发光能量所探测的声子具有不同波矢。因此,改变激发光能量可以探测布里渊区中的声子色散关系。相比 X 射线散射、非弹性中子散射以及电子能量损失谱,拉曼光谱探测石墨烯基材料的声子色散具有方便、对样品要求低等优点。若声学声子能参与石墨烯的双共振拉曼过程,那么就可以将拉曼光谱的探测范围扩展到相应的声学声子支。通过改变激发光能量,可探测不同波矢位置的声学声子能量,并进一步计算得到石墨烯的声速。石墨烯的热学和力学性质取决于声学声子支的声速等,因此通过拉曼光谱探测石墨烯的声学声子支有助于研究石墨烯基材料的热学和力学性质。

图 4.10(a)和(b)给出了利用激发光能量 $E_L = 1.96$ eV 激发石墨烯所得到的 LOTA 模和 LOLA 模以及 2D$'$ 模的拉曼光谱及其拟合结果。图 4.10 (a)中的两个拉曼模分别为 LO 和 TA 声子的和频模(LOTA 模)以及 LO 和 LA 声子的和频模(LOLA 模)。如 4.2.1 节所述,和频模的双共振拉曼过程包含两个不等价的散射过程。对于 LOTA 模来说,根据两个声子散射电子的先后顺序可以把相应的和频模记为 TA + LO 模或 LO + TA 模,如图 4.10 (c)和(d)所示。根据共振拉曼散射条件,和频模双共振拉曼过程所选择声子的波矢由激发光能量和参与散射共振的声子决定。例如,LO + TA 模中 TA 声子的波矢与由拉曼选择定则和共振条件所决定 LO 声子的波矢大小相同、方向相反。对于 2D$'$ 模,由于两个过程是简并的,所选择的声子波矢取决于激发光能量和 LO 声子支,如图 4.10(e)所示。因此,参与 2D$'$ 模的 LO 声子的波矢与参与 LO + LA 模和 LO + TA 模的 LO 声子的波矢相同,都为 q_{LO}。

下面以 LO + TA 模为例讨论如何根据双共振散射条件来获得

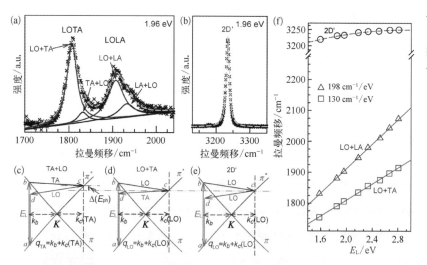

图 4.10 谷内双共振拉曼散射[23]

利用激发光能量 E_L= 1.96 eV 激发石墨烯所得到的（a）LOTA 模和 LOLA 模以及（b）2D′ 模的拉曼光谱及其拟合结果；（c）TA+LO 模、（d）LO+ TA 模、（e）2D′ 模的双共振拉曼过程；（f）2D′模、LO+LA 模和 LO+ TA 模频率与激发光能量的关系（灰色线为频率与 E_L 关系的拟合结果）

ω_{LO+TA}。光激发电子在态 b 首先发射一个动量为 q_{LO}、能量为 $\omega_{LO}(q_{LO})$的声子跃迁到态 c，然后发射一个动量为 $-q_{LO}$、能量为 $\omega_{TA}(-q_{LO})$的声子回到虚态 d。根据动量守恒和能量守恒条件，并结合石墨烯线性能带结构可得 $q_{LO}=[E_L-\omega_{LO}(q_{LO})]/v_F$，式中，$v_F$ 表示费米速度。此分析过程也可应用于 LO+ LA 模和 2D′（即 2LO）模。由此可知，参与 LO+ TA 和 LO+ LA 双共振拉曼过程的 TA 声子和 LA 声子的波矢为 $q_{LO}=(E_L-\omega_{2D'}/2)/v_F$。参与双共振拉曼过程的 LO 声子能量可以直接根据实验所测 2D′ 模的频率得到：$\omega_{LO}(q_{LO})=\omega_{2D'}/2$。而和频模 LO+ TA 及 LO+ LA 的频率为两个基频模的频率之和，例如，$\omega_{LO+TA}=\omega_{LO}(q_{LO})+\omega_{TA}(-q_{LO})$。由于 LO+ TA 模和 LO+ LA 模具有较高的强度，可通过对 LOTA 模和 LOLA 模的拟合得到 LO+ TA 模和 LO+ LA 模的频率。根据实验所测 2D′模、LO+ TA 模和 LO+ LA 模的拉曼峰位，即可得到对应于波矢 $q_{LO}=(E_L-\omega_{2D'}/2)/v_F$ 的 TA 和 LA 声子频率，分别为 $\omega_{TA}(-q_{LO})=\omega_{LO+TA}-\omega_{2D'}/2$ 和 $\omega_{LA}(-q_{LO})=\omega_{LO+LA}-\omega_{2D'}/2$，进而可分别得到 TA 模和 LA 模的声子色散关系 $\omega_{TA}(q_{LO})$和 $\omega_{LA}(q_{LO})$。

　　　　　　　　　　　　　　　石墨烯基材料的拉曼光谱研究

图 4.10(f)给出了 2D′模、LO+LA 模和 LO+TA 模频率与激发光能量的关系。与 2D 模随 E_L 线性变化的关系不同,2D′模与 E_L 的关系需要用二次函数来拟合,这种非线性关系来源于布里渊区中心 LO 声子支的非线性色散关系。LA 声子支和 TA 声子支在布里渊区中心表现出线性色散关系,且斜率远大于 LO 声子的斜率。这使得 LO+TA 模和 LO+LA 模频率与 E_L 之间具有明显的线性关系,相应的斜率分别为 198 cm^{-1}/eV 和 130 cm^{-1}/eV。图 4.11(a)给出了从 TALO 模和 LALO 模得到的石墨烯和石墨晶须的 TA 和 LA 声子频率与相应 E_L 的关系。[23] 对于任意 E_L,石墨晶须的 $\omega_{TA}(\boldsymbol{q}_{LO})$ 和 $\omega_{TA}(\boldsymbol{q}_{LO})$ 高于石墨烯中相应声子的频率,表明石墨晶须和石墨烯具有不同的声子色散关系。谷内双共振拉曼散射强度主要由 Γ-M 方向的声子贡献,[67]这表明图 4.11(b)为实验所测沿 Γ-M 方向 LA 声子支和 TA 声子支的色散关系。声学声子的传播速度,即声速,可通过声学声子支在 Γ 点的斜率计算得到。根据图 4.11(b)所示实验结果,石墨烯 TA 声子支和 LA 声子支的声速分别为 v_{TA} = 12.9 km/s 和 v_{LA} = 19.9 km/s,该结果与 LDA 和 GGA 近似给出的理论计算结果[图 4.11(c)]有显著差异,这表明这些理论计算模型需要进一步完善。[23]

图 4.11 石墨烯声学声子支色散曲线的探测[23]

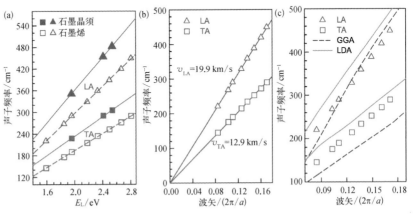

（a）从 TALO 模和 LALO 模得到的石墨烯和石墨晶须的 TA 和 LA 声子频率与相应 E_L 的关系；（b）实验所测沿 Γ-M 方向 LA 声子支和 TA 声子支的色散关系,其中 a = 2.46 Å（石墨烯晶格常数）；（c）实验所得声子色散曲线与理论计算结果的对比

根据晶格动力学理论,弹性系数可以通过 LA 声子和 TA 声子的声速来计算。二维弹性系数 $c_{11} = \rho_{2d} \cdot v_{LA}^2$, $c_{66} = \rho_{2d} \cdot v_{TA}^2$。由石墨烯面密度 $\rho_{2d} = 7.61 \times 10^{-8}$ g/cm² 以及实验测得的 v_{LA} 和 v_{TA},可得 $c_{11} = 30.13 \times 10^4$ dyn/cm, $c_{66} = 12.66 \times 10^4$ dyn/cm。由于石墨烯在平面内是各向同性的,其二维杨氏模量和泊松比为

$$Y_{2d} = \frac{4 B_{2d} \mu_{2d}}{B_{2d} + \mu_{2d}}$$

$$\sigma_{2d} = \frac{B_{2d} - \mu_{2d}}{B_{2d} + \mu_{2d}}$$

(4.9)

式中,体积模量 $B_{2d} = c_{11} - c_{66}$ 和剪切模量 $\mu_{2d} = c_{66}$。因此,石墨烯的二维杨氏模量 $Y_{2d} = 29.36 \times 10^4$ dyn/cm,泊松比 $\sigma_{2d} = 0.159$。根据石墨烯厚度 $h_g = 0.335$ nm 可得到石墨烯杨氏模量为 $Y_{2d}/h_g = 0.88$ TPa,[23] 这与理论计算和原子力显微镜测试的结果相近。

4.2.4 拉曼散射增强基底

石墨烯由于具有独特的结构与优异的物理性质,在微纳电子器件、柔性器件、储能及光电探测领域具有广阔的应用前景,同时,石墨烯还是一种理想的拉曼散射增强基底。自石墨烯拉曼增强效应于 2010 年被张锦课题组首次报道以来,[70] 其增强机理及在分子检测领域的应用得到了广泛的研究。张锦课题组利用真空热蒸镀的方法,将亚单层的酞菁分子加载到石墨烯表面,发现其拉曼散射信号相较于在 SiO₂/Si 基底表面得到了显著的增强,他们将这一现象称为"石墨烯增强拉曼散射"(graphene enhanced Raman scattering, GERS)效应。[70] 在石墨烯增强拉曼散射中,常用的可见波段激发光的能量与石墨烯等离激元的能量并不匹配,因此,其拉曼增强效应并不源于电磁增强,而是源于化学增强。化学增强是一种短程相互作用,主要来自石墨烯与分子之间的电荷转移,因而要求分子与石墨烯直接接触。同时,对于

图 4.12 石墨烯基表面增强拉曼光谱

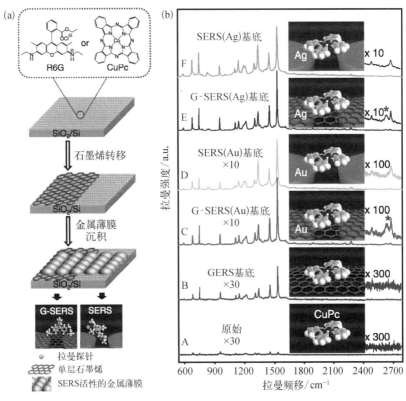

（a）SiO₂/Si 上 G-SERS 与 SERS 基底的制备方法[71]；（b）CuPc 分子不同增强方式的拉曼光谱对比[71]

大多染料分子来说，共轭结构使得其与石墨烯的 π 电子之间存在 π-π 相互作用，从而提高了其轨道重合度，更有利于两者之间发生电荷转移。分子费米能级与石墨烯费米能级的相对位置同样也是影响电荷转移进而导致拉曼增强的重要因素。

石墨烯作为一种新型的增强拉曼散射基底，其增强因子低于传统的金属基底，因而在一定程度上限制了其在实际检测中的应用。通过将金属纳米结构与石墨烯结合，可以在保留石墨烯优异性质的同时，提高基底的增强因子。同时，石墨烯作为隔离层，还可以隔离分子与金属基底之间的光化学反应，对分子有额外的稳定作用，能够阻止光碳化和光漂白现象，这种增强方式被称为石墨烯媒介的表面增强拉曼散射（graphene-surface enhanced Raman scattering，G-SERS）。在 SiO₂/Si 基底上，通过真空热蒸镀的方法加载一层探针分子,并利用机械剥离的方法转移单层石墨烯至分子上方,随后再次利用真空热蒸镀的方法沉积纳米岛状的贵金属纳米膜,则可以得到石墨烯与金属复合的 G-SERS 基底[图 4.12(a)]。[71] 如图 4.12(b)所示,[71] 对金、银贵金属表面增强拉曼散射(surface enhanced Raman scattering, SERS)基底及 G-SERS 基底上 R6G 分子的拉曼信号进行对比表明,G-SERS 基底上的分子信号基本保持了 SERS 基底上分子信号的谱峰特征。这显示出 G-SERS 具有良好的隔离效果。同时其增强程度与 SERS 基底基本是相当的,且对于某些特征峰具有额外的增强作用(如 1530 cm^{-1} 振动模),如图 4.12(b)所示。[71] 根据特征峰的拉曼强度与溶液浓度的关系,G-SERS 基底可以实现对于待测物质的定量分析,且相较于传统的金属增强基底,具有分子吸附均匀、信号稳定、石墨烯可作为内标等优势,[72] 因而在表面增强拉曼散射的定量检测领域具有重要的应用前景。

4.3　偏振拉曼光谱

通过在激发光的入射光路和拉曼信号光的收集光路上加入偏振元件,可以选择性地测量与激发光的偏振方向平行或者垂直的拉曼信号相关的拉曼光谱。所测光谱被称作偏振拉曼光谱。偏振拉曼光谱是拉曼光谱学的一个重要分支。偏振拉曼实验对于研究声子对称性、拉曼张量、电子跃迁以及共振拉曼过程来说非常重要。声子模拉曼张量 R 的具体形式由晶格结构及晶格振动的对称性决定。由式(3.18)可知,拉曼信号的强度 I_S 与拉曼张量 R、激发光的偏振方向 $\hat{e}_L$ 和散射光的偏振方向 $\hat{e}_S$ 有关。因此,改变激发光和散射光的偏振方向与晶轴之间的夹角,拉曼模的拉曼强度可能会发生相应的改变,这有助于拉曼模的指认以及晶格振动对称性的确认。

偏振拉曼光谱已经被广泛地应用于判定单壁和多壁碳纳米管的排列

方向。[73,74]对于有取向性的碳纳米管(取向管束或者单根碳纳米管),其 G 模以及径向呼吸振动模的拉曼强度都依赖激发光的偏振方向与碳纳米管的管轴之间的夹角 α,并与 α 呈现出 $\cos^2\alpha$ 的依赖关系。当激发光和散射光的偏振方向同时平行于碳纳米管的管轴时,拉曼信号强度达到最大值。因此,可通过偏振拉曼光谱的强度来确定碳纳米管的取向。偏振拉曼光谱在二维材料中也得到了广泛的应用,如石墨烯和过渡金属硫族化合物拉曼模的指认以及黑磷(black phosphorus)、硒化铼(ReSe$_2$)、硫化铼(ReS$_2$)等向异性材料晶向的判断。[75-78]石墨烯拉曼光谱,包括一阶拉曼(G 模)以及谷内和谷间双共振拉曼散射在内的各种拉曼模为研究各种拉曼模的偏振拉曼光谱提供了理想材料体系。石墨晶须具有独特的结构,导致石墨烯层与层之间的相互作用较弱,因而其拉曼光谱具有与石墨烯拉曼光谱相似的性质。[28]2001 年,研究人员在石墨晶须中观察到了相关拉曼模的偏振现象。[28]2008 年,研究人员在石墨烯中也发现了双共振拉曼模的偏振特性并依据双共振理论进行了解释。[79]

本节首先介绍三种常见的背散射偏振拉曼实验配置,并给出在不同偏振配置下拉曼强度的分析计算方法;然后介绍在 2001 年被发现的石墨晶须 G 模的偏振拉曼光谱结果;接下来进一步介绍石墨烯双共振拉曼相关的 2D 模的偏振特性,并结合双共振拉曼过程分析其偏振特性;最后,介绍当激发光斜射到石墨烯样品的表面时,其 G 模的偏振特性。

4.3.1 偏振拉曼实验配置

晶格振动模对称性的不可约表示决定了晶体材料的拉曼张量形式,从而也决定了能探测到该拉曼模所需要的偏振拉曼配置。显微拉曼光谱仪采用显微物镜和共焦孔径来提高拉曼光谱的空间分辨率,通常采用背散射方式来收集拉曼信号。偏振拉曼实验通常也采用背散射配置,同时在激发光的入射光路和散射光的收集光路上加入偏振元件,实现具有特定偏振特性的激发光对样品的激发,并收集具有特定偏振特性的拉曼信号光。一般采用形如 A(BC)D 的 Porto 记号来标记实验所用的偏振拉曼配置,这四个字母一般采用坐标轴 X、Y、Z 及其反方向 $\bar{X}$、$\bar{Y}$、$\bar{Z}$,其中第一个字母 A 和第四个字母 D 分别表示激发光和散射光的传播方向,括号中的两个字母 B 和 C 分别表示激发光和散射光的偏振方向。如通常采用的背散射偏振拉曼配置为 $\bar{Z}(YY)Z$ 和 $\bar{Z}(YX)Z$,这时可直接简写为 YY 和 YX。YY 表示激发光的偏振方向与散射光的偏振方向都沿着 Y 方向。XX 和 YY 就是通常所说的平行偏振。YX 和 XY 表示垂直或交叉偏振,即激发光的偏振方向与散射光的偏振方向是垂直或交叉的。在背散射配置下,Y 和 X 也可以用 V 和 H 来替代,其中 V 和 H 分别表示激发光和散射光的偏振方向分别对应光谱仪入口狭缝竖直放置时的竖直和水平方向,这样的偏振拉曼配置标记法不依赖具体坐标系的设定。在背散射配置下,如果 Y 对应 V,则 XX、XY、YX 和 YY 分别对应 HH、HV、VH 和 VV。仅仅靠平行偏振或交叉偏振只能用于拉曼模的指认和相关配置下拉曼峰强度的计算。当研究晶体取向以及声子的各向异性时,则需要研究晶体材料的角分辨偏振拉曼光谱。

根据 3.1.3 节所述,斯托克斯和反斯托克斯拉曼强度具有相似的偏振特性,这里以斯托克斯过程为例,其拉曼选择定则可以表示为

$$I \propto \sum_j |\hat{e}_S \cdot R_j \cdot \hat{e}_L|^2 \qquad (4.10)$$

式中,$\hat{e}_L$ 和 $\hat{e}_S$ 分别表示激发光和斯托克斯散射光的单位偏振矢量;R_j 为某一拉曼模的第 j 个拉曼张量,$1 \leqslant j \leqslant 3$。下面只讨论具有 1 个拉曼张量 R 的拉曼模的情况,相关讨论可推广到拉曼模具有多个拉曼张量的情况。拉曼张量 R 可以借助群论分析或者查表得到,[51] 其普遍形式为

$$R = \begin{bmatrix} a & d & e \\ d & b & f \\ e & f & c \end{bmatrix}$$

在已知晶体材料对称性的情况下，通过 $\hat{e}_L$、$\hat{e}_S$ 和 R，就可以计算得出各拉曼模在具体偏振配置下的角分辨偏振拉曼光谱行为有关参数。

图 4.13 为三种典型角分辨偏振拉曼配置示意图。红色双向箭头表示激发光照射到样品上的偏振方向，蓝色双向箭头表示样品上对应于单色仪入口处检偏器所检测的偏振方向。通常可借助偏振元件如半波片来改变激发光或散射光的偏振方向或者旋转样品来改变其晶轴与激发光偏振方向之间的角度，从而完成偏振拉曼光谱实验。由于光谱仪的衍射光栅对不同偏振方向散射光的响应不同，因此，如果需要比较不同偏振配置下拉曼信号的强度，需要预先利用标准样品所具有的各向同性偏振特性的散射光，对光谱仪在不同偏振方向的光响应进行归一化，或者在检偏器后方加入扰偏器或 $\lambda/4$ 波片，使所探测的散射光在各个方向的偏振分量相同。为了方便区分各个角分辨偏振拉曼配置，分别用 α_L、V_L 和 θ_L 来区分图 4.13(a)～(c) 所示的不同偏振拉曼配置下激发光的偏振配置，也分别用 V_S 和 H_S 来区分检偏器保持竖直和水平方向时散射光的偏振配置。[80] 三种典型的角分辨偏振拉曼配置的详细情况介绍如下。

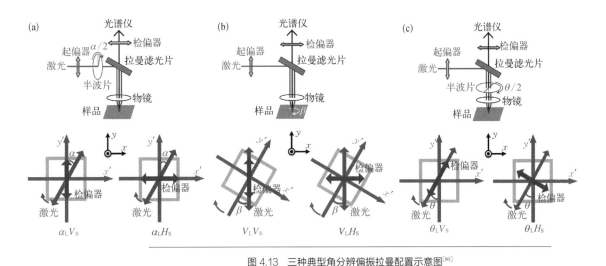

图 4.13　三种典型角分辨偏振拉曼配置示意图[80]

（a）$\alpha_L V_S$ 和 $\alpha_L H_S$；（b）$V_L V_S$ 和 $V_L H_S$；（c）$\theta_L V_S$ 和 $\theta_L H_S$
注：实验室坐标系用（x，y，z）表示，晶体坐标系用（x'，y'，z'）表示。

1. $\alpha_L V_S$ 和 $\alpha_L H_S$ 偏振拉曼配置

图 4.13(a)给出了样品固定不动,实验室坐标系(x, y, z)与晶体坐标系(x', y', z')重合,通过转动半波片使激发光偏振方向与 y 轴的夹角为α,从而保持散射光偏振方向为 V_S 或 H_S 的角分辨偏振拉曼配置。这两种角分辨拉曼配置可分别标记为 $\alpha_L V_S$ 和 $\alpha_L H_S$。该配置在测试过程中只旋转半波片,非常容易操作。当 $\alpha = 0$ 时,$\alpha_L V_S$ 和 $\alpha_L H_S$ 分别对应通常所说的平行偏振(VV)和交叉偏振(VH)。在 $\alpha_L V_S$ 和 $\alpha_L H_S$ 两种配置下,激发光的偏振矢量都为 $\hat{e}_L = (\sin\alpha, \cos\alpha, 0)$,但由检偏器选择出的散射光偏振矢量分别为 $\hat{e}_S = (0, 1, 0)$ 和 $\hat{e}_S = (1, 0, 0)$。对于任意拉曼张量 R,在 $\alpha_L V_S$ 和 $\alpha_L H_S$ 偏振配置下拉曼模的拉曼强度分别为

$$I(\alpha_L V_S) = (b\cos\alpha + d\sin\alpha)^2$$
$$I(\alpha_L H_S) = (d\cos\alpha + a\sin\alpha)^2 \tag{4.11}$$

2. $V_L V_S$ 和 $V_L H_S$ 偏振拉曼配置

图 4.13(b)给出了激发光保持垂直偏振 V_L 状态,检偏器偏振方向分别平行(V_S)或者垂直(H_S)于 y 轴,样品在测试中可绕着 z 轴顺时针旋转 β 度的角分辨偏振拉曼配置。这两种角分辨拉曼配置可分别标记为 $V_L V_S$ 和 $V_L H_S$,它们被广泛应用于二维层状晶体材料拉曼光谱各向异性的研究。如果样品尺寸只有微米级别,在旋转样品过程中很难保证激发光照射的样品位置不变,那么就会使得测试难度有所增加。

当在实验室坐标系 x-y 平面内旋转晶体坐标系(x', y', z'),旋转角度为 β 时,需要将晶体坐标系中的 R 转变为实验室坐标系中的R':

$$R' = M \cdot R \cdot M^T \tag{4.12}$$

式中,M 是两个坐标系之间的转换矩阵。例如,在 x-y 平面内旋转β 所对应的旋转矩阵为

$$\begin{bmatrix} x \\ y \\ z \end{bmatrix} = M \begin{bmatrix} x' \\ y' \\ z' \end{bmatrix}, \quad M = \begin{pmatrix} \cos\beta & \sin\beta & 0 \\ -\sin\beta & \cos\beta & 0 \\ 0 & 0 & 1 \end{pmatrix}$$

相应的式(4.10)表示为 $I \propto |\hat{e}_S \cdot M \cdot R \cdot M^T \cdot \hat{e}_L|^2$,式中,激发光的偏振矢量为 $\hat{e}_L = (0, 1, 0)$。在 $V_L V_S$ 和 $V_L H_S$ 配置下,散射光的偏振矢量分别为 $\hat{e}_S = (0, 1, 0)$ 和 $\hat{e}_S = (1, 0, 0)$。对于任意拉曼张量 R,在 $V_L V_S$ 和 $V_L H_S$ 偏振配置下拉曼模的拉曼强度与 β 的关系分别为

$$I(V_L V_S) = (b\cos^2\beta - 2d\cos\beta\sin\beta + a\sin^2\beta)^2$$
$$I(V_L H_S) = [-d\cos^2\beta + (a-b)\cos\beta\sin\beta + d\sin^2\beta]^2 \quad (4.13)$$

3. $\theta_L V_S$ 和 $\theta_L H_S$ 偏振拉曼配置

图 4.13(c)给出了样品固定不动,在激发光和散射光的共同光路上放置一个半波片,旋转半波片角度可同时改变激发光和散射光偏振方向的角分辨偏振拉曼配置。将半波片转动角度 $\theta/2$,激发光经过半波片后的偏振方向与 y 轴夹角为 θ,标记为 θ_L。对应检偏器保持竖直和水平偏振的角分辨偏振拉曼配置可分别标记为 $\theta_L V_S$ 和 $\theta_L H_S$。这种角分辨偏振配置曾被用来研究单壁碳纳米管[73]和石墨烯[79]的角分辨偏振拉曼光谱。

借助琼斯矩阵 J 可以直观地描述半波片对激发光和散射光偏振特性的影响。半波片快轴方向与 y 轴方向夹角为 $\theta/2$ 时,在 x-y 平面内所对应的琼斯矩阵 J 为

$$J(\lambda/2) = \begin{pmatrix} -\cos\theta & \sin\theta & 0 \\ \sin\theta & \cos\theta & 0 \\ 0 & 0 & 0 \end{pmatrix} \quad (4.14)$$

激发光经过半波片之前的偏振矢量 $\hat{e}_L = (0, 1, 0)$,经过半波片后该偏振矢量变为 $\hat{e}_L' = J \cdot \hat{e}_L$。在 $\theta_L V_S$ 和 $\theta_L H_S$ 偏振拉曼配置下,谱仪入口前散射光的偏振矢量分别为 $\hat{e}_S = (0, 1, 0)$ 和 $\hat{e}_S = (1, 0, 0)$,检偏器偏振轴 $\hat{e}_S$ 经半波片投映到样品表面的偏振矢量为 $\hat{e}_S' = \hat{e}_S \cdot J$。因此,式(4.10)可以写为 $I \propto |\hat{e}_S \cdot J \cdot R \cdot J \cdot \hat{e}_L|^2$。对于任意拉曼张量 R,在 $\theta_L V_S$ 和 $\theta_L H_S$ 偏振配置下,拉曼强度与 θ 的关系分别为

$$I(\theta_{\mathrm{L}}V_{\mathrm{S}}) = (b\cos^2\theta + 2d\cos\theta\sin\theta + a\sin^2\theta)^2 \qquad (4.15)$$

$$I(\theta_{\mathrm{L}}H_{\mathrm{S}}) = \left[-d\cos^2\theta - (a-b)\cos\theta\sin\theta + d\sin^2\theta \right]^2$$

将 $\beta = -\theta$ 代入式(4.13)中,可以得到式(4.15)。也就是说,旋转样品和在激发光/散射光共同光路上放置半波片这两种角分辨偏振拉曼配置实际上是等价的。在实验过程中,采用图 4.13(a)和(c)所示的角分辨偏振拉曼配置可以方便、高效地研究微米级样品拉曼光谱的偏振特性。

4.3.2 石墨晶须的偏振拉曼光谱

石墨晶须的特殊结构导致其拉曼光谱与石墨烯类似,包括 D 模、G 模、D′模和 2D 模等(图 4.14)。[28] 采用图 4.13(b)所示的偏振配置,选取激发光传播方向为 X 轴,散射光偏振方向为 Y 轴,并在激发光的入射光路中加入半波片来改变其偏振方向沿竖直(V)或者水平(H)方向。通过旋转石墨晶须的晶轴来改变激发光和散射光偏振方向与石墨晶须晶轴之间的夹角

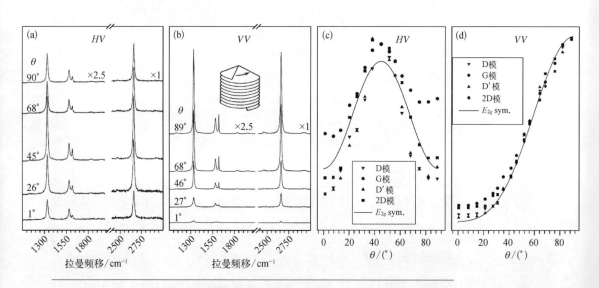

图 4.14 石墨晶须的偏振拉曼光谱[28]

在(a) HV 和(b) VV 偏振配置下,拉曼光谱与θ 的关系;在(c) HV 和(d) VV 偏振配置下,各拉曼模强度与θ 的关系

(θ),可得到图 4.14(a)和(b)所示石墨晶须的角分辨偏振拉曼光谱。[28]

在 HV 偏振配置下[图 4.14(c)],当 $\theta = 0°$ 和 90°时,各拉曼模强度最小,而当 $\theta = 45°$ 时,各拉曼模强度最大。而在 VV 偏振配置下[图 4.14(d)],各拉曼模强度与 θ 的关系和 HV 偏振配置的情况相反。对于 G 模来说,其对称性不可约表示为 E_{2g},相应拉曼张量为

$$E_{2g}: \begin{bmatrix} 0 & -d & 0 \\ -d & 0 & 0 \\ 0 & 0 & 0 \end{bmatrix}, \begin{bmatrix} d & 0 & 0 \\ 0 & -d & 0 \\ 0 & 0 & 0 \end{bmatrix} \tag{4.16}$$

石墨晶须的晶轴在 Y-Z 平面转动,θ 为石墨晶须晶轴与 Y 轴的夹角,因此在 HV 配置下,$\hat{e}_L = (0, 0, 1)$,$\hat{e}_S = (0, 1, 0)$;在 VV 配置下,$\hat{e}_L = (0, 1, 0)$,$\hat{e}_S = (0, 1, 0)$。需要说明的是,如图 4.14(b)中插图所示,石墨晶须的石墨烯层并不垂直于晶轴,当引入其晶轴与石墨烯层之间的夹角 $\varphi \approx 67.5°$时,G 模拉曼强度与 θ 的关系为[28]

$$\begin{aligned} I_{VV}(\varphi, \theta) &= I_0 \cdot (\cos^2\varphi\cos^2\theta + \sin^2\theta)^2 \\ I_{HV}(\varphi, \theta) &= I_0 \cdot [\cos^4\varphi\cos^2\theta\sin^2\theta + \cos^2\varphi(\cos^4\theta \\ &\quad + \sin^4\theta) + \cos^2\theta\sin^2\theta] \end{aligned} \tag{4.17}$$

图 4.14(c)和(d)中实线给出的计算结果与实验结果一致。石墨晶须由很多圆锥形的石墨烯层组成,因而所有的石墨烯层都与石墨晶须晶轴不重合。由于石墨晶须的直径约为 1.4 μm,而拉曼光谱的空间分辨率约为 1.0 μm,拉曼强度必然包含了一些卷曲石墨烯层的贡献,与计算所考虑的理想结构有一定差别,这必然会导致 G 模偏振特性的实验结果与理论计算数值之间有一定的差异。

4.3.3　石墨烯的偏振拉曼光谱

体石墨 G 模强度在平面内具有各向同性,但其 D 模和 2D 模却不是这样。石墨烯的这些拉曼模也有类似的偏振特性。图 4.15 显示了石墨烯

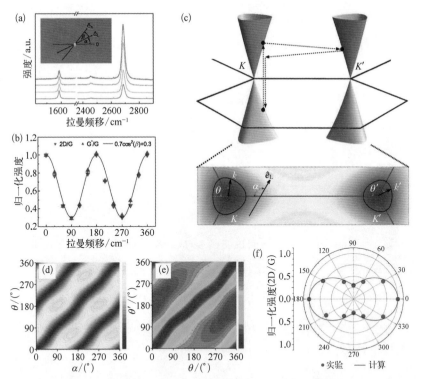

图 4.15 石墨烯的角分辨偏振拉曼光谱[79]

（a）固定 $\hat{e}_L$，拉曼光谱与散射光和激发光偏振方向之间夹角 β 的关系；（b）$I(2D)/I(G)$ 和 $I(G^*)/I(G)$ 与 β 的关系；（c）石墨烯双共振拉曼过程和光激发 K 点（K' 点）附近电子跃迁的等能线；（d）紧束缚近似计算得到的光吸收过程的光学跃迁矩阵元的绝对值与 θ 和 α 的关系；（e）计算得到的光吸收过程的光学跃迁矩阵元与 θ 和 θ' 之间的关系；（f）在极坐标下，$I(2D)/I(G)$ 与 β 的关系

的角分辨偏振拉曼光谱。[79]先固定激发光的偏振方向 $\hat{e}_L$ 不变，改变散射光的偏振方向 $\hat{e}_S$，得到随 β 变化的拉曼光谱，其中 β 表示激发光和散射光偏振方向的夹角。激发光偏振方向 $\hat{e}_L = (1, 0, 0)$（假设 $\alpha = 0$），散射光的偏振方向 $\hat{e}_S = (\cos\beta, \sin\beta, 0)$，结合式（4.16）和式（4.10）可得，石墨烯 G 模强度与 β 无关。这与石墨晶须不同，因为在石墨晶须中石墨烯层与激发光存在一定的夹角。但是，相对于石墨烯 G 模，其 2D 模的拉曼强度却与 β 有显著的依赖关系，如图 4.15（a）和（b）所示。

石墨烯 2D 模的偏振特性来源于光与物质相互作用以及石墨烯中动量依赖的电声子耦合的各向异性。石墨烯双共振拉曼散射的微分散射截面正比于 $|K^{\hat{e}_S, \hat{e}_L}(E_S, E_L)|^2$，近似等于高阶的电磁场与石墨烯相互作用

矩阵元。图 4.15(c)给出了石墨烯双共振拉曼过程和光激发 K 点（K' 点）附近电子跃迁的等能线。θ、θ' 和 α 分别为光激发电子的 k、散射后电子的 k'、激发光偏振方向与 $K\Gamma$ 方向之间的夹角，这里，k 和 k' 分别表示相对于 K 点和 K' 点的波矢。图 4.15(d)给出了紧束缚近似计算得到的光吸收过程的光学跃迁矩阵元的绝对值与 θ 和 α 的关系。可以看到，当电子动量与激发光偏振方向平行时，光学跃迁矩阵元为零。参与 2D 模拉曼散射过程的两个声子动量相反。图 4.15(e)给出了计算得到的光吸收过程的光学跃迁矩阵元与 θ 和 θ' 之间的关系。电声子耦合矩阵元表现出显著的各向异性：参与光激发的电子动量与受到 TO 声子散射后的电子动量方向相反时，散射矩阵元的值最大；两动量方向平行时，散射矩阵元为零。结合双共振拉曼散射各个过程的矩阵元以及散射光的偏振方向，可以得到 2D 模强度的偏振特性，如图 4.15(f)所示，计算和实验结果一致。

总之，石墨烯 2D 模等二阶拉曼模的偏振特性来源于石墨烯的独特性质，包括光子-电子相互作用以及各向异性的电声子耦合。双层石墨烯 2D 模也表现出与石墨烯类似的偏振特性，[81] 上述分析方法可以扩展到双层甚至多层石墨烯中。双共振拉曼模的偏振特性研究表明，拉曼光谱是研究材料中的电子-光子以及电声子相互作用的有力工具。

4.3.4　斜入射配置下石墨烯的偏振拉曼光谱

在背散射偏振配置下，激发光通常垂直入射到样品表面，在此基础上使用大数值孔径（NA）的显微镜头测试光谱时，有较大部分的激发光以较大入射角聚焦到样品表面，因此非常有必要研究激发光斜入射到样品表面的拉曼光谱。谭平恒研究组最近采用如图 4.16(a)所示的实验装置研究了激发光在不同入射角度时石墨烯的偏振拉曼光谱。样品被竖直放置在旋转台上并绕 y 轴旋转，激发光经过半波片后通过具有非常小数值孔径的透镜（NA＝0.08）聚焦到样品表面。通过旋转半波片可调整激发光

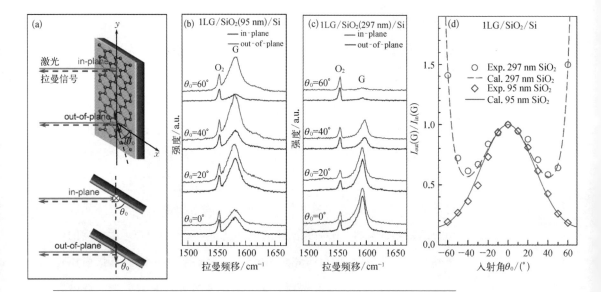

图 4.16　斜入射配置下石墨烯的偏振拉曼光谱

（a）实验装置示意图；在 SiO_2 厚度为（b）95 nm 和（c）297 nm 的 SiO_2/Si 衬底上，G 模拉曼光谱与激发光入射角度之间的关系；（d）在 in-plane 和 out-of-plane 配置下 G 模相对强度比与激发光入射角度的关系

的偏振方向，而散射光始终保持在竖直偏振方向。在转动样品时，激发光的竖直偏振矢量始终与 z 轴平行，而其水平偏振矢量与 x 轴存在一夹角 δ_i，这两种偏振配置可分别标记为 in-plane 和 out-of-plane 配置，这时激发光分别对应于 s 光和 p 光。

　　石墨烯与 SiO_2/Si 衬底可形成空气、石墨烯、SiO_2 和 Si 的多层介质结构。激发光和散射光在通过界面时会产生反射和干涉，进而可能对收集到的散射光强度产生影响。图 4.16(b)～(d) 给出了 Leng 等人测得的不同衬底上石墨烯 G 模拉曼光谱与激发光入射角度之间的关系。如图 4.16(b) 和(c)所示，在同一激发光激发下，$I(G)$ 依赖激发光的入射方向，同时 $I(G)$ 还与衬底 SiO_2 层厚度有关。当 SiO_2 厚度为 95 nm 时，入射角度从 $0°$ 增加到 $60°$，在 in-plane 配置下 $I(G)$ 逐渐增强，在 out-of-plane 配置下 $I(G)$ 却先增强后减弱。然而当 SiO_2 厚度为 297 nm 时，无论在哪种配置下，$I(G)$ 都单调变小。图 4.16(d) 给出了两种配置下 G 模相对强度

　　　　　　　　　　　　　石墨烯基材料的拉曼光谱研究

比 $I_{out}(G)/I_{in}(G)$ 与激发光入射角度的关系。

为了揭示衬底 SiO_2 厚度对 $I_{out}(G)/I_{in}(G)$ 与激发光入射角度关系的影响,必须考虑激发光和散射光在多层结构中的传播、吸收以及干涉等效应。对于 in-plane 配置,激发光在样品表面具有随入射角变化的透射率,而对于 out-of-plane 配置,激发光和散射光同时具有垂直和平行于样品表面的分量(图 4.16)。利用激发光和散射光的传输矩阵并结合 G 模的拉曼张量,计算可得在不同衬底、不同入射角度以及不同偏振下 G 模的拉曼强度,结果如图 4.16 中虚线和实线所示,与相应的实验结果一致。需要说明的是,在已知石墨烯复折射率和拉曼张量矩阵元的情况下,上述计算结果本身不涉及任何拟合参数。以上结果显示出激发光在斜入射情况下的偏振拉曼光谱比正入射情况具有更丰富的信息,为表征衬底上垂直生长的石墨烯薄膜的取向性打下了重要基础。

4.4　石墨烯边界的拉曼散射

无论是石墨烯样品还是由石墨烯层蚀刻成的纳米带和量子点,都天然存在边界。石墨烯的物理性质与其边界的取向密切相关。石墨烯的边界有两种基本的手性,即扶手椅型和锯齿型,如图 4.17(a)所示。[61] 石墨烯的平移对称性在边界处被天然地破坏,因此边界是一种特殊的缺陷。对称性破缺可导致缺陷相关的拉曼模被激活,比如 D 模和 D′模。下面将详细讨论石墨烯在不同类型边界处的双共振拉曼过程。

双共振拉曼散射在倒空间有一定的选择定则,同时,它在实空间也必须满足一定的条件。在石墨烯双共振拉曼过程中,对 2D 模来说,散射过程中电子在实空间的运动距离 $l \approx 35$ nm;而对 D 模来说,$l \approx 3.5$ nm,电子波长(约 0.7 nm)远小于 l。因此在散射过程中,电子和空穴的运动可以看作半经典图像下粒子的运动,实空间中的光激发电子(或空穴)受到边界散射后,只有能够与被声子散射的空穴(或电子)在实空间复合,才能完成

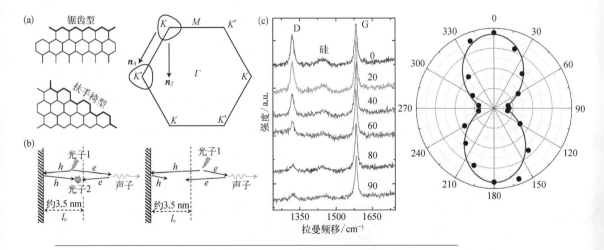

图 4.17　石墨烯边界的拉曼散射

（a）理想的锯齿型和扶手椅型边界（左），不同类型边界所提供的弹性散射波矢的示意图（右）；[61]（b）实空间拉曼散射过程［可以激活 D 模（左），无法激活 D 模（右）］；[61]（c）石墨烯边界的偏振拉曼光谱（左），$I(D)/I(G)$ 与激发光偏振方向的关系（右）[82]

拉曼过程。在双共振过程中，扶手椅型和锯齿型边界提供的弹性散射波矢分别为 n_A 和 n_Z。在完美扶手椅型边界处，电子动量方向垂直于边界，使得电子受到缺陷散射后可以与空穴复合产生散射光，从而激活 D 模。在锯齿型边界处，电子或空穴不能通过 n_Z 完成从 K 谷到 K' 谷的谷间散射，因此不能激活 D 模。也就是说，在理想的锯齿型边界处观测不到 D 模。[82]而谷内散射不受边界手性的影响，在扶手椅型和锯齿型边界处都可以观察到双共振拉曼模，如 D′ 模等。[61]由于石墨烯完美的扶手椅型和锯齿型边界结构仅由边界处最外层的原子构成，石墨烯层的边界与线状缺陷有很大不同。此外，根据上述讨论，在 D 模的双共振拉曼过程中，电子和空穴运动的空间范围约为 3.5 nm，[82]这意味着边界以内仅有约 3.5 nm 的区域对 D 模有贡献。

在完美的扶手椅型边界处，双共振条件决定了 D 模强度 $I(D)$ 与激发光和散射光偏振方向的依赖关系。当激发光偏振沿 K-M 方向时，$I(D)$ 达到最大值。对于与扶手椅型边界呈 θ 角的线偏振激发光，$I(D)$ 与 θ 的关系为：$I(D) \propto \cos^2(\theta)$，图 4.17（c）所示的实验结果证实了此结论。[82]对于 D′模,实空间的拉曼过程与 D 模类似。D′模在锯齿型和扶手椅型边界处都具有相同的强度关系：$I(\mathrm{D}') \propto \cos^2(\theta)$。[61,83]

对于实际样品,$I(\mathrm{D})/I(\mathrm{G})$ 并不总是明显依赖边界的取向。对于机械剥离的样品,其边界即使在宏观上看起来光滑,且取向明确,在微观上也不一定是有序的。[82] 在这种情况下,无序边界的偏振特性由不同取向边界对拉曼散射的总贡献决定。

4.5　缺陷石墨烯的拉曼散射

石墨烯中的缺陷破坏了其六角蜂窝状晶格结构的对称性。缺陷的数量和性质很大程度上取决于样品的制备方法,并且缺陷对石墨烯样品的性质有较大影响。例如,原子尺度的缺陷可在狄拉克点附近引入带隙,这可能是限制石墨烯电子迁移率的主要因素。点状缺陷可扩展为线状缺陷,可以用来引导电荷、自旋、原子和分子。同时,缺陷也会对化学反应产生显著的影响,使得缺陷石墨烯有望成为一种潜在的催化剂。因此,了解缺陷对石墨烯拉曼光谱的影响,有助于通过拉曼光谱来表征石墨烯中的缺陷。

4.5.1　缺陷石墨烯的拉曼光谱

相对于本征石墨烯,在缺陷石墨烯中可以观察到一些新的拉曼模,如 D 模和 D′模。这些拉曼模并不是由缺陷本身的振动产生的,而是由于缺陷的参与使得非布里渊区中心单声子的双共振拉曼过程得以完成。这样通过拉曼光谱就能够观察到非布里渊区中心声子模的单声子拉曼光谱,而根据 $q = 0$ 的动量守恒定则,这些单声子的拉曼模在本征石墨烯的拉曼光谱中是观察不到的。缺陷的存在对石墨烯的这些拉曼模强度、峰位和线宽也会产生影响。

图 4.18(a)给出了不同剂量离子注入后石墨烯的拉曼光谱。[84]随着离子注入剂量的增加,石墨烯 D 模的强度[峰高:$I(D)$]由零开始单调增加。而当离子注入剂量超过 10^{13} Ar$^+$·cm^{-2}时,D 模拉曼峰表现出显著的展宽;超过 10^{15} Ar$^+$·cm^{-2}时,$I(D)$下降,表明石墨烯可能已经完全非晶化。图 4.18(b)和(c)分别显示了石墨烯各拉曼模的拉曼强度(拉曼峰高度)、面积强度与等离子曝光时间的关系。[85]$I(D)$随缺陷浓度的变化关系可分为两个阶段,第一阶段为低浓度缺陷阶段,$I(D)$随缺陷浓度的增加而增强;第二阶段,当缺陷浓度进一步增加,$I(D)$逐渐减弱。$I(2D)$在第二阶段出现急剧下降,因此 $I(2D)$可以用来表征石墨烯样品的质量。由于 G 模的振动是 sp^2 碳原子之间 C—C 键在面内的伸缩振动,因而低浓度缺陷石墨烯的 $I(G)$ 和 $A(G)$ 对缺陷浓度不敏感,这样 $I(G)$ 和 $A(G)$ 可以用来归一化那些表征缺陷石墨烯薄片缺陷浓度的拉曼模的强度。

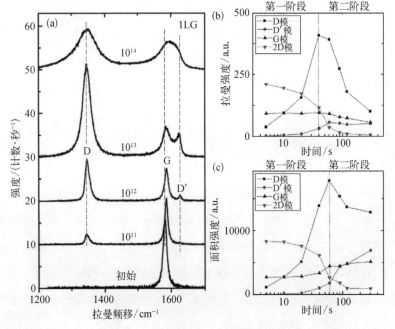

图 4.18 石墨烯拉曼光谱与缺陷浓度的关系

(a)不同剂量(单位: Ar$^+$·cm^{-2})离子注入后石墨烯的拉曼光谱[84];等离子体处理后石墨烯各拉曼模的(b)拉曼强度(拉曼峰高度)、(c)面积强度与等离子曝光时间的关系[85]

当缺陷浓度较低时，$I(D)$ 和 $I(D')$ 与单位面积内的平均缺陷数 n_d 成正比。拉曼峰的展宽（γ^{tot}）应考虑所有参与拉曼散射过程的电子态展宽的贡献。γ^{tot} 可看作 γ^{ep} 和 γ^D 两者贡献之和。其中，γ^{ep} 为电声子相互作用导致的本征展宽（在没有缺陷的样品中也存在），它依赖于激发光能量 E_L；γ^D 则是缺陷石墨烯中缺陷所致电子弹性散射引起的展宽（由缺陷引起，取决于样品质量），它依赖于激发光能量 E_L 以及缺陷类型和缺陷浓度 n_d。D 模强度依赖于 n_d，并存在两种不同的机制。第一，D 模强度正比于缺陷浓度 n_d[$I(D) \propto n_d$]。第二，随着缺陷浓度的增加，缺陷浓度 n_d 对电子/空穴能量展宽产生影响（$\gamma^{tot} = \gamma^{ep} + \gamma^D$），$\gamma^D$ 随着缺陷浓度 n_d 的增加而增大，从而导致共振拉曼模强度降低。当缺陷浓度较低（$\gamma^{ep} \gg \gamma^D$）时，第一种机制占主导地位，因此，$I(D)$ 随着缺陷浓度 n_d 的增加而增加。随着缺陷浓度 n_d 的进一步增加，第二种机制占主导地位，导致 $I(D)$ 下降。

与 D 模不同的是，$I(2D)$ 除了对 γ^{tot} 敏感外，还对缺陷石墨烯的电子结构敏感。当能带结构稍有变化时，$I(2D)$ 就会随着 γ^{tot} 的增加而减小。这一过程也可分为两个步骤：（1）当 $\gamma^{ep} \gg \gamma^D$ 且 $\gamma^{tot} \approx \gamma^{ep}$ 时，$I(2D)$ 基本保持不变；（2）当 $\gamma^D \gg \gamma^{ep}$ 且 $\gamma^{tot} \approx \gamma^D$ 时，$I(2D)$ 减小。因此，$I(2D)$ 的下降斜率取决于不同类型的缺陷对石墨烯的影响程度，特别是对其能带结构有显著影响的缺陷类型。此外，在第二阶段，缺陷石墨烯的 $I(2D)$ 会逐渐变弱，而对于严重无序的石墨烯，$I(2D)$ 甚至可能消失。在这种情况下，石墨烯片中完全无序的区域起到了主导作用。

上述分析同样可以扩展到不同类型的缺陷，从而实现通过拉曼光谱对石墨烯中不同类型的缺陷进行表征。

4.5.2　拉曼光谱表征石墨烯无序度

Tuinstra 和 Koenig 首先注意到 D 模在纳米石墨样品的边界处被激活，并提出 D 模的峰面积 A_D 与平面内微晶的尺寸 L_a 成正比，即 $A_D \propto$

L_a；另外，G 模的峰面积 A_G 正比于微晶的面积，即 $A_G \propto L_a^2$。[58]根据上述两个假设，Tuinstra 和 Koenig 提出了 A_D/A_G 与 L_a 的关系为[58]

$$A_D/A_G \propto 1/L_a \tag{4.18}$$

随后，Ferrari 和 Robertson 注意到在高度无序的样品中，Tuinstra 和 Koenig 提出的模型不再适用，他们提出了新的模型[86]：

$$A_D/A_G \propto L_a^2 \tag{4.19}$$

式(4.18)和式(4.19)所描述的两种模型都是基于单个参数，即微晶尺寸 L_a。为了统一两种方法，Lucchese 等提出了一个唯象模型以解释石墨烯中点缺陷之间的平均距离 L_D 与 A_D/A_G 的关系。[84]他们在模型中引入了两个参数：(1) 石墨烯所含结构缺陷区域的平均半径 r_S，用于表征缺陷的尺寸；(2) 激活 D 模区域的半径 r_A。

其中，r_S 是结构参数，r_A 与参与 D 模散射过程的受激电子或空穴的相干长度有关，且 $r_A > r_S$。对于多晶石墨烯样品，Ribeiro 等提出了类似的强度比与平均微晶尺寸 L_a 关系的模型。[87]在多晶石墨烯样品中，用相邻晶粒之间的长度 L_A 代替 r_A，无序结构的宽度 L_S（$L_S \approx L_B/2$，$L_B/2$ 表示两个晶粒之间晶界的宽度）代替 r_S。这种模型与 Lucchese 提出的模型有相似的几何条件，不过 Lucchese 等提出的模型适用于缺陷为（零维）点状的缺陷，而 Ribeiro 等所提出模型中的缺陷为（一维）线状缺陷。

A_D/A_G 的比值同样依赖激发光波长 λ_L。G 模强度正比于 λ_L^{-4}，[62,64]而 D 模强度几乎不随激发光波长的改变而变化。因此，在可见光范围内，实验上可以观察到 $A_D/A_G \propto \lambda_L^4$。

图 4.19 给出了计算得到的在不同波长激光激发下，A_D/A_G 与 L_D 和 L_a 的关系。对于含有点缺陷的样品，当点缺陷之间的距离 $L_D \geqslant$ 10 nm 时，L_D 与激发光波长 λ_L 以及 A_D/A_G 的关系为[84]

$$L_D^2 = (1.8 \times 10^{-9}) \lambda_L^4 (A_D/A_G)^{-1} \tag{4.20}$$

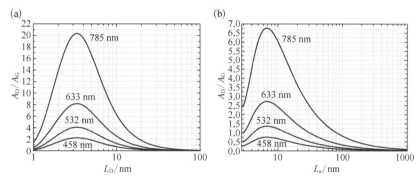

图 4.19 计算得到的在不同波长激光激发下，A_D/A_G 与 L_D 和 L_a 的关系[8]

对于 $L_D < 10$ nm 的样品，式（4.20）不再适用，且拉曼峰的展宽效应比较明显。

对于石墨烯晶粒尺寸大于声子相干长度 $L_a \geqslant 30$ nm 的情况，Tuinstra 和 Koenig 提出的模型仍然适用，根据实验拟合的结果可得[84]：

$$L_a = (2.4 \times 10^{-10}) \lambda_L^4 (A_D/A_G)^{-1} \tag{4.21}$$

对于 $L_a < 30$ nm 时的情况，A_D/A_G 与 L_D 的关系不再满足式（4.21），同时，G 模表现出显著的展宽，G 模的半高宽 Γ_G 与 L_a 的关系满足[84]：

$$\Gamma_G(L_a) = 15 + 95 e^{-2L_a/30} \tag{4.22}$$

根据式（4.21）和式（4.20）以及图 4.19 可以定量估算石墨烯中的缺陷浓度和无序度。[8]

4.6 电学掺杂石墨烯的拉曼散射

4.6.1 G 模的量子干涉现象

由于石墨烯具备特有的线性能带结构，对于可见光范围内任何能量的激发光，G 模的拉曼散射过程总能满足入射或出射共振条件。如 3.3 节所述，共振拉曼散射可以极大地增强拉曼模的强度，一般来说会对拉曼模的强度起主导作用。对于 G 模来说，如图 4.3(b) 所示，其共振轮廓与有效联合态密度的显著差异表明，非共振拉曼过程对 G 模拉曼强度也有较大贡献。如图 4.20(a) 所示，除了共振散射（路径Ⅰ）外，非共振过程（路径Ⅱ）对 G 模的拉曼散射强度也有贡献。因此实验所测 $I(G)$ 可以看作石墨烯中不同拉曼散射路径之间量子干涉的结果。

对于本征石墨烯样品（$E_F = 0$）来说，不同拉曼散射路径之间的量子干涉现象不容易被观察到。为了观察到 G 模的量子干涉现象，可以通过电子或者空穴掺杂来调节拉曼散射过程的某些散射路径。如图 4.20(b) 所示，空穴掺杂石墨烯的费米能级 E_F 处于价带内，能量高于费米能级的态没有被电子占据。根据泡利不相容原理，空穴掺杂使得狄拉克点到费米能级之间电子态的光跃迁是禁戒的，只有费米能级以下的电子态（拉曼散射过程的初态）可以被能量为 E_L 的激发光激发到拉曼过程的中间态。若调节费米能级的位置，使得与费米能级相应的电子跃迁能量与激发光能量 E_L 接近，根据泡利不相容原理，就可以最大限度地对拉曼散射路径进

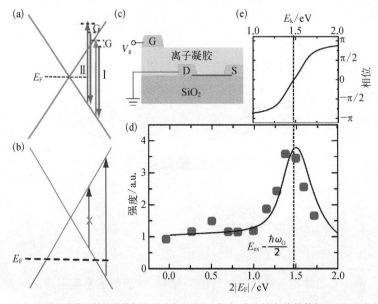

图 4.20　G 模的量子干涉现象[88]

　　（a）G 模两种典型的拉曼散射路径（Ⅰ和Ⅱ）；（b）空穴掺杂使得黄色叉所示跃迁被禁戒；（c）利用电学调控的方式实现对石墨烯空穴掺杂的连续调控器件示意图；（d）$I(G)$ 与 $2|E_F|$ 的关系；（e）当 $E_L = 1.58\,eV$ 时，拉曼散射振幅的量子相位与电子跃迁能量的关系

行选择,进而就可以观察到非共振拉曼散射及其散射路径之间的量子干涉效应对 $I(G)$ 的影响。

如图 4.20(c)所示,Chen 等人利用电学调控的方式实现了对石墨烯空穴掺杂的连续调控。[88]当使用能量 $E_L = 1.58$ eV 的激发光时,通过调节费米能级,可使得 G 模的部分散射过程被禁戒。此时,$I(G)$ 并没有减弱,反而急剧增强,如图 4.20(d)所示。[88]为进一步探究此现象的根源,须对近共振[不满足但接近共振条件,如图 4.20(a)所示的路径 II]和非共振的散射路径做进一步讨论。此时,所有相互干涉的路径都具有不同的拉曼散射振幅,包括相位和幅度。对于具有任意特定能量的声子($\hbar\omega$)和光子(E_L),式(4.1)可以进一步简化,一阶拉曼散射强度可以表示为[88]

$$I(G) = |\sum_k C_k R_k|^2$$

$$R_k = \frac{1}{(E_L - E_k - i\gamma)(E_L - \hbar\omega - E_k - i\gamma)}$$

(4.23)

式中,C_k 表示布里渊区 k 处电子参与的拉曼散射矩阵元[式(3.49)中电声子相互作用矩阵元和光与物质相互作用矩阵元的乘积];R_k 表示共振因子。为了简化,这里将 C_k 当作不随激发光能量和电子态变化的常数。E_k 表示布里渊区中那些 k 处电子能够从价带到导带发生垂直跃迁的跃迁能量;γ 是电子态的能量展宽。图 4.20(e)展示了当 $E_L = 1.58$ eV 时,拉曼散射振幅的量子相位 $\Phi = \arg(R_k)$ 与电子跃迁能量 E_k 的关系。不同路径之间的相位差主要是由共振因子 R_k 引起。具体来说,对于跃迁能量大于和小于 $E_L - \hbar\omega_G/2$,且与 $E_L - \hbar\omega_G/2$ 的能量差绝对值相等的电子跃迁,这两个拉曼散射路径对应的共振因子 R_k 的相位差为 π。本征石墨烯的 G 模强度包含了所有的拉曼散射路径的贡献,不同散射路径之间会产生相消干涉,使得拉曼信号总体变弱。当 $2E_F = E_{ex} - \hbar\omega(G)/2$ 时,低于 $E_{ex} - \hbar\omega(G)/2$ 的电子跃迁被禁戒,只有电子跃迁能量高于 $E_{ex} - \hbar\omega(G)/2$ 的拉曼散射路径是被允许的,因此不会发生相消干涉,G 模强度就会得到增强。而当 $2E_F$ 进一步增加时,更多的拉曼散射路径被禁戒,因而 G

模拉曼强度减弱。以上结果表明,对于石墨烯 G 模,仅考虑共振拉曼散射路径是不成立的,非共振拉曼散射对 G 模强度也有较大影响。量子干涉现象为理解石墨烯的共振拉曼散射提供了新的思路。

4.6.2　石墨烯的电声子耦合

晶体材料的电声子耦合,即电子与声子之间相互作用,对其电子和声子本身的能量和动量都有一定程度的影响。研究人员一般在绝热近似下处理电声子耦合的情况。绝热近似,又称玻恩-奥本海默近似,是能带理论中用到的基本假设之一,即由于电子质量远小于原子核质量,电子速度远大于原子核的运动速度,在考虑电子运动时,可以认为原子核是不动的,因而电子是在固定不动的原子核所产生的势场中运动。这种把电子系统和原子核分开考虑的方法就是绝热近似。在绝热近似框架内,布里渊区中心的声子能量主要受到两个因素的影响:晶格振动导致电子能带结构的改变以及费米面的重构。由于石墨烯独特的线性能带结构和 G 模声子较高的频率,在处理石墨烯中某些相关问题时,绝热近似已不再适用。通过改变石墨烯的电子浓度,观测石墨烯 G 模与掺杂的依赖关系,可以进一步验证绝热近似在石墨烯基材料体系中的适用性。

石墨烯中的载流子浓度可以通过电学掺杂或化学掺杂达到一个很高的水平,从而使其费米能级得到调节。使用栅极电压控制费米能级可使石墨烯的电子掺杂水平达到 5×10^{13} cm^{-2}。如图 4.21(a)所示,拉曼光谱可以用来原位表征掺杂石墨烯 G 模随栅压的变化。无论是电子掺杂还是空穴掺杂,G 模都会发生蓝移[图 4.21(a)和(b)]。对于本征石墨烯和石墨来说,G 模所对应 $\varGamma$ 点的 E_{2g} 声子表现出科恩异常(费米面波矢 $\boldsymbol{q} \sim k_F$ 处,声子频率显著降低)。若对石墨烯进行掺杂,则费米面改变,科恩异常远离 $\boldsymbol{q} = 0$,由于拉曼光谱只能探测 $\boldsymbol{q} = 0$ 处的声子,因此,G 模频率升高。这种 G 模频率与掺杂浓度的关系似乎与实验现象吻合。为了验证这一理

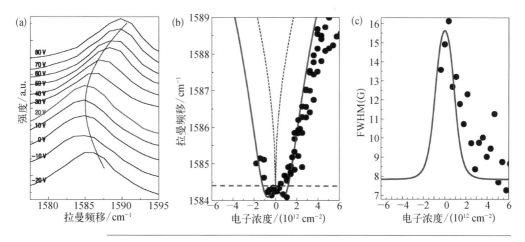

图 4.21　电学掺杂下石墨烯的拉曼光谱[89]

（a）室温下掺杂石墨烯 G 模拉曼光谱随栅压的变化；（b）G 模频率 ω_G 随电子浓度的变化（红色虚线和蓝色实线分别表示绝热近似和非绝热近似的计算结果）；（c）200 K 时 G 模半高宽与电子浓度的关系

论，需要进一步讨论载流子浓度对石墨烯 G 模频率的影响。

　　如 2.3 节所述，石墨烯电子能带结构在高对称点 K 处为线性能带结构，可以用狄拉克方程描述，即 $E(\boldsymbol{k}, \pi^*) = \hbar v_\mathrm{F} \boldsymbol{k}$ 和 $E(\boldsymbol{k}, \pi) = -\hbar v_\mathrm{F} \boldsymbol{k}$。式中，$\boldsymbol{k}$ 表示狄拉克费米子相对于 K 点的波矢位置；v_F 为费米速度；π 和 π^* 分别表示导带和价带。狄拉克点是线性能带的交叉点（K 点）。在绝对零度下，掺杂引起的费米面相对狄拉克点的能量为 $E_\mathrm{F} = \mathrm{sgn}(n)\sqrt{n\pi}\hbar v_\mathrm{F}$，式中，$\mathrm{sgn}(n)$ 表示掺杂类型（空穴掺杂为负号，电子掺杂为正号）。E_{2g} 晶格振动引起碳原子的位移为 $\pm u/\sqrt{2}$。晶格振动对电子能带结构的影响可以看作微扰。假设晶格振动导致狄拉克点相对 K 点偏移的波矢为 s，则电子能带结构与 u 的依赖关系可通过电声子耦合矩阵元得到：

$$E(\boldsymbol{k}, \pi^*/\pi, \boldsymbol{u}) = \pm\hbar v_\mathrm{F}|\boldsymbol{k} - \boldsymbol{s}(\boldsymbol{u})| \tag{4.24}$$

式中，$\boldsymbol{s} \cdot \boldsymbol{u} = 0$；$s = u\sqrt{2\langle D_\Gamma^2 \rangle}$；$\langle D_\Gamma^2 \rangle$ 为 E_{2g} 声子模的形变势。因此，对于 E_{2g} 模来说，费米能级与声子频率的关系为[89]

$$\hbar \Delta \omega = \hbar \omega_{E_F} - \hbar \omega_0 = \frac{\hbar}{2M\omega_0} \frac{\mathrm{d}^2 \Delta E}{\mathrm{d} u^2} \qquad (4.25)$$

式中，M 为碳原子质量；ω_0 为本征石墨烯声子频率；ω_{E_F} 和 ΔE 分别表示费米能级为 E_F 时的声子频率以及晶格振动导致的电子能量的变化量。根据玻恩-奥本海默近似，计算 $\Delta E(u)$ 时，可以假设原子是静态位移的，对于任意的原子位移矢量 u，电子都处于基态。因此，绝热近似下的 ΔE 可写为 $\Delta E(u) = \frac{4A}{2\pi^2} \int_{E(k, \pi^*, u) < E_F} E(k, \pi^*, u) \mathrm{d}^2 k$，这里只考虑了 $E_F > 0$ 的情况，A 为单胞面积。结合式(4.24)可知，ΔE 不依赖原子位移矢量 u，$\hbar \Delta \omega = 0$。因此，在玻恩-奥本海默近似下，G 模频率不依赖费米能级，而与图 4.21(b) 中实验所观察到的现象不一致。[89] 这意味着对于石墨烯 G 模来说，玻恩-奥本海默近似不再适用。

在上述情况下，石墨烯 E_{2g} 声子可以看作一个含时动态晶格振动，$\tilde{u} = u \cos(\omega_0 t)$。绝热近似下，对于任意时间，电子都处于基态。然而，根据 G 模频率计算得到的晶格振动周期约为 3 fs[①]，远小于电子的弛豫时间（数百飞秒）。因此，G 模的晶格振动导致电子来不及弛豫到基态。为了加入这种情况的影响，考虑电子占据高于费米能级的能带，当 $E_F \ll \hbar \omega_0 / 2$ 时[89]：

$$\Delta E(u) = \frac{4A}{2\pi^2} \int_{E(k, \pi^*, u) < E_F} E(k, \pi^*, u) \mathrm{d}^2 k + O(u^3) \qquad (4.26)$$

式(4.26)可以通过含时微扰理论严格求解得到，对于非绝热近似下的 ΔE，依赖原子位移矢量 u，因此 $\hbar \Delta \omega = \frac{\hbar A \langle D_\Gamma^2 \rangle_F}{\pi M \omega_0 (\hbar v_F)^2} |E_F| = \alpha' |E_F|$，式中，$\alpha' = 4.39 \times 10^{-3}$。如图 4.21(b)所示，非绝热近似下，理论计算结果可以很好地解释实验现象，因此，E_F 改变导致的 G 模蓝移是晶格振动导致电子偏离绝热基态引起的。[89]

---

① 1 fs（飞秒）$= 10^{-15}$ s（秒）。

如图 4.21(c)所示,掺杂也会影响 G 模的半高宽[FWHM(G)]。[89]本征石墨烯的 FWHM(G)最大,随着掺杂浓度增加,FWHM(G)迅速减小。这种 G 模的半高宽与掺杂浓度的关系同样可以用之前的模型来描述。声子弛豫为电子-空穴对会导致声子寿命变短,这个过程对 G 模的展宽有重要贡献,在特定温度 T 和某一费米能级 $E_F \neq 0$ 的情况下,FWHM(G)可以通过下式计算[90]:

$$FWHM(G) = \frac{\pi^2 \omega_0 \alpha'}{c} \left[f\left(-\frac{\hbar\omega_0}{2} - E_F \right) - f\left(\frac{\hbar\omega_0}{2} - E_F \right) \right] \quad (4.27)$$

式中,c 为光速;f 表示温度为 T 时的费米-狄拉克函数。当 $T = 0$ 和 $E_F = 0$ 时,FWHM(G) = 11 cm^{-1}。当 $E_F > \hbar\omega_0/2$ 时,声子激发电子空穴对所导致 E_{2g} 模的展宽变为 0。声子非简谐项等因素也会导致 G 模具有一定的展宽,约 8 cm^{-1}。在式(4.27)中加上此展宽常数后,理论计算结果可以很好地描述实验现象,如图 4.21(c)所示。

总的来说,在绝热近似下,石墨烯晶格振动引起的狄拉克点运动所导致的费米面重构和电子能带形变对声子能量的影响刚好抵消。由于 G 模频率较高,绝热近似不再适用于描述它与载流子浓度的关系。事实上,正确处理掺杂对声子能量影响的办法是不再考虑绝热近似下费米面的重构。对于布里渊区中心的声子,电声子耦合越强,绝热和非绝热近似下频率差距越大。而对于 $q \neq 0$ 的声子,如果足够强的电声子耦合使得电子动量的弛豫速度大于声子动量的弛豫速度,那么绝热近似可以很好地描述晶格动力学。石墨烯 G 模频率的掺杂依赖关系可以用来探测其载流子浓度等信息。

4.7　化学掺杂石墨烯的拉曼光谱

4.6.2 节介绍了静电掺杂对石墨烯性质(如电声子耦合等)的影响及其所导致的 G 模频移。除了静电掺杂之外,也可以在石墨烯的一侧或两侧沉积或吸附原子和分子等，通过这些吸附物与石墨烯之间发生电荷转移来改变石墨烯的载流子浓度，从而实现化学掺杂。人们已经通过在体石墨的各石墨烯层之间插入原子或分子形成石墨插层化合物（graphite intercalation compound，GIC）的方法实现了这种方式的化学掺杂。[91] 在石墨插层化合物中，若 n 层石墨烯层夹在两插层剂之间，则称之为 n 阶石墨插层化合物。石墨插层化合物的阶数越低，其石墨烯层的平均载流子浓度就越高。在 1 阶石墨插层化合物中，每个石墨烯层都被插层剂隔离，而且两石墨烯层之间的距离足够大，导致石墨烯层间的范德瓦耳斯力不再存在，因此每个石墨烯层都表现为重掺杂单层石墨烯的行为。化学掺杂和静电掺杂都会对石墨烯拉曼光谱产生一定的影响，如 G 模频率和强度、2D 模与 G 模之间的相对强度等。因此，通过拉曼光谱特征的变化，可以表征石墨烯的费米能级。本节主要介绍通过吸附和插层等方式实现的石墨烯化学掺杂，并给出拉曼光谱参数随费米能级变化的定量描述。相关理论也可用于表征其他方式掺杂的石墨烯，为后续章节介绍拉曼光谱在实际器件表征中的应用奠定基础。

4.7.1　石墨烯的化学掺杂及拉曼表征

当 1～4 层石墨烯（1～4LG）浸入硫酸溶液中时，H_2SO_4 分子可吸附在石墨烯表面作为电子受体掺杂剂。[92] 如 4.6.2 节所述，石墨烯被掺杂后，G 模蓝移并变窄。如图 4.22（a）所示，石墨烯薄片被 18 mol/L H_2SO_4 充分掺杂后，G 模频率发生了显著的变化，3 层以上石墨烯被掺杂后，其 G 模发生了劈裂，相应拉曼光谱几乎与 n 阶石墨插层化合物相同。[92] 1LG 掺杂后的 G 模频率从 1582 cm^{-1} 蓝移至 1624 cm^{-1}。2LG 掺杂后，其 G 模在 1613 cm^{-1} 处具有单峰结构，这表明 2LG 两侧吸附了等量的 H_2SO_4，并且两层之间不存在净电场。而在 H_2SO_4 掺杂的 3LG 和 4LG 中观察到了两个 G 模（分别标记为 G$^+$ 和 G$^-$），G 模的劈裂主要是由于多层石墨烯中不同石墨烯层的掺杂浓度不同，这时掺杂主要发生在样品表面的石墨烯

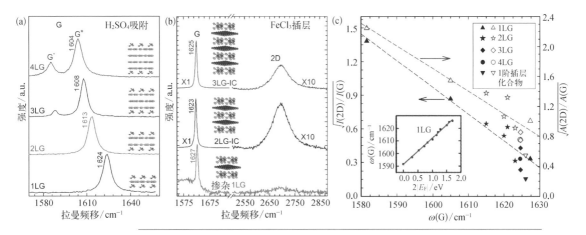

图 4.22　化学掺杂石墨烯的拉曼光谱

（a）H_2SO_4 分子吸附在 1~4LG 表面后的拉曼光谱[92]；（b）$FeCl_3$ 掺杂 1LG 以及 $FeCl_3$ 插层 2~3LG 的 1 阶插层化合物的拉曼光谱[3]；（c）相应插层化合物的 $\sqrt{I(2D)/I(G)}$ 和 $\sqrt{A(2D)/A(G)}$ 与 G 模频率 [$\omega(G)$] 的关系[3] [插图为 $\omega(G)$ 与费米能级 | E_F | 的关系[88]]

层,并产生指向内部石墨烯层的垂直电场。由于 H_2SO_4 吸附在表面的石墨烯层,因而内部石墨烯层与 H_2SO_4 之间电荷转移较少,具有较低的空穴浓度。类似的情况也可能出现在顶部和底部施加了相同栅压的石墨烯器件中。随着石墨烯层数的进一步增加,电场不能穿透整个多层石墨烯样品,内层石墨烯层是未掺杂的,且没有电场的影响。因此,G^- 模的相对强度随着多层石墨烯层数的增加而增加。

多层石墨烯的化学掺杂也可通过在其中插层入原子或分子而形成 n 阶插层化合物实现,这时插层剂和石墨烯层之间会发生电荷转移而产生掺杂效应,[3,93]这使得该插层化合物具有类似于相应石墨插层化合物的载流子掺杂浓度并获得相似的物理化学性质。多层石墨烯可以通过两室气体传输法形成其基于三氯化铁的 1 阶插层化合物,即多层石墨烯插层化合物。如图 4.22(b)所示,2LG 和 3LG 的 G 模频率在插层后蓝移至约 1624 cm^{-1},并且它们的 2D 模表现为单洛伦兹峰的线型,这表明 2LG 和 3LG 的 1 阶插层化合物中石墨烯层间解耦合,因而表现为重掺杂石墨烯的行为。[3]接下来,我们主要以 1 阶多层石墨烯插层化合物为例,讨论如何通过拉曼光谱来表征石墨烯的费米能级。

掺杂后石墨烯和多层石墨烯的 E_F 与它们的 G 模频率相对于本征石墨烯的频率移动有直接对应关系。如图 4.22(c)所示,当石墨烯费米能级移动大于 0.1 eV 时,其费米能级 E_F 基本上与 G 模频率的变化量 $\Delta\omega(G)$ 呈线性关系,关系如下[88]:

$$|E_F| = \Delta\omega(G)/42 \tag{4.28}$$

式中,$\Delta\omega(G)$ 是 1LG 掺杂前后 G 模的频率差;E_F 的单位是 eV。此外,考虑到 1LG 中电子间相互作用的影响,在 514 nm 激光激发下,E_F 与 G 模、2D 模之间峰面积比 $\sqrt{A(2D)/A(G)}$ 的关系为[3]

$$|E_F| = 0.9\sqrt{\frac{A(G)}{A(2D)}} - 0.23 \tag{4.29}$$

式中,E_F 的单位为 eV。对于其他激发波长,需要修改式(4.29)中的参数。基于式(4.28)和式(4.29)可知,$\sqrt{A(2D)/A(G)}$ 与 $\omega(G)$ 呈线性关系。事实上,不同掺杂水平的石墨烯和多层石墨烯插层化合物的拉曼光谱中,$\sqrt{A(2D)/A(G)}$(或 $\sqrt{I(2D)/I(G)}$)和 $\omega(G)$ 之间也呈线性关系。将图 4.22(b)所示的 2LG 和 3LG 的 1 阶插层化合物的拉曼光谱 G 模和 2D 模的峰面积代入式(4.29)中可得 $|E_F| \approx 0.84$ eV。[3]

4.7.2　重掺杂石墨烯的双共振拉曼散射

重掺杂石墨烯费米能级的改变对其双共振拉曼散射有一定的影响。根据其双共振拉曼模强度的变化,可以探测石墨烯的费米能级。本节以图 4.22(b)所示的 1 阶插层化合物为例,介绍重掺杂石墨烯的双共振拉曼散射,以及如何通过多波长拉曼光谱探测重掺杂石墨烯的费米能级。

图 4.23(a)给出了重掺杂石墨烯 2D 模共振拉曼散射过程示意图,其中,阴影部分表示被占据的电子态。与本征石墨烯 2D 模的三共振拉曼散

图 4.23 重掺杂石
墨烯的 2D 模[3]

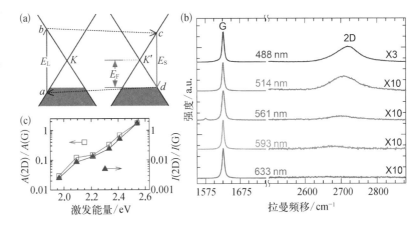

（a）重掺杂石墨烯 2D 模共振拉曼散射过程示意图；（b）多个波长激发光所激发的重掺杂单层石墨烯的拉曼光谱；（c）A（2D）/A（G）和 I（2D）/I（G）与 E_L 的关系

射过程类似（如 4.2.1 节所述），光激发电子从价带态 a 跃迁到导带态 b，并在价带留下相应的空穴，电子和空穴分别被 K 点附近的 LO 声子散射到导带态 c 和价带态 d，电子和空穴通过 $c \rightarrow d$ 过程复合并发出散射光。根据能量守恒定则，散射光能量（E_S）可通过 2D 模频率（$\hbar\omega_{2D}$）和激发光能量（E_L）求得：

$$E_S = E_L - \hbar\omega_{2D} \tag{4.30}$$

因此，在重掺杂石墨烯中，2D 模散射过程有以下三种情况。

（1）当 $E_L > 2E_F$ 且 $E_S > 2E_F$ 时，2D 模拉曼散射过程可以完成。

（2）当 $E_L > 2E_F$ 且 $E_S < 2E_F$ 时，根据泡利不相容原理，$c \rightarrow d$ 过程是禁戒的。

（3）当 $E_L < 2E_F$ 且 $E_S < 2E_F$ 时，根据泡利不相容原理，$a \rightarrow b$ 和 $c \rightarrow d$ 过程都是禁戒的。

也就是说，只有当 $E_S > 2E_F$，即（$E_L - \hbar\omega_{2D}$）/2 > E_F 时，2D 模才可以被探测到。因此，通过改变激发光能量，并根据 2D 模消失时的激发光能量就可以估算重掺杂石墨烯的费米能级。

图 4.23(b) 给出了多个波长激发光所激发的多层石墨烯 1 阶插层化合物（重掺杂单层石墨烯）的拉曼光谱。当激发光波长大于 633 nm 时，2D

模强度几乎可以忽略，随着激发光能量增加到 2.09 eV(593 nm)和 2.54 eV (488 nm)，2D 模强度显著增强，且表现出单个洛伦兹线型。图 4.23(c)给出了 $A(2D)/A(G)$ 和 $I(2D)/I(G)$ 与 E_L 的关系，E_L 越小，2D 模的相对强度越低，与上述关于重掺杂石墨烯三共振拉曼过程的讨论一致。[3] 从图 4.23(c)所示 2D 模的相对强度与 E_L 的关系可以看出，当 E_L 从 2.09 eV (593 nm)减小到 1.96 eV(633 nm)时，2D 模强度急剧减小[3]。因此，可以估算 $2E_F + \hbar\omega_{2D} \approx \dfrac{2.09 + 1.96}{2} = 2.02$ eV，即费米能级约为 0.85 eV，与上式根据 G 模频率或 G 模与 2D 模面积强度的比值计算所得的费米能级 (0.84 eV)结果一致。

4.8　G 模的温度效应

固体声子的非简谐性是固体物理学的一个基本问题。变温拉曼光谱是探测声子非简谐性效应的强有力手段。在一阶近似中，拉曼频移与温度变化呈线性关系$\left(\Delta\omega = \dfrac{d\omega}{dT}\Delta T \right)$，式中，$\dfrac{d\omega}{dT}$ 表示一阶温度系数。拉曼模频率随温度变化可以用如下公式描述[94]：

$$\Delta\omega = \left(\frac{d\omega}{dT}\right)_V \Delta T + \left(\frac{d\omega}{dV}\right)_T \left(\frac{dV}{dT}\right)_P \Delta T$$

$$= \left(\frac{d\omega}{dT}\right)_V \Delta T + \left(\frac{d\omega}{dV}\right)_T \Delta V = (\chi_T + \chi_V)\Delta T \tag{4.31}$$

式中，χ_T 和 χ_V 分别表示由声子-声子相互作用(即声子非简谐性，纯温度效应)和热膨胀引起的体积变化(纯体积效应)所导致的声子频率的变化。同时，声子模的半高宽对温度的依赖关系主要由电声子耦合以及声子间相互作用决定。因此，变温拉曼光谱对于研究声子非简谐项、热膨胀以及电声子耦合非常重要。

石墨的纯温度系数 $\chi_T = -0.011\ cm^{-1}/K$,在测量的温度范围内 χ_V 的贡献可以忽略不计。[94] 在大多数实验中,两种贡献都反映在拉曼模频率随温度变化的系数中,所以温度系数包括了两种贡献,即 $\chi = \chi_T + \chi_V$。[94] 目前有很多关于石墨烯和多层石墨烯的变温拉曼光谱的报道。然而,不同研究组所报道的结果之间存在较大差异,石墨烯变温拉曼光谱的研究结果一直存在争议。这种不确定性可能来自样品清洁度、衬底影响、掺杂和无序等因素。一旦确定了石墨烯和多层石墨烯的 χ 值,就可以利用拉曼光谱原位获得石墨烯的温度。这种温度测量方法可用于原位探测石墨烯的热导率[95,96] 和热膨胀系数[97] 以及探测石墨烯场效应晶体管中的热传导[98]。

如 4.6.2 节讨论,石墨烯 G 模对掺杂效应比较敏感。在实际测试石墨烯 G 模拉曼光谱的温度效应时,石墨烯对环境较为敏感。图 4.24 给出了在不同环境下测得的 SiO_2/Si 衬底上石墨烯的拉曼光谱及其温度效应。一般来说,石墨烯 G 模在常温下的频率为 $1582\ cm^{-1}$,而图 4.24(a)中,当把石墨烯置于真空环境时,G 模频率就发生了显著的蓝移,从 $1582\ cm^{-1}$ 变成了 $1591\ cm^{-1}$,而当温度降到 80 K 时,G 模频率线性增加到了

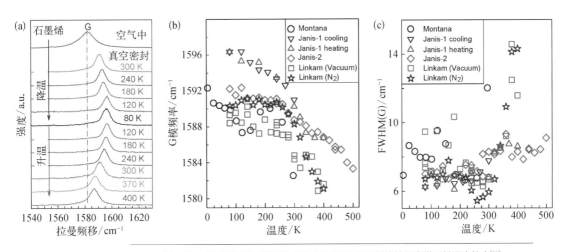

图 4.24　在不同环境下测得的 SiO_2/Si 衬底上石墨烯的拉曼光谱及其温度效应[99]

　　(a) 不同温度下,机械剥离石墨烯 G 模的拉曼光谱;利用多种变温设备在多种实验条件下所测试的石墨烯样品 G 模(b)频率和(c)半高宽与温度的依赖关系

1596 cm^{-1}，一阶温度系数为 -0.0238 cm^{-1}/K。[99] 当温度从 80 K 升到
300 K 时，G 模频率变化与降温时一致，而当温度继续升高，G 模的温度系
数发生了变化。即使是同样的测试条件下，不同样品也会得到不一致的
结果。图4.24(b)汇总了利用多种变温设备在多种实验条件下所测试的
石墨烯样品 G 模频率与温度的依赖关系。可以看出，即使机械剥离得到
的石墨烯最初没有受到掺杂效应的影响，由于环境等因素的影响，不同实
验环境下 G 模频率的变化可以达到 9 cm^{-1}，这表明实验过程对石墨烯样
品引入了掺杂效应的影响。同样，石墨烯 G 模的半高宽对掺杂效应也很
敏感。常温常压下，G 模半高宽可以达到约 13 cm^{-1}。如图 4.24(c)所示，
采用不同测试条件，常温下测得不同样品的 G 模半高宽减少到了 6～
9 cm^{-1}。[99] 如 4.6.2 节所讨论，G 模半高宽的减小是声子激发电子-空穴对
过程被禁戒引起的，这表明石墨烯受到了掺杂效应的影响。因此，对石墨
烯变温拉曼光谱的研究，必须避免环境引入的掺杂效应。

　　石墨烯极易受到环境的影响，但体石墨由石墨烯沿其 c 轴逐层堆叠
而成，是一种半金属材料，因此其声子非简谐性和电声子耦合与石墨烯类
似。同时，体石墨相比石墨烯更稳定，不易受实验环境的影响，而且石墨
的热膨胀系数已被广泛研究，衬底对较厚石墨片产生的应力可以忽略。
因此，石墨是一种研究石墨烯基材料变温拉曼光谱的理想材料。

　　图 4.25(a)给出了常温下石墨 G 模拉曼光谱及其随温度(4～1000 K)
的变化关系。为了方便地比较 G 模半高宽随温度的变化，每个温度下 G
模强度都归一化为 1。从图中可以看出，随温度的升高，G 模半高宽没有
发生显著的展宽。对于没有任何掺杂、缺陷和无序的完美样品，声子可以
弛豫为更低能量的声子(声子非简谐项)或激发一个电子空穴对(电声子
相互作用)，因此，拉曼模半高宽与温度的关系[$\Gamma(T)$]主要包括两项[99]：

$$\Gamma(T) = \Gamma^{an}(T) + \Gamma^{EPC}(T) \tag{4.32}$$

式中，Γ^{an} 和 Γ^{EPC} 分别表示声子间相互作用和电声子耦合对拉曼模展宽的
贡献。Γ^{an} 可以根据三声子和四声子散射过程来计算：

　　　　　　　　　　　　　　　　　　石墨烯基材料的拉曼光谱研究

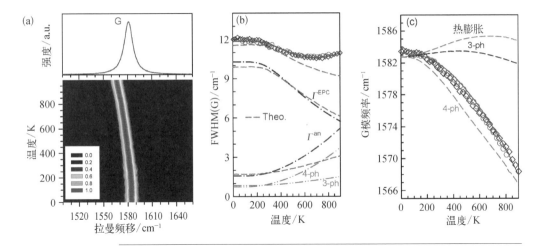

图 4.25　石墨 G 模的温度效应[99]

（a）常温下石墨 G 模拉曼光谱及其随温度（4～1000 K）的变化关系；G 模的（b）半高宽和（c）频率与温度的依赖关系及其拟合结果（其中，蓝色菱形和粉红色圆形分别表示 514.5 nm 和 633 nm 激发光测得的结果）

$$\Gamma^{\mathrm{an}}(T) = A\left[1 + 2f_{\mathrm{an}}\left(\frac{x}{2}\right)\right] + B\left[1 + 3f_{\mathrm{an}}\left(\frac{x}{3}\right) + 3f_{\mathrm{an}}^2\left(\frac{x}{3}\right)\right] \quad (4.33)$$

式中，$x = \hbar\omega_0/(k_{\mathrm{B}}T)$；$f_{\mathrm{an}}(x) = 1/[\exp(x)-1]$；$A$ 和 B 是拟合系数；ω_0 是 $T=0$ K 时的声子频率；k_{B} 是玻耳兹曼常数。$f_{\mathrm{an}}(x)$ 描述了根据玻色-爱因斯坦分布计算热平衡状态下的声子布居。对于未掺杂的材料，Γ^{EPC} 项存在于零带隙的系统中，电声子耦合对声子模展宽的贡献为

$$\Gamma^{\mathrm{EPC}}(T) = \Gamma^{\mathrm{EPC}}(0)\left[f_{\mathrm{EPC}}(-x/2) - f_{\mathrm{EPC}}(x/2)\right] \quad (4.34)$$

式中，$f_{\mathrm{EPC}}(x) = 1/[\exp(x)+1]$ 表示温度为 T 时的费米狄拉克分布；$\Gamma^{\mathrm{EPC}}(0) = \dfrac{\lambda_{\Gamma}}{4}\omega_0$，$\lambda_{\Gamma}$ 为 Γ 点的电声子耦合系数。Γ^{EPC} 是声子弛豫激发电子空穴对产生的展宽，对具有可见光或近红外带隙的材料（如硅材料等），电声子耦合对拉曼模展宽的贡献可以忽略。

图 4.25（b）为 514.5 nm 和 633 nm 激发光激发下的 G 模半高宽与温度的依赖关系及其拟合结果。G 模的频率和半高宽不依赖激发光能量，

因此两次测试得到了相似的结果，也说明体石墨较为稳定，对测试条件不敏感，易于得到本征的变温拉曼光谱。G 模半高宽 FWHM(G)表现出了与温度非线性的依赖关系，当温度从 4 K 增加到 700 K 时，FWHM(G)单调减小，而当温度继续升高时，FWHM(G)缓慢增加。通过式(4.32)，考虑电声子耦合和声子非简谐项的贡献可以得到图 4.25(b)中的实线，从而可以很好地拟合实验结果，其中，拟合参数为 $A = 0.84 \text{ cm}^{-1}$、$B = 0.74 \text{ cm}^{-1}$、$\Gamma^{\text{EPC}}(0) = 10.3 \text{ cm}^{-1}$。[99]灰色虚线表示理论计算得到的 G 模半高宽以及相应的电声子耦合和声子非简谐项的贡献。[100]从图 4.25(b)中可以看出，当温度小于 700 K 时，电声子相互作用的贡献占主导，而当温度高于 700 K 时，声子非简谐项的贡献导致了 G 模半高宽随温度的增加。[99]根据实验结果，可以拟合得到 0 K 时 G 模的半高宽，进而可以得到电声子耦合系数 $\lambda_\Gamma = 0.026$，[99]与理论计算结果(0.025)[100]一致。

G 模频率随温度的变化关系，主要有两个贡献因素[99]：

$$\omega(T) = \omega_0 + \Delta\omega^{\text{thermal}}(T) + \Delta\omega^{\text{an}}(T) \tag{4.35}$$

式中，$\Delta\omega^{\text{thermal}}(T)$表示由热膨胀引起晶格常数的改变而导致的声子频率的变化，可以通过下式计算：

$$\Delta\omega^{\text{thermal}}(T) = \omega_0 \exp\left[-\eta\gamma_G \int_0^T \alpha(T')\mathrm{d}T'\right] \tag{4.36}$$

式中，γ_G 为格林艾森常数；$\alpha(T)$为温度依赖的材料的热膨胀系数；η 为材料的维度因子，对于石墨来说，$\eta = 2$。式(4.35)中 $\Delta\omega^{\text{an}}$ 主要是由非简谐项中的三声子和四声子散射过程贡献，因此

$$\Delta\omega^{\text{an}}(T) = C\left[1 + 2f_{\text{an}}\left(\frac{x}{2}\right)\right] + D\left[1 + 3f_{\text{an}}\left(\frac{x}{3}\right) + 3f_{\text{an}}^2\left(\frac{x}{3}\right)\right] \tag{4.37}$$

式中，C 和 D 是拟合系数；$x = \hbar\omega_0/(k_B T)$和 $f_{\text{an}}(x) = 1/[\exp(x) - 1]$与式(4.33)中相同。然而根据式(4.35)的经验公式并不能很好地拟合实验结果。事实上，式(4.35)中各项均可通过密度泛函理论计算得到。如图 4.25(c)中实线所示，通过密度泛函理论计算三声子和四声子散射过程的

贡献，[100]并计入热膨胀的影响，可以很好地拟合实验结果。

4.9　磁场下石墨烯的拉曼散射

石墨烯 G 模的电声子耦合较强，调节电子浓度可以有效调节电声子相互作用，进而实现对石墨烯性质的调控。对电子浓度的调控可以通过加栅压来实现，还可以通过施加磁场，使其连续的电子能带结构变成分立的朗道能级来实现。[101-103]将石墨置于垂直于原子层平面的磁场（$\boldsymbol{B}$）时，载流子会在二维平面内做圆周运动，使得电子的连续谱变为分立的朗道能级。如图 4.26(a)所示，石墨烯的电子能带在磁场 $\boldsymbol{B}$ 中会劈裂成四重（自旋和能谷）简并的朗道能级，能量 $E_n = \mathrm{sgn}(n)\sqrt{2|n|}\hbar v_{\mathrm{F}}/l_{\mathrm{B}}$，式中，$n = \cdots, -2, -1, 0, 1, 2, \cdots$为导带（$n > 0$）和价带（$n < 0$）朗道能级的标记；$v_{\mathrm{F}}$ 和 $l_{\mathrm{B}} = \sqrt{\hbar/(eB)}$ 分别是无磁场时的费米速度和磁长。[101]朗道能级的电子占据情况可由填充因子 $\nu = 2\pi l_{\mathrm{B}}^2 \rho_{\mathrm{s}}$ 描述，式中 ρ_{s} 是载流子浓度。当 $n = 0, 1, \cdots$且 $\nu = 2, 6, \cdots$时，朗道能级是全部被电子占据的。[18]磁激子能够描述电子在朗道能级间的激发。当光学声子能量和朗道能级带间跃迁的能量匹配时，电声子相互作用就会增强，即发生磁声共振的现象。[101,104]根据不同朗道能级间相互作用项的矩阵结构，石墨烯各朗道能级间的光学跃迁选择定则为[105]

(1) A_2：$n^- \rightarrow n^+$

(2) A_1：$(n\mp1)^- \rightarrow (n\mp1)^+$

(3) E_2：$n^- \rightarrow (n+1)^+$，$(n+1)^- \rightarrow n^+$

式中，n^- 和 n^+ 分别表示价带和导带中相应的朗道能级；A_2、A_1 和 E_2 表示电子在石墨烯 C_{6v} 点群的能带结构中带间跃迁的对称性。如 3.2.2 节所述，石墨烯布里渊区中心双重简并的 E_{2g} 声子（即 G 模）能够与 E_2 对称性的朗道能级的带间跃迁产生较强的相互作用。如 4.6.2 节所述，强的电

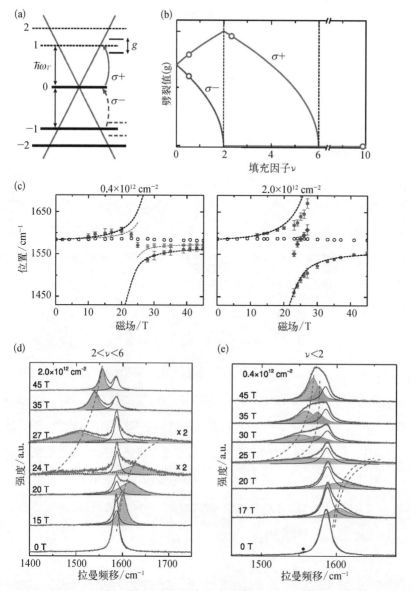

图 4.26　磁场下石墨烯的拉曼光谱[103]

（a）B = 0时 1LG 能带结构；（b）计算所得的拉曼模劈裂 g 与填充因子 ν 的关系；（c）在低（左）和中等（右）载流子浓度下，G 模频率和 B 的关系，其中蓝色方块显示了接近共振时新拉曼模的频率；当 1LG 具有不同载流子浓度时，如（d）$2<\nu<6$ 和（e）$\nu<2$ 时，G 模拉曼光谱与 B 的关系，其中粉色光谱表示 σ^+ 成分，灰色光谱表示 σ^- 成分

声子相互作用将导致 G 模声子频率的重整化及其半高宽的变化。对石墨烯施加电场和磁场，可以实现同时对费米能级、填充因子以及朗道能级的调控。根据角动量守恒，圆偏振光激发朗道能级间电子跃迁的过程也存

在选择定则,例如 σ^+ 对 $-n \rightarrow n+1$ 和 σ^- 对 $-n-1 \rightarrow n$ 的跃迁有选择性,式中,σ^+ 和 σ^- 分别代表右旋和左旋圆偏振的激发光。因此,通过圆偏振光可以观察到特定声子的磁声共振现象。

  磁声共振效应可以描述为电子和声子共同激发的耦合模,电声子耦合将会导致耦合模在磁场下表现出劈裂和反交叉现象。σ^+ 和 σ^- 激子是 σ^+ 和 σ^- 偏振光激发的不同朗道能级带间跃迁导致的,因此改变石墨烯的载流子浓度,相应朗道能级的占据态会对声子精细结构的劈裂产生不同程度的影响。例如:填充(减少)末态上的电子或者减少(填充)初态上的电子会抑制(促进)相应朗道能级间的跃迁,因而会抑制(促进)磁激子和声子间的耦合,引起所谓的劈裂,其劈裂值 g 如图 4.26(b)所示。[103] 如果 $\nu = 0$,相应的 $n = 0$ 的朗道能级半填充,σ^+ 和 σ^- 偏振配置下 G 模劈裂相同。如果 $0 < \nu < 2$,$n = 0$ 的朗道能级是大于半填充的,那么 $-1 \rightarrow 0$(σ^-)跃迁被部分抑制,从而促进 $0 \rightarrow +1$(σ^+)的跃迁,使得精细结构在激发光为 σ^+ 和 σ^- 偏振下有不同的劈裂。当 $2 < \nu < 6$ 时,$n = 0$ 的朗道能级被全部占据,导致 σ^- 激子激发的磁声共振被完全抑制,而 $n = +1$ 的朗道能级是部分占据的,σ^+ 激子激发的磁声共振引起光谱劈裂的精细结构(最大劈裂位于 $\nu = 2$)。最后,如果 $\nu > 6$,那么 $-1 \rightarrow 0$ 和 $0 \rightarrow 1$ 的跃迁都是被限制的,从而完全抑制了 $\sigma^{\pm}$ 激子与 G 模的磁声共振。因此通过磁声共振,使用不同的激发/探测配置可以分辨 $\sigma^{\mp}$ 的电子激发。磁声共振引起的 G 模劈裂可归类为三种关于 ν 的函数。$\nu < 2$($\rho_s = 0.4 \times 10^{14}$ cm^{-2})和 $2 < \nu < 6$($\rho_s = 2.0 \times 10^{14}$ cm^{-2})时,与磁激子耦合的 G 模频率可以通过共振近似下的戴森方程计算得到,如图 4.26(c)中虚线所示。$0 \rightarrow 1$(σ^+)和 $-1 \rightarrow 0$(σ^-)跃迁中,最强的反交叉出现在磁场强度为 20~25 T 时。[103]

  图 4.26(d)和(e)展示了实验所测在不同载流子浓度下,$2 < \nu < 6$ 和 $\nu < 2$ 时,G 模拉曼光谱与 B 的关系。[103] 当载流子浓度较高($\nu > 6$)时,G 模没有明显的变化。当载流子浓度约为 2×10^{12} cm^{-2}、$B = 25$ T 时,G 模表现出强烈的反交叉劈裂现象,劈裂值约为 150 cm^{-1}(20 meV),如图 4.26(d)所示。[103] 电声子耦合模只出现在 σ^+ 偏振配置下,即磁声共振发生在

$2<\nu<6$。如图 4.26(e)所示,当载流子浓度减小,使得 $\nu<2$ 时,G 模劈裂发生改变。[103]不同于 $2<\nu<6$ 的情况,耦合模在 σ^+ 和 σ^- 偏振下都会出现。$B>30$ T 时测得的拉曼光谱表明耦合模包含了两个峰(粉红色和灰色的峰),这两个峰被指认为 E_{2g} 声子和 $0\rightarrow1$ 以及 $-1\rightarrow0$ 跃迁对应的磁激子耦合引起的 $\sigma^{\pm}$ 偏振模。如图 4.26(c)所示,实验数据和计算结果都能够很好地吻合。[103]

在石墨、SiC 衬底上非 AB 堆垛的多层石墨烯、ABA 和 ABC 堆垛的三层石墨烯和体石墨表面,都发现了和石墨烯类似的磁声共振现象。研究人员还发现,在磁场中 2D 模发生了红移且半高宽变大,这也是由双共振拉曼过程中光学声子的动量发生改变造成的。[5,61]石墨烯在磁场中的拉曼光谱对于揭示磁声共振的细微差别有较大帮助。耦合模的劈裂也能够用来估算电声子耦合强度,以及分辨各种圆偏振的晶格振动。

4.10　小结

石墨烯拉曼光谱的声子模主要包括一阶拉曼模 G 模和双共振拉曼模,G 模强度与激发光能量(E_L)表现出显著的依赖关系。石墨烯独特的线性能带结构导致其双共振拉曼散射相关声子模的斯托克斯和反斯托克斯频率存在一定的差异,其频率差为探测石墨烯声子色散提供了途径。结合拉曼选择定则,正入射和斜入射的偏振拉曼光谱可以用来研究石墨烯声子、电子-光子和电声子相互作用以及衬底对散射强度的影响。外界微扰,如边界、磁场、电学和化学掺杂等,对电声子耦合以及石墨烯拉曼光谱具有重要影响。同时,不同的缺陷浓度和缺陷类型也会对 D 模和 D′模的强度产生影响。第 7 章将详细介绍如何通过利用这些微扰对拉曼光谱特征的影响来表征石墨烯的相关物理和化学性质。

第 5 章

多层石墨烯的拉曼光谱

上一章主要介绍了石墨烯(1LG)的一阶和二阶拉曼模,以及石墨烯线性能带结构所导致的双共振拉曼散射和量子干涉等现象。石墨烯可以按 AB 或者 ABC 堆垛方式进行垂直地堆叠,通过层间范德瓦耳斯相互作用形成多层石墨烯。N 层石墨烯(NLG)的电子能带结构依赖层数 N(AB 堆垛 NLG 的 $N>1$,ABC 堆垛 NLG 的 $N>2$)、堆垛方式和层间耦合强度等。同时,石墨烯之间、石墨烯和多层石墨烯,以及多层石墨烯之间也可以一次或者多次地按照一定的旋转角度被逐层地堆叠成范德瓦耳斯异质结,即转角多层石墨烯。与制备传统异质结不同的是,这种通过层间范德瓦耳斯相互作用形成的异质结对各组分之间的晶格匹配几乎没有要求。转角多层石墨烯的电子能带结构和声子色散关系对层数、堆垛方式和界面转角极为敏感,这就为实现石墨烯基材料的功能化定制提供了新途径,同时也导致其拉曼光谱表现出丰富且独特的光谱特征。因此,拉曼光谱可以快速、便捷和原位地表征各种多层石墨烯的结构和性质。

　　多层石墨烯的拉曼模可分为两类。一类是类似于在 1LG 中也能观察到的拉曼模,主要由石墨烯层内碳碳键伸缩所导致的层内振动模,如 G 模、2D 模、2D′模等。不同于 1LG,多层石墨烯还有一类层间范德瓦耳斯力导致的石墨烯层之间做相对振动所对应的层间振动模。层内非常强的化学键使得层内振动模具有较高的频率,如石墨烯 G 模频率 ω(G)约为 1582 cm^{-1},其能量接近 0.2 eV,因此层内振动模通常也被称为高频拉曼模。层间范德瓦耳斯力较弱,远小于层内化学键的相互作用强度,这使得层间振动模频率一般较低(小于 150 cm^{-1}),这些层间振动模也被称为低频拉曼模。

　　本章主要介绍多层石墨烯的层间和层内振动模及其与堆垛方式、层数和界面转角的依赖关系等。首先介绍与石墨烯类似的高频拉曼模,包括 AB 堆垛 NLG(AB-NLG)和 ABC 堆垛 NLG(ABC-NLG)的 G 模和 2D 模,以及依赖层数和堆垛方式的电子能带结构及其对双共振拉曼过程的影响。随后介绍层状材料所特有的层间振动模和 AB-NLG 剪切模所具有的法诺共振现象,介绍如何通过线性链模型描述层间振动模并根据实验结果计算层间耦合力常数。然后讨论转角多层石墨烯的莫尔超晶格对电子能带结构和声子色散关系的影响,通过转角双层 MoS_2 引入莫尔声子的概念,介绍转角多层石墨烯的 R 模和 R′ 模与界面转角的关系。随后介绍转角多层石墨烯的单共振拉曼过程,以及通常在非共振情况下观察不到的层间振动模的共振拉曼光谱。最后,将这些研究方法和结论应用于表征利用化学气相沉积方法制备的石墨烯薄片样品。

实验所用石墨烯薄片样品往往含有 1LG 以及 AB-NLG 或 /和 ABC-NLG。在本章讨论多层石墨烯厚度依赖的拉曼光谱时,1LG 是不可缺少的参照,因此本章内容也包含了 1LG 的实验结果。有时为了方便,我们将 1LG 和多层石墨烯统称为石墨烯薄片或者 NLG。在讨论厚度依赖关系时,N 可能多达 100。另外,在讨论时也会涉及层状材料。本书所谈及层状材料的层间耦合作用都是范德瓦耳斯相互作用。单层二维材料,如石墨烯,是层状材料的构建单元,是层状材料的单元层,但单层二维材料不是层状材料。多层石墨烯和体石墨都属于层状材料,但体石墨显然不能归为二维材料。因此,二维材料和层状材料有交集,但也有显著差别,其差别主要是在维度方面。

5.1　多层石墨烯的高频拉曼光谱

相对于 1LG,多层石墨烯具有依赖层数和堆垛方式的电子能带结构和声子色散关系,这导致其拉曼模表现出与 1LG 不同的光谱特征。本节主要讨论 AB-NLG 和 ABC-NLG 高频拉曼模(如 G 模和 2D 模)的强度、频率和拉曼峰线型与堆垛方式和层数的关系。

5.1.1　AB 堆垛多层石墨烯

1. G 模与层数的依赖关系

石墨烯层以 AB 堆垛方式通过范德瓦耳斯相互作用可逐层地堆叠成 AB-NLG。由于范德瓦耳斯力远小于层内碳碳键之间的相互作用，因此多层石墨烯保留了类似于 1LG(平面内)晶格振动的声子模。同时，多层石墨烯在石墨烯层法线方向上的限制效应导致原来 1LG 的各个声子支在多层石墨烯中产生劈裂，但由于层间耦合较弱，这些高频模之间的频率劈裂值较小。经过简单估计，层间剪切耦合作用本身对 G 模频率的影响不会大于 $0.6\ \mathrm{cm}^{-1}$，因此多层石墨烯的 G 模频率与 1LG 相近，约为 $1582\ \mathrm{cm}^{-1}$，基本上不依赖其层数。多层石墨烯 G 模的拉曼峰也表现出与 1LG 类似的单洛伦兹线型。

图 5.1(a)显示了 633 nm 激发光所激发的不同层数石墨烯薄片 G 模和衬底 Si 的拉曼光谱，[41]这些 G 模的频率 $\omega(\mathrm{G})$ 和线型几乎相同，而 G 模强度 $I(\mathrm{G})$ 却表现出显著的层数依赖关系。由于多层石墨烯的层间耦合比较弱，每个石墨烯层对 G 模散射截面的贡献都可以看成常数，因此，如果不考虑石墨烯层的吸收，随着层数的增加，$I(\mathrm{G})$ 应逐渐增加。在实际情况中，通常将石墨烯薄片剥离在 $\mathrm{SiO_2/Si}$ 衬底上，激发光和散射光会在由空气、石墨烯薄片、$\mathrm{SiO_2}$ 层和 Si 衬底所组成的多层介质结构的界面产生折射和反射，并发生干涉进而对 G 模的拉曼信号产生显著影响。如图 5.1(b)所示，以未被石墨烯薄片覆盖的 Si 衬底的拉曼峰强度 $[I_0(\mathrm{Si})]$ 为归一化因子，随着石墨烯薄片层数的增加，$I(\mathrm{G})/I_0(\mathrm{Si})$ 表现出先增加后减小的趋势。[41] $I(\mathrm{G})/I_0(\mathrm{Si})$ 在层数约为 20 时达到最大。若考虑石墨烯薄片下面 Si 衬底的拉曼峰强度 $[I_\mathrm{G}(\mathrm{Si})]$，由于激发光先会被石墨烯薄片吸收后才能到达 Si 衬底，所激发的拉曼信号又再次被石墨烯薄片吸收后才能被光谱仪探测，因而 $I_\mathrm{G}(\mathrm{Si})$ 会随着石墨烯薄片层数的增加而快速衰减。若以 $I_\mathrm{G}(\mathrm{Si})$ 为归一化因子，如图 5.1(c)所示，$I(\mathrm{G})/I_\mathrm{G}(\mathrm{Si})$ 随层数增加而单调增加。[41]因此，通过 $I(\mathrm{G})/I_\mathrm{G}(\mathrm{Si})$ 可以准确估算出石墨烯薄片的层数或厚度。

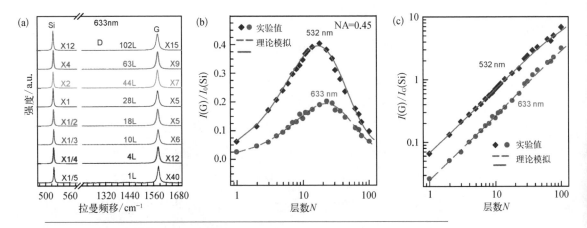

图 5.1　G 模强度与石墨烯层数的关系[40]

（a）633 nm 激发光所激发的不同层数石墨烯薄片 G 模和衬底 Si 的拉曼光谱；（b）$I(G)/I_0$(Si) 和 (c) $I(G)/I_G$(Si) 与层数 N 的实验结果和基于传输矩阵方法的模拟结果（物镜 NA= 0.45）

　　石墨烯薄片、SiO_2 和衬底 Si 的折射率都依赖激发光和散射光的波长，这导致采用不同波长激发光所测得的 $I(G)/I_0$(Si) 和 $I(G)/I_G$(Si) 的值会有所差别。如图 5.1（b）和(c)所示，激发光波长为 532 nm 和633 nm 时所测得的 $I(G)/I_0$(Si) 或 $I(G)/I_G$(Si) 都表现出较大的差异。[41] 拉曼信号强度还与拉曼光谱仪所采用物镜的数值孔径（NA）有关，采用不同物镜的测试结果也会有差别。$I(G)$ 也会对样品的缺陷浓度比较敏感[图 4.18（b）(c)[85]]，因此石墨烯薄片的质量对测试结果也有一定影响。作为 $I(G)$ 归一化因子的 I_0(Si) 和 I_G(Si) 与衬底 Si 的晶体取向有关，例如，对于 Si(100) 或 Si(110) 衬底，当激发光和散射光的偏振方向沿某些特定晶向时，I_0(Si) 和 I_G(Si) 甚至为零。因此，如果直接利用 $I(G)/I_0$(Si) 或 $I(G)/I_G$(Si) 来估算石墨烯薄片的厚度，在操作方面还是需要一定的专业性，不太适合作为石墨烯薄片层数表征的国家标准。利用拉曼光谱鉴定石墨烯薄片厚度的方法以及不同方法之间优缺点的比较将在第 7 章详细讨论。

2. 2D 模的双共振拉曼过程

相对 1LG 来说，多层石墨烯较弱的层间耦合会导致其光学声子支发生劈裂,而且劈裂的声子支之间的能量差较小,如图5.1(a)所示,G模频率几乎不随层数的变化而变化。[41]原则上来说,多层石墨烯 K 点附近 TO声子支(对应于2D模)的劈裂也很小,但是,在2D模的双共振拉曼过程中,其拉曼峰频率主要由电子共振跃迁选择的声子波矢所决定,与电子能带结构与声子色散都有关系。因此,2D模拉曼峰频率严重依赖于多层石墨烯的层数。 NLG 的电子能带结构强烈地依赖其层数 N ,例如,1LG的线性能带结构在2LG中劈裂为抛物线能带结构,且1LG的 π 和 π* 带分别变成两条能带。这使得多层石墨烯的2D模显示出比1LG更复杂的拉曼光谱特征,如多峰结构和复杂线型。因此,可以利用双共振拉曼过程导致的2D模拉曼峰的光谱特征来表征 NLG 的层数。

图5.2(a)和(b)给出了633 nm激光所激发1LG和AB堆垛2～5LG的拉曼光谱及其拟合结果。[92]的确, NLG 的2D模线型和频率都表现出显著的层数依赖关系。1LG的2D模频率约为2630 cm^{-1} ,且线型为单个

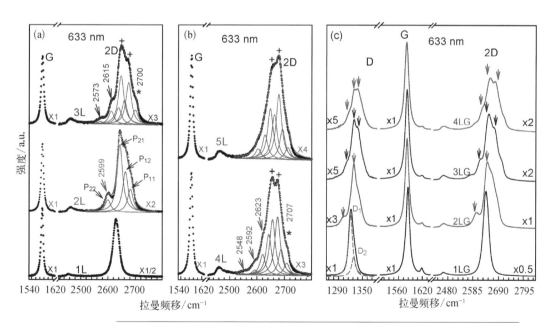

图 5.2　石墨烯和多层石墨烯的拉曼光谱

633 nm激光所激发(a)1LG、AB-2LG、AB-3LG以及(b)AB-4LG和AB-5LG的拉曼光谱及其拟合结果;[92](c)离子注入1～4LG的拉曼光谱[106]

洛伦兹峰,而AB-2LG的2D模表现出非对称线型,需要用四个洛伦兹峰拟合。更多层数石墨烯薄片的2D模则表现出更加复杂的光谱特征。如图5.2(c)所示,缺陷多层石墨烯2D模与相应本征样品2D模的线型和频率都一致,这时,D模也被双共振拉曼过程所激活,并表现出与2D模相似的线型,其频率约为2D模的一半。[106]

这里,我们以AB-2LG为例分析并比较其2D模光谱特征与1LG的差别。2LG具有抛物线能带结构,显著不同于1LG的线性能带结构,同时,其声子色散曲线发生了微小的劈裂。2LG有两个导带和两个价带以及两个TO声子支参与了双共振拉曼过程,这导致了其不等价的双共振拉曼过程数量远高于1LG,因此,2LG的2D模拉曼峰线型表现出多个洛伦兹峰的叠加。如3.2.2节所述,通过群论分析可以得到电子和声子对称性以及电子与光子和电子与声子相互作用的选择定则,进而得到不同散射过程对拉曼强度的贡献。图5.3给出了双层石墨烯2D模的四个双共振拉曼过程示意图,其中,T_1和T_2表示相应的电子能带或声子对称性。AB-2LG两条导带和价带之间的跃迁都是光学允许的。[107]根据共振条件和拉曼选择定则,在可见光范围内激发光总能将2LG电子从价带共振地激发到导带,共振拉曼过程所选择的声子波矢主要由光激发电子的散射

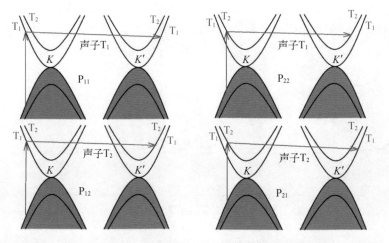

图5.3 双层石墨烯2D模的四个双共振拉曼过程示意图

注: 标记 P_{11}、P_{22}、P_{12}和P_{21},分别对应于图5.2(a)中双层石墨烯2D模的四个洛伦兹子峰。

石墨烯基材料的拉曼光谱研究

共振条件决定。因此,为了讨论方便,如图 5.3 所示,只考虑电子初态处于能量较高价带的情况,重点讨论声子参与的散射过程。电子位于能量较低价带的情况也有类似的拉曼过程。[5] AB-2LG 的 TO 声子具有 T_1 和 T_2 对称性。光激发电子可以被一个具有 T_1 对称性的声子在相同对称性的能带之间散射,如 $T_1 \rightarrow T_1$ 或 $T_2 \rightarrow T_2$。[107] 光激发电子也可以被对称性为 T_2 的声子在具有不同对称性的能带之间散射,如 $T_1 \rightleftharpoons T_2$。[107] 因此,AB-2LG 的 2D 模双共振拉曼过程包括了如图 5.3 所示的四个可能的不等价的过程,分别对应于图 5.2 所示 2D 模拉曼峰的四个洛伦兹子峰。

类似地,NLG($2 < N \leqslant 10$)的层间耦合会导致电子能带结构的进一步劈裂,使其电子能带结构显著依赖于 N,进而产生层数依赖的 2D 模。图 5.2(a)和(b)也给出了在 633 nm 激光激发下 AB 堆垛 3~5LG 的拉曼光谱。[92] 如图 2.6(e)和(f)所示,这些石墨烯薄片具有更复杂的电子能带结构。[5] 根据双共振条件,3LG 和 4LG 的双共振拉曼过程存在更多不等价的散射路径;层数越多的石墨烯薄片,其 2D 模可能的散射路径就越多,相应拉曼峰就需要更多洛伦兹峰来拟合。这些子峰的频率可能存在简并或重叠,使得实际观测到的子峰数目远低于理论值。如图 5.2(a)和(b)所示,为了得到较好的拟合效果,拟合过程中将所有拉曼峰的半高宽都保持固定值(约为 24 cm^{-1}),AB-3LG 和 AB-4LG 的 2D 模须分别用 6 个和 8 个洛伦兹峰拟合。[92] 因此,使用高分辨率(< 1.0 cm^{-1})的拉曼系统探测石墨烯薄片的拉曼光谱,通过其 2D 模光谱特征,就可精确地指认其层数(4 层及以下)。双层石墨烯 2D 模各个子峰的共振行为和相对强度表现出不同的激发光能量依赖关系,[35] AB-3LG 和 AB-4LG 也有类似结果,因此选择合适的激发光能量来表征石墨烯薄片的层数尤为重要。[92] 对于层数更多($N > 4$)的石墨烯薄片,其 2D 模的双共振过程有更多可能的散射路径,使得其 2D 模的光谱特征不再明显,例如图 5.2(b)所示 AB-5LG 的情况。[92] 一般来说,激发光能量越高,NLG 的层数越多($N > 4$),其 2D 模光谱特征就越不容易分辨,也越不容易通过 2D 模拉曼峰的线型来鉴别其层数。通常选用 633 nm 或波长更长的激发光来探测石墨烯薄片的 2D 模以判断其层数(4 层及以下)。

如图 5.2(c)所示,离子注入 NLG 的 2D 模线型与相应的本征 NLG 一致。[106]与 2D 模类似,离子注入 NLG 的 D 模也可以看作多个双共振拉曼过程的叠加。尽管 1LG 的 D 模存在两种不等价共振拉曼过程,如图5.2(c) 所示,1LG 的 D 模拉曼峰的拟合结果表明光激发电子被声子共振散射的过程 (D_1)占主导,这使得其 D 模拉曼峰线型与 2D 模相似。与 1LG 类似,AB-NLG 的 2D 模的不等价共振拉曼过程也与其 D_1 模一一对应,其 D_2 模对应的散射路径具有相对较弱的强度,可被忽略,因此离子注入 AB-NLG 的 D 模表现出与其相应 2D 模相似的线型,如图 5.2(c)中箭头所示。[106]当离子注入剂量相同时,NLG 的平均缺陷浓度随 N 的增加而减小,导致其 D 模强度随着 N 的增加而减弱。除了 D 模和 2D 模外,NLG 的其他双共振拉曼模也呈现出层数依赖的光谱特征,例如 $LA+D'$ 模、$TA+D'$ 模和 $D+D''$ 模等。我们可以用同样的方法来分析这些和频模与倍频模的层数依赖关系。

5.1.2 ABC 堆垛多层石墨烯

多层石墨烯层与层之间的堆垛方式对其电学和光学性质有很大的影响。除了 AB 堆垛方式外,ABC 堆垛方式(斜方六面体,rhombohedral)在多层石墨烯中也很常见。实验发现 NLG 中约有 85% 的面积对应 AB 堆垛方式,其余约 15% 为 ABC-NLG。[108]体石墨的 X 射线衍射研究也得出了类似的结果。[109]通过拉曼光谱研究 NLG 的堆垛方式,有助于表征 NLG 的晶体结构、电子能带结构和声子色散性质,也能够帮助人们理解堆垛方式对层间耦合的影响。

图 5.4(a)给出了 633 nm 激光所激发的 AB-3LG 和 ABC-3LG 的拉曼光谱。[110]ABC-3LG 的 G 模(约 1581 cm^{-1})比 AB-3LG 的 G 模(约 1582 cm^{-1})红移了约 1 cm^{-1},这表明 ABC-NLG 和 AB-NLG 具有不同的层间耦合强度,进而导致声子色散的微小差异。相比 AB-4LG 和 AB-5LG,相应 ABC 堆垛石墨烯薄片的 G 模频率分别有约 1 cm^{-1} 和约 3 cm^{-1}

图 5.4　AB 堆垛和
ABC 堆垛多层石墨
烯拉曼光谱[110]

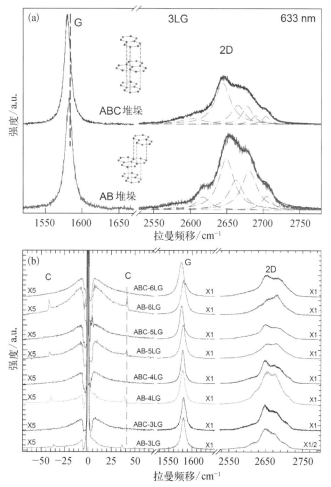

（a）633 nm 激光所激发的 AB-3LG 和 ABC-3LG 的拉曼光谱，插图为相应的晶格结构；
（b）AB 堆垛和 ABC 堆垛 3~6LG 的 C、G 和 2D 模的拉曼光谱

的红移，这种频率差在 6LG 中达到了约 5 cm^{-1}，如图 5.4（b）所示。[110] 因此，理论上可以通过 G 模频率来表征 NLG 的堆垛方式。但是，如 4.6 节所述，弱载流子掺杂可以导致 1LG 的 G 模频率发生显著变化，其 G 模频率还对缺陷和应力等外界扰动较为敏感，容易受到实际测试环境的影响。这对多层石墨烯的 G 模来说也一样，因此通过 G 模频率判断 NLG 的堆垛方式存在较多的局限性，很难用于实际测试中。

　　不同堆垛方式 NLG 电子能带结构的差异使得根据双共振条件所选择出相应 NLG 双共振拉曼模的声子波矢有所不同，从而表现出不同的光谱

特征,据此可以鉴别 NLG 的堆垛方式。这里以 3LG 的 2D 模为例,介绍堆垛方式对 2D 模光谱特征的影响。图 5.4(a)给出了 633 nm 激光所激发的 AB-3LG 和 ABC-3LG 的 2D 模拉曼光谱,相比 AB-3LG,ABC-3LG 的 2D 模表现出更加不对称的线型,且拉曼峰的半高宽更宽。[110]与上文所述的 AB-2LG 拉曼散射过程类似,3LG 三重简并的 TO 声子可以与所有的电子能带耦合,理论上可以产生 15 个子峰。如图 5.4(a)所示,实验上所测得的 AB-3LG 和 ABC-3LG 的 2D 模拉曼峰只需要使用六个洛伦兹峰就可以很好地拟合。[110]同时,AB-3LG 和 ABC-3LG 的 2D 模相应洛伦兹峰的相对强度和频率不同。由于 NLG 层间耦合对其声子色散关系的影响较小,因而这种差异不是来源于 AB-3LG 和 ABC-3LG 声子色散关系的差异,而是由于在双共振拉曼过程中它们不同的电子能带结构选择了具有不同波矢的声子。

与 AB-NLG 类似,ABC-NLG 的 2D 模拉曼峰线型也依赖于激发光能量,且随着层数的增加,其光谱特征变得更加复杂。根据 2D 模的线型,我们可以方便地鉴定 NLG 的层数和堆垛方式。由于 NLG 的 2D 模拉曼散射过程涉及电子的共振激发和相关声子的散射,因而其 2D 模频率和线型也可以提供不同层数和不同堆垛方式 NLG 的电子能带结构和电声子耦合等方面的相关信息。[108,110]

5.2　多层石墨烯边界的拉曼光谱

如 4.4 节所述,由于 1LG 边界处的平移对称性被破坏,因而其边界可以看作一种缺陷。在 1LG 边界处的双共振拉曼过程所导致的 D 峰强度需要通过实空间的散射过程来定性地理解。也就是说,被激发光从价带激发到导带的电子在边界处发生弹性散射后,若还能与留在价带中并被一个 D 模声子散射后的空穴在实空间发生复合,则可以完成拉曼散射过程并激活 D 模。同样地,多层石墨烯边界处也有类似的现象。然而,多层石墨烯边界结构和电子能带结构比 1LG 更为复杂,其边界处双共振拉曼过程也比 1LG 更加复杂。

　　　　　　　　　　　　　　　　　石墨烯基材料的拉曼光谱研究

拉曼光谱可以表征 1LG 边界的诸多性质,同时也是表征多层石墨烯的有力技术手段。下面将通过 2LG 的典型边界构型来分析其拉曼光谱,并将其推广到多层石墨烯的边界情况。

5.2.1 双层石墨烯边界

2LG 的边界可以看作由上下两石墨烯层的边界组合而成。理想的 2LG 边界应该由两石墨烯层的边界整齐地垂直堆叠而成,即完美对齐的 2LG 边界。实际上,实验所制备 2LG 的两石墨烯层边界之间可能存在一定的对齐距离 l。l 可以从微米到纳米尺度,甚至为 0(即完美对齐的边界)。当 l 在纳米尺度时,我们就难以通过光学显微镜直接判断 l 的大小。如 4.4 节所述,边界内仅在临界宽度 l_c 约为 3.5 nm 的区域对 D 模有贡献,因此拉曼光谱技术无疑为我们提供了在纳米尺度下表征 2LG 边界对齐方式的技术手段。

为了方便描述 2LG 的边界类型,我们把完美对齐的 2LG 边界标记为 $2LG_{2E}$,而把具有一定对齐距离 l 的 2LG 的上石墨烯层的边界标记为 $2LG_{1E}$。这样,我们可以把 1LG 的边界标记为 $1LG_{1E}$。上石墨烯层边界为 $2LG_{1E}$ 的 2LG,其下石墨烯层边界就应该标记为 $1LG_{1E}$。

2LG 边界附近的 2LG 和 1LG 区域都对在 2LG 边界处所测 2D 模和 D 模的拉曼光谱有贡献,该贡献大小在一定程度上取决于边界对齐距离 l。图 5.5(a)和(b)分别给出了当 $l_c < l < R$ 和 $l \leqslant l_c$ 时 2LG 的边界结构示意图,其中,$R \approx 500$ nm,表示激光斑半径,l_c 约为 3.5 nm,表示边界内对 D 模有贡献的区域距离边界的临界宽度。[111] 1LG 和 2LG 的 $I(2D)$ 分别正比于激光斑所覆盖 1LG 和 2LG 的面积。随着 l 从 R 减小到 0,所测 2LG 区域不变,而 1LG 区域逐渐减少,这使得相应 $I(2D)$ 与 l 的关系如图 5.5(c)所示。[111] 对于 D 模,当 $l > l_c$ 时[图 5.5(a)],$1LG_{1E}$ 和 $2LG_{1E}$ 的 $I(D)$ 分别正比于激光斑所覆盖 $1LG_{1E}$ 和 $2LG_{1E}$ 边界的长度。当 l 从 R 减小到 l_c 时,$2LG_{1E}$ 所贡献 2LG 的 $I(D)$ 保持不变,而 $1LG_{1E}$ 所贡献 1LG 的 $I(D)$ 将从 0 增加到最大值。当 $0 \leqslant l \leqslant l_c$ 时[图 5.5(b)],$1LG_{1E}$ 对应 1LG

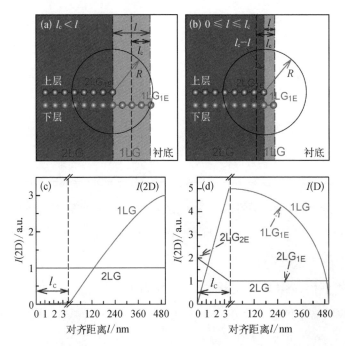

图 5.5　激光斑聚焦到 2LG 的 2LG$_{1E}$边界示意图[111]

（a）$l_c < l < R$ 和（b）$l \leq l_c$ 时 2LG 的边界结构示意图；边界处所测（c）2D 和（d）D 模的强度中 1LG 和 2LG 所占比重随 l 的变化关系

的 $I(D)$ 将正比于激光斑所覆盖 1LG 的面积 $2R \times l$。但是，2LG$_{1E}$，即 2LG 的上石墨烯层边界对其 $I(D)$ 的贡献保持不变，仍然由其激光斑所覆盖的边界长度决定，而这时其下石墨烯层在 2LG 区域内的（$l_c - l$）部分也对 2LG 的 $I(D)$ 有贡献，其强度正比于 $2R(l_c - l)$。因此对 2LG 来说，$I(D)(l = 0 \, \text{nm}) = 2I(D)(l > l_c)$。考虑到以上因素，当 l 从 l_c 减小到 0 时，2LG 和 1LG 区域对各自 $I(D)$ 的贡献如图 5.5（d）所示。[111] 1LG 和 2LG 区域对各自 $I(D)$ 的贡献在 $l = l_c$ 处都存在一个拐点。

5.2.2　利用拉曼光谱确定 2LG 边界结构

上面详细分析了 2LG$_{1E}$边界处 1LG 和 2LG 区域各自 $I(D)$ 和 $I(2D)$ 随 l 的变化关系[111]。由于 1LG 和 2LG 的 D 模和 2D 模线型显著不同，因而可以通过对所测 D 模和 2D 模的拉曼光谱进行拟合来区分边界处

1LG 和 2LG 区域对 $I(D)$ 和 $I(2D)$ 的贡献大小,进而判断 2LG 的边界结构,如对齐距离 l。如图 5.6(a)和(b)所示,2LG 边界 2LG$_{1E}$ 和 1LG$_{1E}$ 之间的对齐距离可以从微米量级逐渐过渡到完美对齐。[112]下面介绍如何通过拉曼光谱表征 2LG 的 2LG$_{1E}$ 和 1LG$_{1E}$ 边界之间的纳米级对齐距离。

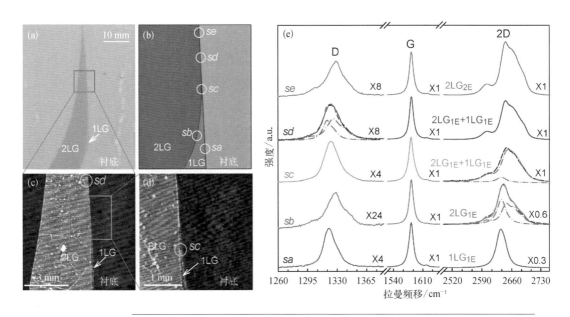

图 5.6　2LG 边界的拉曼光谱[112]

　　(a) 2LG 边界处的光学图像;(b) 2LG 的边界简图(1LG 部分被特别标出);(c) 图(a) 中红色方框部分的 AFM 图像;(d) 图(c)中方框部分的 AFM 图像;(e) 激光斑分别在 sa、sb、sc、sd 和 se 处所测的拉曼光谱

　　图 5.6(a)给出了 2LG 边界处的光学图像,其中,少部分区域为 1LG。[112]图 5.6(c)和(d)给出了 2LG 边界处的 AFM 图像,边界处 1LG 窄带越往上越窄直到 AFM 不可分辨。[112]图 5.6(b)~(d)标出了 sa、sb、sc、sd 和 se 等特定位置,其中,sa 和 sb 处分别为 1LG$_{1E}$ 和 2LG$_{1E}$ 的边界。[112]光学显微镜下,sc 处边界结构似乎是 2LG$_{2E}$,而 AFM 图显示 sc 处还存在 1LG 的区域。在 sd 和 se 处,AFM 没有探测到 1LG,看上去更像 2LG$_{2E}$ 边界。

　　图 5.6(e)给出了激光斑分别在 sa、sb、sc、sd 和 se 处所测的拉曼光谱。[112]sa 处拉曼光谱与图 5.2(c)所示的 ion-1LG 相似,表明 sa 处边界

为 $1LG_{1E}$。[112]同样地，sb 处拉曼光谱表明该处边界为 $2LG_{1E}$。sc 处拉曼光谱的 D 模和 2D 模分别表现出与 1LG 的 D 模和 2LG 的 2D 模类似的线型。通过仔细地拟合可以发现，sc 处 2D 模为 1LG 和 2LG 的 2D 模线型的叠加，且它们贡献的比值 $I_{1LG}(2D)/I_{2LG}(2D) = 0.16$。由于 1LG 和 2LG 的 $I(2D)$ 正比于激光斑所相应覆盖的样品面积，$I_{1LG}(2D)/I_{2LG}(2D)$ 的值表明 $2LG_{1E}$ 和 $1LG_{1E}$ 之间的距离 l 较小。激光斑照射到 1LG 和 2LG 的面积比为 $4l/\pi R$，根据实验所测 1LG 和 2LG 的 2D 模拉曼散射效率比值（$\eta_{2D}\approx1.3$）可得，$I_{1LG}(2D)/I_{2LG}(2D)$ 与 l 的关系为 $I_{1LG}(2D)/I_{2LG}(2D) = 4l/(\pi R^* \eta_{2D})\approx1.66l/R$。激发光斑半径约为 $0.5\ \mu m$，则 sc 处 $1LG_{1E}$ 和 $2LG_{1E}$ 之间的 l 约为 48 nm。若不考虑边界取向，$I(D)$ 正比于激光斑所覆盖的边界长度。尽管 l 的长度只有约 48 nm，sc 处 1LG 和 2LG 的边界长度可比拟。根据 sa 和 sb 处 $I(D)$ 可知，$1LG_{1E}$ 和 $2LG_{1E}$ 的 D 模散射效率比值约为 2.5。因此，sc 处的 D 模主要表现出与 $1LG_{1E}$ 类似的线型。sd 处 2D 模表现出与 2LG 一样的线型，而其 D 模需要用 $1LG_{1E}$ 处 1LG 的 D 模和 $2LG_{1E}$ 处 2LG 的 D 模一起来拟合。这表明 sd 处也存在 $1LG_{1E}$ 的成分。sd 处的 $I(D)$ 远小于 sa 和 sc 处的 $I(D)$，这表明在 sd 处 $l<l_c$，而此时 $1LG_{1E}$ 的 D 模成分仍然能够通过 D 模的拟合区分出来。se 处的 2D 模和 D 模都与 2LG 相应拉曼模的线型类似，因此，se 处边界没有 1LG 的成分，为完美对齐的 $2LG_{2E}$。

总的来说，2LG 的边界结构可能是 $2LG_{2E}$ 或 $2LG_{1E} + 1LG_{1E}$，因此，边界处所测 D 模有三种可能的线型，即 1LG 边界的 D 模 $[I_{1LG}(D)]$、2LG 完美对齐边界的 D 模 $[I_{2LG}(D)]$，或者前两者的叠加 $[I_{1LG}(D) + I_{2LG}(D)]$。2LG 的 2D 模也有类似的现象。根据 $I(D)$ 正比于边界长度而 $I(2D)$ 正比于激光斑所覆盖 1LG 或 2LG 的面积，可以通过 $I_{1LG}(2D)/I_{2LG}(2D)$ 以及 $I_{1LG}(D)/I_{2LG}(D)$ 来判断 2LG 的边界结构以及 $2LG_{1E}$ 和 $1LG_{1E}$ 边界之间的对齐距离 l 与 l_c 的关系。这种方法同样可以应用于表征 NLG 更为复杂的边界结构。特别是当 NLG 边界不能通过光学显微镜直接分辨时，拉曼光谱提供了表征其边界结构便捷和高效的途径，且具有很高的空间分辨率。例如根据拉曼光谱判定在光学显微镜下不可分辨的 3LG 边界的结构为 $3LG_{3E}$ 和 $3LG_{1E} + 2LG_{2E}$。[111]

5.2.3 多层石墨烯边界

多层石墨烯 nLG 边界最典型的情况为 mLG(包括 $m = 1$)堆叠在$(n-m)$LG$(n>m)$上且 nLG 和 mLG 的完美对齐边界之间具有一定的对齐距离 l,该距离可以远大于 l_c,也可以小于 l_c。为了方便地表示和辨识 nLG 边界的对齐方式,我们将完美对齐的 nLG 边界标记为 nLG$_{nE}$,其中下标 E 指"edge"(边界),nLG 表示 n 层石墨烯。参考 2LG 边界的标记,可将完美对齐的 mLG(包括 $m = 1$)边界堆叠在$(n-m)$LG 之上,标记为 nLG$_{mE}(n>m)$。按此标记,堆叠在$(n-1)$LG 之上的 1LG 边界可记为 nLG$_{1E}$。nLG$_{1E}$ 是构建 nLG 边界的基础。

图 5.7(a) 和(b) 分别给出了 2LG 和 3LG 边界的光学显微镜图像,可以清楚地看到 2LG 和 3LG 样品都具有完美对齐的边界。[111] 图 5.7(c) 显示了一块含有 1~4LG 的石墨烯薄片样品的光学图像,其不同区域具有各自的衬度,根据衬底可鉴别出它们分别是 1LG、2LG、3LG 和 4LG,同时可通过光学显微镜清晰地鉴别各个区域的边界位置。[111] CVD 生长的多层石墨烯样品也有类似的情况。[113] 图 5.7(d) 给出了图 5.7(c) 中沿虚线的边界原子结构横截面示意图,其中 $l_i(i = 1, 2, 3)$ 表示相邻两石墨烯层边界之间的对齐距离。[111] 如图 5.7(d) 所示,每个石墨烯层的边界可以分别记为 $1LG_{1E}$、$2LG_{1E}$、$3LG_{1E}$ 和 $4LG_{1E}$。[111]

图 5.7(e) 给出了图 5.7(c) 中圆圈标出的 nLG$_{1E}(n = 1, 2, 3, 4)$边界处所测拉曼光谱。[111] $1LG_{1E}$ 的 2D 模与 1LG 的 2D 模类似,表现出对称的洛伦兹线型。由于 nLG$_{1E}$ 两侧为 nLG 和$(n-1)$LG,因而其 2D 模线型可看作 nLG 和$(n-1)$LG 的 2D 模的叠加。例如,图 5.7(e) 中 $2LG_{1E}$ 和 $3LG_{1E}$ 的 2D 模可以分别用 1LG 和 2LG 以及 2LG 和 3LG 的 2D 模(虚线)来拟合。[111] $1LG_{1E}$ 的 D 模表现出了不对称的洛伦兹线型,这是因为 1LG 的 D 模

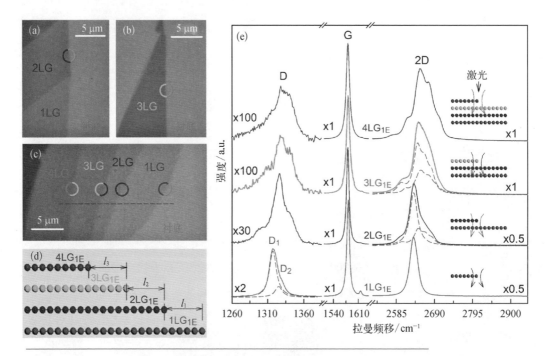

图 5.7　多层石墨烯边界及其拉曼光谱[111]

（a）2LG 和（b）3LG 边界的光学显微镜图像；（c）含有 1～4LG 的石墨烯薄片样品的光学图像；（d）图（c）中沿虚线的边界原子结构横截面示意图；（e）图（c）中圆圈标出的 nLG_{1E}（$n=$ 1，2，3，4）边界处所测拉曼光谱

有两个不等价的双共振拉曼过程，相应的拉曼峰可用两个洛伦兹峰拟合，如 4.4 节所述。$2LG_{1E}$、$3LG_{1E}$ 和 $4LG_{1E}$ 边界的 D 模表现出更复杂的光谱特征。nLG_{1E} 的 D 模与相应 nLG 的 2D 模线型相似，与上述关于离子注入 nLG 的 D 模线型的讨论结果一致。如图 5.7(e)所示，随着层数增加，nLG_{1E} 的 $I(D)$ 逐渐减弱，例如，$1LG_{1E}$ 边界处 $I(D)$ 约为 $2LG_{1E}$ 的 15 倍，而 $2LG_{1E}$ 的 $I(D)$ 约为 $3LG_{1E}$ 的 3 倍。[111] nLG_{1E} 的 $I(D)$ 随 n 的变化显示出 K 点附近电声子耦合以及相应共振拉曼散射矩阵元具有一定的层数依赖关系。

5.3　层间振动模

多层石墨烯每个石墨烯层内的原子通过共价键相结合，而相邻石墨

　　　　　　　　　　　　　　　石墨烯基材料的拉曼光谱研究

烯层则通过范德瓦耳斯相互作用相结合,这使得其物理和化学性质显著依赖其层数。多层石墨烯的性质与 1LG 有一定联系,且与其对称性和层间耦合强度有关。层间耦合强度取决于堆垛方式,通过改变相邻石墨烯层之间的堆垛方式等途径可以实现对层间耦合的调控,进而得到具有特定性质的石墨烯基材料。例如,多层石墨烯的 AB 堆垛和 ABC 堆垛通常被认为是两种能量最低、结构最为稳定的堆垛方式,这两种堆垛方式堆垛而成的多层石墨烯表现出显著不同的对称性、电学和光学性质。表征多层石墨烯的层数以及层间相互作用对其性质的研究和调控以及促进其在下一代微纳光电子器件中的应用非常重要。

多层石墨烯层间较弱的范德瓦耳斯相互作用使得其层间振动模的频率较低。根据多层石墨烯各石墨烯层之间的相对振动方向,层间振动模可分为层间剪切模和呼吸模。剪切模和呼吸模分别对应各石墨烯层之间平行和垂直于层面方向的相互振动。根据理论计算,体石墨的层间剪切模和呼吸模的频率分别约为 42 cm^{-1} 和 128 cm^{-1},其中只有 42 cm^{-1} 附近的剪切模是拉曼活性的,而且该模的强度极弱,只有 G 模的 1/50 左右,而 G 模的拉曼强度又只有硅拉曼模(约 520 cm^{-1})的 1/50。由于这些低频层间振动模与瑞利线的频率差异很小而且信号极弱,在拉曼光谱探测时很难避免瑞利线的影响,因而普通拉曼光谱仪很难探测到层状材料低于 100 cm^{-1} 的层间拉曼模。为了探测频率如此低的拉曼模,人们通常使用三光栅拉曼光谱仪,通过两个光栅对散射光进行分光来实现瑞利线的滤除。但是由于使用了多个光栅和更多的光学元件,整体上来说三光栅光谱仪的拉曼信号探测效率极低,很难进行强度很弱的石墨层间剪切模的可靠测量。近年来,基于体布拉格光栅(volume Bragg grating, VBG)的陷波滤光片的设计和制备技术取得了巨大进步,这也促进了超低波数拉曼光谱测试技术的快速革新。[114]将 VBG 陷波滤光片集成到单光栅拉曼光谱仪,大大提高了光谱仪的信号透过率以及所测拉曼信号的信噪比,实现了多层石墨烯层间剪切模的高效探测[114],并促进了多层石墨烯以及其他二维材料的层间振动模和层间相互作用的研究[5,6,115,116]。

本节首先回顾描述层状材料层间振动模的线性链模型，并根据线性链模型描述层状材料的层间振动，推导出其层间耦合力常数以及层间振动模频率与层数之间的关系。随后，介绍关于 AB-NLG 和 ABC-NLG 层间振动模的实验结果，根据线性链模型结合实验现象来揭示堆垛方式和层数对层间振动模频率的影响。最后，介绍 AB-NLG 剪切模所表现出的独特的法诺共振现象。

5.3.1 线性链模型

这里以总层数为 N 的层状材料为例，介绍如何通过线性链模型（linear chain model，LCM）来研究其层间振动模。由于层间剪切模和呼吸模是层状材料各层之间的相对振动，而层内原子不存在相对振动，因而可将层状材料的每单元层看作一个刚性球体，各个球之间通过范德瓦耳斯相互作用耦合。这里首先只考虑最近邻单元层之间的相互作用，把总层数为 N 的层状材料简化为包含 N 个球的一维线性链，即所谓的线性链模型。[114,117] 通常来说，面内各向同性的总层数为 N 的层状材料有 $N-1$ 个二重简并的剪切模和 $N-1$ 个非简并的呼吸模。层间振动模的耦合力常数可标记为 α_0。更具体而言，一般把剪切模力常数标记为 $\alpha_0^{\parallel}$，把呼吸模力常数标记为 $\alpha_0^{\perp}$。通过求解相应的 $N \times N$ 维度动力学矩阵的本征值和本征矢量，可以得到 $N-1$ 个剪切或呼吸模的频率 ω 及其相应的层间振动向量。

基于线性链模型，[114,118] 只考虑最近邻单元层之间的相互作用时，总层数为 N 的层状材料，其各单元层的运动方程可以写为

$$
\begin{cases}
m\ddot{U}_1 = -\alpha_0 U_1 + \alpha_0 U_2 \\
m\ddot{U}_2 = \alpha_0 U_1 - 2\alpha_0 U_2 + \alpha_0 U_3 \\
\vdots \\
m\ddot{U}_{N-1} = \alpha_0 U_{N-2} - 2\alpha_0 U_{N-1} + \alpha_0 U_N \\
m\ddot{U}_N = \alpha_0 U_{N-1} - \alpha_0 U_N
\end{cases}
\tag{5.1}
$$

式中，m 为单元层的质量；U_n 是第 n 层的层间振动位移，其形式解为

$$U_n = u_n \times e^{-i\omega t},\qquad (5.2)$$

式中，u_n 为原子位移的幅度；ω 为层间振动模的圆频率。将式(5.2)代入式(5.1)，可得相应层间振动动力学方程的矩阵形式为

$$4\pi^2 c^2 m\omega^2 \boldsymbol{u} = \boldsymbol{D}\boldsymbol{u} \qquad (5.3)$$

式中，$c = 3.0 \times 10^{10}$ cm/s 为光速；$\boldsymbol{u}$ 为列向量，表示该振动模的本征矢量，对应于该振动模各单元层的位移；$\boldsymbol{D}$ 为三对角的层间振动力常数矩阵。例如，五层石墨烯的力常数矩阵 $\boldsymbol{D}$ 为

$$\boldsymbol{D} = \begin{bmatrix} \alpha_0 & -\alpha_0 & 0 & 0 & 0 \\ -\alpha_0 & 2\alpha_0 & -\alpha_0 & 0 & 0 \\ 0 & -\alpha_0 & 2\alpha_0 & -\alpha_0 & 0 \\ 0 & 0 & -\alpha_0 & 2\alpha_0 & -\alpha_0 \\ 0 & 0 & 0 & -\alpha_0 & \alpha_0 \end{bmatrix} \qquad (5.4)$$

对于总层数为 N 的层状材料，根据线性链模型，有 $N-1$ 个非零频率 ω_i 和本征矢量 $\boldsymbol{u}_i$。对于任意 ω_i 可得

$$\omega_i^2 \boldsymbol{u}_i = \frac{1}{4\pi^2 c^2 m} \boldsymbol{D}\boldsymbol{u}_i \qquad (5.5)$$

由于采用了统一的力常数，因而呼吸模与剪切模的动力学方程表达式完全相同。通过求解动力学方程可得层间振动模频率及其位移向量与层数 N 的关系。按照层间振动模频率 ω 随 N 增加或减少，可以采用以下三种方式对层间振动模进行分类。

(1) ω 与 N 呈扇形结构，[117] 如图 5.8(a)所示。此分类的具体表达式为

$$\omega_{2N_0}^{\pm}(N) = \omega(2)\sqrt{1 \pm \cos(N_0 \pi / N)} \qquad (5.6)$$

式中，$N_0 = 1, 2, 3, \cdots$，且 $N \geqslant 2N_0$；$\omega(2)$ 为双层材料的层间振动模频率，

由下式决定：

$$\omega(2) = \left[1/(\sqrt{2}\pi c) \right] \sqrt{\alpha_0/m} \qquad (5.7)$$

据此可将层间振动模分为 $\omega_{2N_0}^{\pm}$ 声子支，各声子支起源于对应偶数层的扇形顶点，该顶点的层间振动模频率与 $\omega(2)$ 相同。

(2) ω 随 N 增加而增加，[114,115] 如图 5.8(b) 所示。总层数为 N 的层状材料有 $N-1$ 个剪切模或呼吸模，因此需要层数 N 和对应 $N-1$ 个层间振动模的序号 ν 来标记各个层间振动模，即 $\omega_{N,\nu}$。如果规定 $\omega_{N,1}$ 为 $N-1$ 个中频率最高的层间振动模中的最高频率，则此分类的具体表达式为

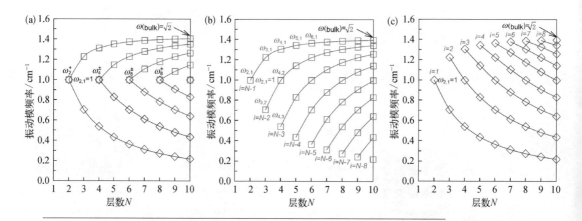

图 5.8　仅考虑最近邻层间相互作用时，线性链模型计算得到的总层数为 N 的层状材料层间振动模频率 ω

（a）ω 与 N 呈扇形结构；（b）ω 随 N 增加而增加；（c）ω 随 N 增加而减少

$$\omega_{N,N-i} = \sqrt{2}\,\omega(2)\sin\left[i\pi/(2N) \right] \qquad (5.8)$$

式中，$i = N-1,\ N-2,\ \cdots$，并基于此可对层间振动模的声子支进行分类。双层材料的层间振动模频率为 $\omega_{2,1} = \omega(2)$。第 i 个振动模第 j 个单元层的位移向量 $\boldsymbol{v}_j^{(i)}$ 为

$$\boldsymbol{v}_j^{(i)} = \cos\left[i(2j-1)\pi/(2N) \right] \qquad (5.9)$$

(3) ω 随 N 增加而减少，[5,29,118] 如图 5.8(c) 所示。如果也规定 $\omega_{N,1}$ 为

　　　　　　　　　　　　　　石墨烯基材料的拉曼光谱研究

$N-1$ 个层间振动模中的最高频率,则此分类的具体表达式为

$$\omega_{N,N-i} = \sqrt{2}\,\omega(2)\sin(i\pi/2N) \tag{5.10}$$

式中,$i = 1, 2, \cdots$,基于此可对层间振动模的声子支进行分类。第 i 个振动模第 j 个单元层的位移向量 $\boldsymbol{v}_j^{(i)}$ 为

$$\boldsymbol{v}_j^{(i)} = \cos\left[i(2j-1)\pi/2N\right] \tag{5.11}$$

需要注意的是,此分类与上一分类的唯一差别就是 i 的取值顺序不一样。

对于体层状材料来说,$N \to \infty$,其层间振动模频率为

$$\omega(\mathrm{bulk}) = (1/\pi c)\sqrt{\alpha_0/m} \tag{5.12}$$

显然,$\omega(\mathrm{bulk})$ 是双层材料 $\omega(2)$ 的 $\sqrt{2}$ 倍。式(5.8)可被简化为

$$\omega_{N,N-i} = \omega(\mathrm{bulk})\sin(i\pi/2N) \tag{5.13}$$

因此,只要知道了体层状材料或双层材料的层间振动频率,就可以计算得到层间振动耦合力常数以及不同层数层状材料的各个层间振动模的频率。然后,根据式(5.9)可以计算得到多层层状材料中各个层间振动模所对应的位移矢量。根据各单元层的相对位移,可以推导出相应剪切模和呼吸模的对称性和拉曼活性。[29,114,118]

总之,线性链模型可以预测总层数为 N 的层状材料的层间振动模频率与层数 N 的关系,并根据实验所测频率来计算层间耦合力常数 α_0。线性链模型已经被广泛地用来描述层状材料的层间呼吸模和剪切模,[6,115,119] 如石墨烯、MoS_2、WSe_2、黑磷(BP)、ReS_2、$ReSe_2$。改进后的线性链模型甚至还可以应用于不同二维材料堆叠形成的范德瓦耳斯异质结。[5,29,120,121] 上述线性链模型只考虑了层状材料的最近邻层间相互作用。但是,研究表明,部分层状材料的层间耦合还存在次近邻相互作用,[118,120] 例如多层石墨烯、转角多层石墨烯及其异质结。考虑了层状材料次近邻层间相互作用的线性链模型被标记为 2LCM,[118] 后面将详细阐述。LCM 和 2LCM 所确定的层状材料层间呼吸模或剪切模的频率与层数的关系也

可以用来鉴定层状材料薄片的厚度或层数。[19,115,122]

5.3.2 AB 堆垛多层石墨烯

体石墨的剪切模是拉曼活性的,位于 42 cm^{-1} 左右,但呼吸模却是非拉曼活性的,理论计算的频率位于 128 cm^{-1} 左右。集成了体布拉格光栅陷波滤光片的单光栅拉曼光谱仪使得在常规实验条件下,也能测到体石墨和 AB-NLG 的剪切模。[114]实验所测体石墨的剪切模位于 43.5 cm^{-1},但实验上的确不能直接探测到体石墨和 AB-NLG 的呼吸模。根据在转角多层石墨烯中探测到的呼吸模频率,可以估算体石墨的呼吸模频率位于 125.3 cm^{-1}。[29,118]在估算时,上节所述的线性链模型中,质量 m 通常以单元层的单位面积质量 μ 来代替,对应的力常数为单位面积层间耦合力常数 α_0。对于石墨烯或体石墨来说,$\mu = 7.6 \times 10^{-27}$ kg/Å^2。根据体石墨剪切模和呼吸模的实验数值,可以估计相应的单位面积层间耦合力常数分别为 $\alpha_0^{\parallel} = 12.8 \times 10^{18}$ N/m^3,$\alpha_0^{\perp} = 106.5 \times 10^{18}$ N/m^3。由于最早在AB-NLG 中观察到二维材料的剪切模,[114]且其频率直接反映了 AB-NLG 的层间相互耦合作用,因此剪切模在多层石墨烯中也被简称为 C 模。在其他文献中,不同研究组也把剪切模标记为 SM 或 S 模,把呼吸模标记为 LBM 模、LB 模或 B 模。

根据实验所得的剪切耦合力常数和预估计的呼吸耦合力常数,通过线性链模型可以计算出 AB-NLG($N = 2 \sim 4$)层间振动模的对称性、频率、拉曼活性和相应的位移向量示意图,如图 5.9(a)和(b)所示。基于 LCM 还可计算 AB-NLG($N = 2 \sim 8$)的各剪切模和呼吸模频率与 N 的关系和相应的原子位移示意图,并根据原子位移示意图和 AB-NLG 的对称性分析出所有剪切模和呼吸模的拉曼活性(R)和红外活性(IR),如图 5.9(c)和(d)所示。[110]由于在 AB-NLG 中只有 C$_{N,i}$ 模在室温下能被观测到,因此图 5.9(c)按照声子支 $i = N-1$,$N-2$,…对剪切模进行了划分。[110]由于 AB-NLG 所有 $i = 2N-1$($N = 1, 2, 3, \cdots$)支的呼吸模都是拉曼活性

　　　　　　　　　　　　　　　　　　　　石墨烯基材料的拉曼光谱研究

图 5.9 AB-NLG 的层间振动模[110]

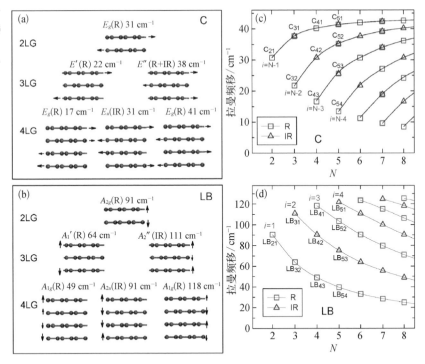

（a）（b）AB-NLG 各个剪切模（a）和呼吸模（b）的对称性、频率、拉曼活性和相应的位移向量示意图；（c）基于 LCM 计算所得的各剪切模频率与 N 的关系；（d）基于 2LCM 计算所得的各呼吸模频率与 N 的关系（矩形和三角形分别表示拉曼活性和红外活性）

的,因此,图 5.9(d)按照声子支 $i=1,2,3,\cdots$ 对呼吸模进行了划分。[110]

AB-NLG 具有 $N-1$ 个二重简并的剪切模和 $N-1$ 个呼吸模。为了分辨每个层间振动模,我们利用 $C_{N,N-i}$ 和 $LB_{N,N-i}$ ($i=1,2,3,\cdots$)来标记各个剪切模和呼吸模,其中 $C_{N,1}$($LB_{N,1}$)（即 $i=N-1$ 时）频率最高,$C_{N,N-1}$ ($LB_{N,N-1}$)（即 $i=1$ 时）频率最低。AB-NLG 的对称性和 N 决定了各层间振动模是拉曼活性(R)、红外活性(IR),还是同时是拉曼活性和红外活性。[29,110,114,118]如表 2.1 所示,AB-ENLG 的对称性为 D_{3d}, AB-ONLG 的对称性为 D_{3h}。AB-ENLG 和 AB-ONLG 的 $N-1$ 个剪切模可分别表示为 $\frac{N}{2}E_g(R)+\frac{N-2}{2}E_u(IR)$ 和 $\frac{N-1}{2}E''(R)+\frac{N-1}{2}E'(R,IR)$。根据式(3.20)和各个层间振动模的拉曼张量,只有 E_g 和 E' 可以在背散射配置下

被观察到。AB-ENLG 和 AB-ONLG 的 $N-1$ 个呼吸模可分别表示为

$$\frac{N}{2}A_{1g}(\text{R}) + \frac{N-2}{2}A_{1u}(\text{IR}) \text{和} \frac{N-1}{2}A_2''(\text{IR}) + \frac{N-1}{2}A'(\text{R})。$$

AB-NLG 的剪切模和呼吸模能否被实验所观测到,取决于其拉曼活性、电声子耦合强度以及在实验中是否采用恰当的偏振配置。图 5.10(a)给出了 AB-NLG($N = 2{\sim}8$)和石墨 C 模、G 模的拉曼光谱。[114] $\omega(\text{G})$ 位于 1582 cm^{-1} 左右,几乎不随 N 变化,而 $\omega(\text{C})$ 随 N 减小而单调下降,如图 5.10(b)所示。[114] 实验所测 $\omega(\text{C})$ 与 N 的关系可以利用 $\omega(\text{C}_{N,1}) = \omega(\text{C}_{\text{bulk}})\cos(\pi/2N)$ 来进行很好的拟合。[114] 基于线性链模型,实验结果表明,常规拉曼光谱只能探测到 AB-NLG 的 $i = N-1$ 支的剪切模。该拟合结果说明,不同层数 AB-NLG 的剪切模频率都可以通过同一个剪切耦合力常数 $\alpha_0^{\parallel} = 12.8 \times 10^{18}$ N/m^3 来估计,与层数 N 无关。这说明,线性链模型可以广泛地应用于 AB-NLG 以及其他层状材料层间振动模的频率预测和层数鉴别。

如图 5.10(a)所示,AB-NLG 的 G 模线型为对称的洛伦兹线型,而剪切模却表现出不对称的峰型,不能用洛伦兹峰拟合,但可以用 Breit-

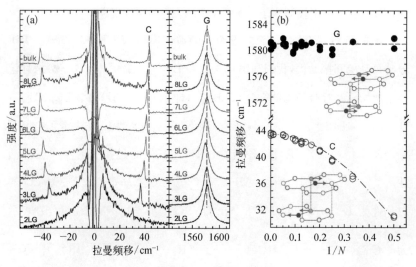

（a）AB-NLG（$N= 2{\sim}8$）和石墨 C 模、G 模的拉曼光谱;（b）G 模和 C 模频率与 1/N 的函数关系

图 5.10 AB-NLG 和体石墨的一阶拉曼模与层数的关系[114]

Wigner-Fano线型(简写为 Fano 线型)来拟合,[114]后面章节将详细讨论此问题。与剪切模不同的是,由于很弱的电声子耦合,AB-NLG 的任何一个呼吸模都无法在常规拉曼光谱中被观察到,无论它是否是拉曼活性的。不过,AB-NLG 的呼吸模可以通过和频模及倍频模等间接的方式观察到,[123]也可以通过增加激光功率使样品加热的方法来观测[124]。

5.3.3 ABC 堆垛多层石墨烯

AB 堆垛与 ABC 堆垛三层石墨烯的堆垛次序不同导致了它们不同的对称性,如图 5.11(a)和(b)所示。[110]ABC-NLG 的对称性与 AB-ENLG 的对称性一致,属于 D_{3d} 点群,ABC-ONLG 和 ABC-ENLG 剪切模对称性的不可约表示分别为 $\dfrac{N-1}{2}E_g(\mathrm{R})+\dfrac{N-1}{2}E_u(\mathrm{IR})$ 和 $\dfrac{N}{2}E_g(\mathrm{R})+\dfrac{N-2}{2}E_u(\mathrm{IR})$。根据其不可约表示可知,ABC-O$N$LG 的 $C_{N,1}$ 模为红外活性的 E_u 模,ABC-ENLG 的 $C_{N,1}$ 模为拉曼活性的 E_g 模。图 5.11(c)给出了 AB 堆垛和 ABC 堆垛 3LG 和 4LG 剪切模的位移向量示意图及其频率、对称性的不可约表示和拉曼活性(R)/红外活性(IR)情况。[110]图5.11(d)给出了根据 LCM 计算所得 ABC-NLG 剪切模频率与 N 的关系及其拉曼或红外活性。[110]

Lui 等人将 ABC-3LG 样品悬浮在石英衬底上,采用较大功率(9 mW)的激光将样品加热到高达 800 K,在 33 cm^{-1} 附近观察到一个拉曼峰,标记为 $C_{3,1}$,在 19 cm^{-1} 附近观察到了另一个拉曼峰,标记为 $C_{3,2}$。[125]如图 5.11(c)和(d)所示,ABC-3LG 的 $C_{3,1}$ 不是拉曼活性的,从理论上来说,无法在 ABC-3LG 中观测到 $C_{3,1}$。[110]Lui 等人认为在常温下观测不到 AB-3LG 的 $C_{3,2}$ 模是由于拉曼实验采用了不恰当的实验配置。[125]但是,如图 5.4(b)所示,Zhang 等人在室温下对置于 Si/SiO$_2$ 衬底上的AB-NLG 和 ABC-NLG 的低频拉曼光谱进行了进一步的测试,发现

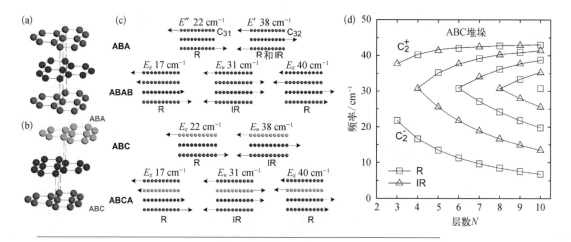

图 5.11　多层石墨烯的剪切模[110]

　（a）AB-3LG 和（b）ABC-3LG 的结构示意图；（c）AB 堆垛和 ABC 堆垛 3LG 和 4LG 剪切模的位移向量示意图及其频率、对称性的不可约表示和拉曼活性（R）/红外活性（IR）情况；（d）根据 LCM 计算所得 ABC-NLG 剪切模频率与 N 的关系及其拉曼或红外活性

只有在 AB-NLG 中才能观测到 $C_{N,1}$。[110] ABC-ONLG 的对称性使得人们无法在常规条件下观察到 $C_{N,1}$ 模，而 ABC-ENLG 很弱的电声子耦合也导致了其 $C_{N,1}$ 模难以被观察到。需要进一步指出的是，即使激光功率高达 10 mW，由于存在来自衬底拉曼信号的影响，人们也不能在 SiO_2 衬底上观察到 $C_{N,N-i}$。[110] 因此，可以根据是否能够在常规条件下探测到剪切模来区分待测 NLG 样品是否为 AB 堆垛的多层石墨烯。

5.3.4　剪切模的法诺共振

　　如 3.4 节所述，声子寿命导致拉曼峰有一定的展宽并呈现对称的洛伦兹线型。多层石墨烯和体石墨 G 模就是这样，如图 5.12(a) 所示。[114] 但是，如图 5.12(b) 所示，AB-3LG 和体石墨的剪切模却呈现出明显的非对称展宽，其峰型可以用法诺（Fano）线型来拟合。[114] 这表明相应的拉曼散射过程存在法诺共振。法诺（Fano）共振效应描述的是一个离散态与一个连续态激发过程之间的量子干涉效应，[126] 这里的连续态和离散态分别为

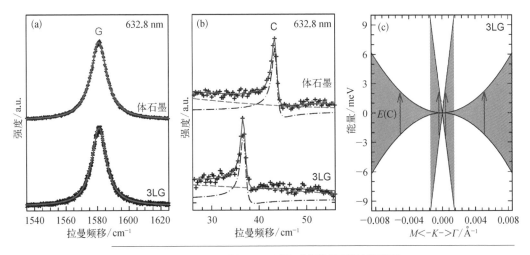

图 5.12　G 模和剪切模拉曼峰的线型[114]

（a）AB-3LG 和体石墨 G 模的洛伦兹线型；（b）AB-3LG 和体石墨剪切模的法诺线型；
（c）AB-3LG 剪切模线型的物理根源：连续电子激发与剪切模之间的法诺共振

两电子能带之间的连续激发和声子态。重掺杂硅材料[127]、金属碳纳米
管[128]、硅纳米线[129]和拓扑绝缘体[130]等材料的某些拉曼模都观察到了法
诺共振现象。法诺共振导致了拉曼峰呈现出非对称展宽的线型，即法诺
线型。法诺线型的不对称程度取决于离散态与连续态之间的耦合系数，
其表达式可写为[45,114,126]：

$$I(\omega) = I_0 \frac{\left[1 + 2(\omega - \omega_0)/(q\Gamma) \right]^2}{\left[1 + 4(\omega - \omega_0)^2/\Gamma^2 \right]} \quad (5.14)$$

式中，I_0、ω_0、Γ 和 $1/|q|$ 分别表示强度、没有耦合时的拉曼模频率、拉曼
峰的展宽因子和耦合系数。具有法诺线型的拉曼峰，其强度最大值出现
在 $\omega_{max} = \omega_0 + \Gamma/2q$，其半高宽（FWHM）为 $\Gamma(q^2+1)/|q^2-1|$，这两个
参数都与耦合系数 $1/|q|$ 有关。当耦合系数 $1/|q| \to 0$ 时，法诺线型退化
为对称的洛伦兹线型。

AB-NLG 剪切模的拉曼峰在室温和低温下几乎具有相同的耦合系
数 $1/|q|$，这表明其剪切模法诺线型的产生根源不是光激发电子空穴等
离子体与多声子之间的共振，而是剪切模声子与狄拉克点附近连续电子

跃迁之间的量子干涉。如图 5.12(c)所示，以 AB-3LG 为例，剪切模声子与其能量附近[$E(C) \approx 5$ meV]电子跃迁之间的耦合就导致了量子干涉的产生。[114]耦合系数取决于 AB-NLG 的电子能带结构和费米能级。考虑到实际 AB-NLG 样品与衬底、插层物[3,92,93,131]或吸附的空气分子[131]之间的电荷转移等因素对其费米能级的影响[尤其是当 $E_F >E(C)/2$ 时]，根据泡利原理，部分电子跃迁被禁戒，声子与连续电子激发的耦合系数将减小。AB-NLG 的层数越少，这一效应越显著。这种掺杂效应在一定程度上导致了实验所测 AB-NLG 剪切模的耦合系数随层数的减少而减小。

原则上来说，1LG 和 AB-NLG 的 G 模也存在法诺共振。实际上，1LG 处于电中性附近时，实验所测 G 模的线型表现出微弱的不对称，表明 G 模声子与电子激发之间的耦合导致了法诺共振。[132]1LG 样品受到电子或空穴的微弱掺杂时，G 模峰型将退化为洛伦兹线型。G 模的法诺共振可以通过 1LG 的声子拉曼散射和高阶电子拉曼过程之间的量子干涉来解释。然而，本征石墨烯 G 模法诺线型的耦合系数非常小，$1/|q| \approx 0.07$，[132]远小于 C 模的耦合系数（约为 0.3）[114]，因此几乎很难直接鉴别出 G 模具有不对称线型。对于 AB-2LG 来说，无论是否掺杂，G 模都表现出完全对称的洛伦兹线型。[132]在红外光谱中，G 模显示出显著的法诺共振效应，相应的法诺线型表现出明显的层数、堆垛方式和掺杂依赖关系。[133]

5.4　转角多层石墨烯

除了 AB 堆垛和 ABC 堆垛的多层石墨烯以外，还可以通过将两组分，即 m 层石墨烯（mLG；若 $m>1$，为 AB-mLG）和 n 层石墨烯（nLG；若 $n>1$，为 AB-nLG），以相对转角 θ 垂直地堆叠起来，形成转角多层石墨烯，记为 tNLG 或 t($m+n$)LG。转角多层石墨烯也可能存在更多 1LG 或 AB-mLG 的成分和转角界面。虽然 AB 堆垛方式和 ABC 堆垛方式被认为是能量最低的两种多层石墨烯结构的堆垛方式,但是,在机械剥离过程中石墨烯薄片会偶然地发生折叠,或者也可以人为地将石墨烯薄片转移到其他石墨烯薄片上,形成转角多层石墨烯。大多数通过化学气相沉积(CVD)法制备的多层石墨烯也会存在转角界面。转角界面的存在对石墨烯薄片的性质有显著影响,探测转角多层石墨烯的各组分以及各界面处的转角有助于调控和按需优化其光学和电学性质。

本节首先介绍转角多层石墨烯的转角对声子色散关系的影响、转角所导致的莫尔声子及其频率与转角大小的关系。随后,介绍转角对电子能带结构的影响,以及转角石墨烯显著的共振拉曼增强效应。最后,介绍转角石墨烯的低频模,包括剪切模和呼吸模,低频模的拉曼光谱特征与组成转角多层石墨烯的组分和转角的关系,以及低频模的共振拉曼散射等现象。

5.4.1 莫尔声子

如 2.3.3 节所述,在某些角度下,转角双层石墨烯 t2LG 的晶格结构可以是公度的,形成晶体学超晶格。此时,t2LG 具有严格的周期性,其最小周期性重复单元(即原胞)的晶格常数增大,布里渊区变小,因此 1LG 非布里渊区中心的光学模和声学模会折叠到布里渊区中心,变成拉曼活性的声子模。另外,t2LG 的莫尔图案可以引入周期势,对层间耦合产生周期性调制作用,同样可以激活非布里渊区中心的声子。莫尔超晶格小于或等于晶体学超晶格,莫尔周期势所激活的拉曼模称为莫尔声子。[134] 这里首先讨论转角双层二维材料中普遍存在的莫尔声子。

以六角晶格的转角双层二维材料为例,上下两单层二维材料原胞的倒格矢分别为 b_1、b_1' 和 b_2、b_2'。倒格矢 b_1 和 b_2 与倒空间笛卡儿坐标系的基矢关系(k_x 和 k_y)为

$$\boldsymbol{b}_1 = b\big[\cos(\pi/6)\boldsymbol{k}_x + \sin(\pi/6)\boldsymbol{k}_y\big]$$
$$\boldsymbol{b}_2 = b\big[\cos(\pi/6+\theta)\boldsymbol{k}_x + \sin(\pi/6+\theta)\boldsymbol{k}_y\big] \tag{5.15}$$

式中，b 为倒格矢的模；θ 为上下两单层二维材料之间的相对旋转角度，如图 5.13(a) 所示，$\boldsymbol{b}_1$ 和 $\boldsymbol{b}_1'$（以及 $\boldsymbol{b}_2$ 和 $\boldsymbol{b}_2'$）之间的夹角为 120°。[134] 因此，莫尔超晶格倒格矢（$\boldsymbol{g}$ 和 $\boldsymbol{g}'$）与单层二维材料原胞倒格矢的关系为

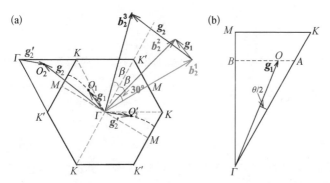

图 5.13　转角双层二维材料的莫尔声子[134]

（a）当 $\theta = 30°+\beta$ 和 $\theta = 30°-\beta$ 时，相应莫尔超晶格倒格矢 g_1 和 g_2 的示意图；（b）根据波矢在单层二维材料布里渊区的位置以及相应 ΓK 和 ΓM 方向的声子支频率来计算莫尔声子频率

$$\boldsymbol{g} = \boldsymbol{b}_2 - \boldsymbol{b}_1 = l\big[\cos(\pi/6-\theta/2)\boldsymbol{k}_x + \sin(\pi/6-\theta/2)\boldsymbol{k}_y\big]$$
$$\boldsymbol{g}' = \boldsymbol{b}_2' - \boldsymbol{b}_1' = l\big[\cos(5\pi/6-\theta/2)\boldsymbol{k}_x + \sin(5\pi/6-\theta/2)\boldsymbol{k}_y\big] \tag{5.16}$$

式中，$l = 2b\sin(\theta/2)$。$\boldsymbol{g}$ 和 $\boldsymbol{g}'$ 依赖上下两单层二维材料之间的相对旋转角度 θ。将 θ 从 0°增大到 30°，可以得到 $\boldsymbol{g}$ 在单层二维材料布里渊区中的轨迹，如图 5.13(a) 的黑色虚线所示。[134]

如图 5.13(a) 所示，转角双层二维材料的界面转角为 θ 和 60°$-\theta$ 时，其莫尔超晶格相同。[134] 当 $\theta = 30°-\beta<30°$ 时，倒格矢为图 5.13(a) 所示的 $\boldsymbol{g}_1$，当 $\theta = 30°+\beta>30°$ 时，根据式(5.16)，可得相应的倒格矢为图 5.13(a) 所示的 $\boldsymbol{g}_2$。$\boldsymbol{g}_2$ 的模超出了单层二维材料第一布里渊区的范围，根据平移对称性，可以找到一个第一布里渊区内等价的倒格矢 $\boldsymbol{g}_2'$。[134] 由图 5.13(a) 可知，$\boldsymbol{g}_1$ 和 $\boldsymbol{g}_2'$ 关于 ΓK$'$ 镜像对称，因此，$\theta = 30°-\beta$ 和 $\theta = 30°+\beta$ 所对应两个转角双层二维材料的莫尔超晶格及其倒空间是等价的，相应的电子

和声子性质也是相同的。[134]

根据莫尔超晶格的倒空间基矢可以直接计算布里渊区折叠所导致莫尔声子的频率与转角 θ 的关系。单层二维材料沿 g 轨迹的声子色散可以由其在 ΓK 和 ΓM 方向上的声子色散来近似地计算得到。如图 5.13(b) 所示，根据 $g_1 = \overrightarrow{\Gamma O}$ 得出过 O 点与 MK 平行的直线，分别与 ΓK 和 ΓM 轴相交于 A 点和 B 点。[134] A 点和 B 点处声子频率可以从单层二维材料在 ΓK 和 ΓM 方向上的声子色散得到，分别为 $\omega(\overrightarrow{\Gamma A})$ 和 $\omega(\overrightarrow{\Gamma B})$，因此，$O$ 点处声子频率可以近似地用下式计算：

$$\omega(\overrightarrow{\Gamma O}) = \omega(g_1) = \frac{\overline{AO}}{\overline{AB}}\omega(\overrightarrow{\Gamma B}) + \frac{\overline{BO}}{\overline{AB}}\omega(\overrightarrow{\Gamma A}) \tag{5.17}$$

过渡金属硫族化合物表现出丰富的光谱特征，特别是在转角多层 MoS_2 的拉曼光谱中也可以观察到显著的莫尔声子。下面将以转角双层 MoS_2（t2LM）为例，介绍如何通过拉曼光谱表征莫尔声子。

5.4.2　t2LM 的莫尔声子

图 5.14(a) 给出了 t2LM 在两个转角 θ 下的晶体学超晶格（绿色）和莫尔超晶格（红色）。[134] 在某些角度下，t2LM 的莫尔超晶格和晶体学超晶格的大小不同。t2LM 莫尔超晶格的晶格常数（L_M）和倒格矢 g 与转角 θ 的关系为

$$L_M = \frac{a}{2\sin(\theta/2)} \tag{5.18}$$

$$|g_M| = 2b\sin(\theta/2)$$

式中，a 和 b 分别表示平面内 MoS_2 原胞的晶格常数和倒格矢的长度。如 2.3.3 节所述，晶体学超晶格的晶格常数和倒格矢除了与转角 θ 相关，还依赖转角手性 (m, n)，即

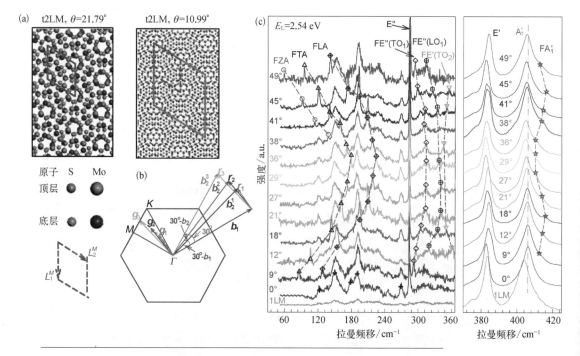

图 5.14　t2LM 的莫尔晶格结构和拉曼光谱与转角 θ 的关系[134]

（a）θ = 21.79°和（b）θ = 10.99°时 t2LM 的晶体结构和布里渊区示意图；（c）E_L = 2.54 eV 所激发不同转角 t2LM 的拉曼光谱

$$L_C = \frac{a\,|\,m-n\,|}{2\sin(\theta/2)}$$

$$|\boldsymbol{g}_C| = \frac{2b\sin(\theta/2)}{|\,m-n\,|}$$

（5.19）

通常情况下，晶体学超晶格的晶格常数等于（如 θ = 21.79°）或大于（如 θ = 10.99°）莫尔超晶格的晶格常数。

　　晶体学超晶格和莫尔超晶格都会导致布里渊区折叠，把非布里渊区中心的声子折叠到布里渊区中心，从而在 t2LM 中观察到在单层 MoS₂ 中不存在的一些新的拉曼模。同时，在 t2LM 中也能观察到单层 MoS₂ 中原本是拉曼活性的声子，如 E″模和 A′₁模，其频率与转角 θ 无关。如图 5.14（c）所示，在 t2LM 的拉曼光谱中的确能观察到一些新的拉曼模，且在 0°<θ<30°，这些拉曼模的频率单调地随 θ 的改变而变化。[134] t2LM 中出

　　　　　　　　　　石墨烯基材料的拉曼光谱研究

现的这些新拉曼模的频率只与界面转角有关，而与其手性(m,n)无关。这表明动量为$\boldsymbol{g}_M$的声子因莫尔超晶格周期势的影响而被折叠到布里渊区中心，变成拉曼活性的声子，即莫尔声子。

通过拉曼光谱可以探测这些莫尔声子及其频率与转角的关系。图5.14(c)显示，莫尔声子的频率显著依赖转角θ。[134]如图5.15(a)和(b)所示，实验所得莫尔声子频率与理论计算所得$\boldsymbol{g}_M$轨迹对应的单层MoS_2声子色散关系相一致，这从实验上验证了莫尔势导致的声子折叠效应。[134] t2LM随转角θ变化的莫尔声子频率使得我们可以利用拉曼光谱来探测单层MoS_2沿$\boldsymbol{g}_M$轨迹上所有声子支的色散关系，这种方法同样也可以用于其他的转角双层二维材料。

图 5.15　t2LM 的莫尔声子频率与转角的关系[134]

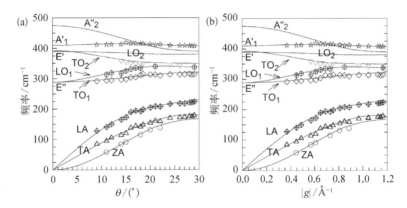

（a）t2LM 的莫尔声子频率与转角的关系；（b）t2LM 莫尔声子频率与相应转角所选择的声子波矢的关系

5.4.3　t2LG 的 R 模和 R′模

如 5.4.2 节所述，t2LM 的莫尔周期势导致非布里渊区中心的声子被折叠到布里渊区中心而变成拉曼活性的声子模，通过拉曼光谱可以探测到这些转角依赖的莫尔声子。在 CVD 方法制备的 t(1＋1)LG（或 t2LG）中也可以观察到两个与转角 θ 相关的、在 1LG 中不存在的新拉曼模，也

就是所谓的 R 模和 R′模，它们分别来源于其组分 1LG 非布里渊区中心
TO 和 LO 声子支的布里渊区折叠效应，其频率依赖界面转角 θ，如图 5.16
(a)所示。t2LG 样品的 R 模和 R′模只能在一定的激发光能量范围内才
能被观测到。[135]

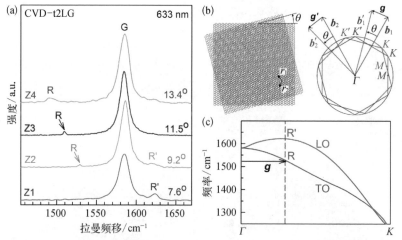

图 5.16　t2LG 的
R 模和 R′ 模与转角
θ 的关系

（a）$\lambda_L=633$ nm 所激发不同 t(1+1)LG 的 R 模和 R′ 模的拉曼光谱；（b）莫尔倒格矢
g 与界面转角 θ 之间的关系；（c）1LG 组分的声子色散关系以及莫尔倒格矢分别从石墨烯 TO
和 LO 声子支选择出 R 模和 R′模示意图

具有特定转角 θ 的 t(1+1)LG 具有莫尔超晶格结构，其倒格矢 **g** 可由
图 5.16(b)来确定，其大小与转角 θ 的关系为 $g(\theta)=\dfrac{8\pi}{\sqrt{3}\,a}\sin(\theta/2)$，[136] 式
中，a 为 1LG 组分的晶格常数。布里渊区折叠效应所激活的声子波矢
q = −**g**，因此，R 模声子所对应 1LG 组分的 TO 声子波矢为

$$|\boldsymbol{q}|=\frac{8\pi}{\sqrt{3}\,a}\sin(\theta/2) \tag{5.20}$$

根据图 5.16(c)所示 1LG 组分的声子色散关系以及莫尔倒格矢分别从石
墨烯 TO 和 LO 声子支选择出 R 模和 R′模示意图，就可以通过 R 模的频
率来表征 t2LG 的界面转角 θ。

　　R 模强度较弱，因而只有在满足共振拉曼散射条件时才可以被观测

到。在 t(1+1)LG 中,转角所导致的光学跃迁允许联合态密度的范霍夫奇点能量 E_{VHS} 与转角 θ 的关系近似为[137]

$$E_{VHS} \approx 4\pi\theta_t \hbar v_F / 3a \tag{5.21}$$

式中,v_F 表示 1LG 的费米速度。当激发光能量 E_L 与 t(1+1)LG 范霍夫奇点的能量相匹配时,入射共振条件的满足使得我们可以观察到较强的 R 模,但 $I(R)/I(G)$ 与 E_L 的相关性较小。

R′模也有类似的现象,与 R 模不同的是,R′模是由 LO 声子支的布里渊区折叠效应所激活的拉曼模,因此 R′模的位置也依赖界面转角,能否观察到拉曼信号很强的 R′模也依赖 E_L。结合 R 模和 R′模的频率可以较为精确地确定 t(1+1)LG 的界面转角 θ。

上文所述 t2LG 的布里渊区折叠效应也可以推广到转角多层石墨烯 t(m+n)LG。[113,138,139]随着层数的增加,NLG 的 LO 和 TO 声子支的劈裂都很小,因此,如果界面转角 θ 相同,就能在 t(m+n)LG 中观察到与 t(1+1)LG 频率接近的 R 模和 R′模。[113,138,139]这样,根据实验观察到的各个 R 模和 R′模的频率,并结合 1LG 组分的声子色散曲线,仍然可以较为精确地确定转角多层石墨烯中的各个界面转角 θ。

5.4.4　t(m+n)LG 的高频拉曼模

图 5.17(a)给出了 t(1+1)LG 和 t(1+3)LG 样品的光学图像。[29]与 AB-2LG 和 AB-4LG 显著不同的是,t(1+1)LG 和 t(1+3)LG 的衬度谱在 2 eV 附近出现了一个吸收峰,如图 5.17(b)所示,这表明它们的电子能带结构与 AB-2LG 和 AB-4LG 显著不同。[29]如 2.3.3 节所述,tNLG 的能带结构会受到界面处莫尔周期势的影响,使得电子态密度产生依赖转角 θ 的范霍夫奇点,并导致相应能量的光吸收增强,从而在衬度谱中出现相应的吸收峰。[29]

图 5.17(c)给出了 1.96 eV 和 1.58 eV 所激发的 1LG、AB-3LG 和

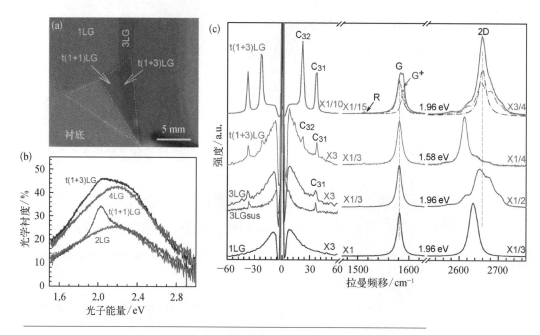

图 5.17 转角多层石墨烯的光学表征[29]

（a）t(1+1)LG 和 t(1+3)LG 样品的光学图像；（b）t(1+1)LG、AB-2LG、t(1+3)LG 和 AB-4LG 的光学衬度；（c）1.96 eV 和 1.58 eV 所激发的 1LG、AB-3LG 和 t(1+3)LG 的剪切模、G 模和 2D 模的拉曼光谱（虚线和点划线分别是用来拟合相应 G 模和 2D 模的子峰）

t(1+3)LG 的剪切模、G 模和 2D 模的拉曼光谱，其强度根据 1LG 的 $I(G)$ 进行了归一化。[29] t(1+3)LG 的 2D 模可以用 1LG 和 AB-3LG 的 2D 模线型进行拟合，用来拟合的两个子峰相比本征 1LG 和 AB-3LG 分别蓝移了 24 cm^{-1} 和 5 cm^{-1}。该蓝移是由莫尔周期势对转角多层石墨烯中电子能带结构的调制所引起的。如 2.3.3 节所述，t(1+1)LG 保留了线型能带结构，但电子的费米速度减小，[140] 类似地，t(1+3)LG 的电子能带结构也有相应的变化。这导致 2D 模双共振拉曼过程所选择出的声子波矢减小，相应的声子能量增加，最终使得 2D 模发生了蓝移。同时，t(1+3)LG 的 $I(G)$ 约为 1LG 的 15 倍。类似地，t(1+1)LG 的 $I(G)$ 相比 1LG 有 20~60 倍的增强。当激发光能量为 1.96 eV 时，通过仔细拟合可发现，t(1+3) LG 的 G 模包含了两个子峰，分别标记为 G$^-$ 和 G$^+$。而当激发光能量为

石墨烯基材料的拉曼光谱研究

1.58 eV 时,G 模表现为单个洛伦兹峰,且半高宽和频率与 G⁻ 峰相同。不同激发光能量下 G 模光谱特征的变化也与 tNLG 独特的电子能带结构导致的共振拉曼散射有关。在 t(1+1)LG 和 t(1+3)LG 的拉曼光谱中,也观察到了布里渊区折叠效应所产生的 R 模和 R′ 模。

当然在 t(1+1)LG 和 t(1+3)LG 中也存在电子能带结构的布里渊区折叠效应。如 2.3.3 节所述,理论上来说,t($m+n$)LG 的能带结构可以当成是在考虑莫尔超晶格所导致布里渊区折叠以及层间耦合所导致 m 层和 n 层石墨烯能带交点处产生平带的前提下,m 层和 n 层石墨烯能带结构叠加的结果。平带结构导致电子态密度在相应能量处产生范霍夫奇点,从而增强了相应能量的电子跃迁概率以及光吸收的概率。范霍夫奇点的能量与界面转角 θ 相关,通过界面转角 θ 可以调节范霍夫奇点的能量,进而实现光吸收的调控。[26,137,141] tNLG 中不同 AB 堆垛成分及其堆垛次序对其能带结构也有影响。因此,tNLG 展现出丰富的、可调控的电学和光学特性。[29,118,142] 范霍夫奇点可导致在相应能量处光吸收的增强,进而产生比 1LG 更为显著的共振拉曼增强效应。在这种较强的共振拉曼散射条件下,可以观察到某些非共振激发下不能观察到的拉曼模。因此,共振拉曼光谱技术可用于研究 tNLG 界面耦合对电子能带结构和声子色散的影响,同时,tNLG 也为石墨烯基材料独特的共振拉曼散射现象的研究提供了新的材料体系。

5.4.5 高频模的共振拉曼散射

如 2.3.3 节所述,t2LG 的层间耦合导致上下两石墨烯层电子能带结构交叉处产生了范霍夫奇点,[137] 其能量 E_{VHS} 与 θ 之间的关系可以用如下公式估计: $E_{VHS} \approx 4\pi\theta\hbar\upsilon_F/(\sqrt{3}a)$,式中,$a$ 为石墨烯晶格常数(2.46 Å);$\hbar$ 为约化普朗克常数;υ_F 为石墨烯的费米速度(10^6 m/s)。当 E_L 与 E_{VHS} 匹配时,t(1+1)LG 的拉曼信号得到显著增强。[137,141]

$t(m+n)$LG 的共振拉曼散射可以用可调谐激光来研究。如图 5.18 (a)所示，对于特定的 E_L，$t(1+1)$LG 的 $I(G)$ 可以被增强 30 倍以上。[29] 如 3.2 节所述，根据拉曼散射的量子力学图像，激发光激发电子从初态跃迁到中间态并在初态留下一空穴，光激发电子被声子散射后，与留在初态的空穴复合发出散射光。当中间态为电子实态时，将发生共振拉曼过程。共振拉曼散射发生的前提是该电子跃迁必须是光学允许的，因此，$t(m+n)$LG 的共振拉曼散射过程须考虑光学允许跃迁的联合电子态密度，在这里我们称之为有效联合电子态密度，标记为 JDOS_{eff})。JDOS_{eff} 可通过式(5.22)计算[29]：

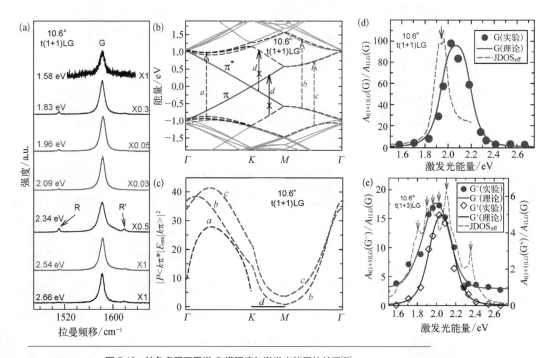

图 5.18　转角多层石墨烯 G 模强度与激发光能量的关系[29]

（a）不同能量激光激发下 t(1+1)LG 的拉曼光谱；（b）密度泛函理论计算所得 t(1+1) LG（θ =10.6°）的电子能带结构；（c）图(b)对应的光学跃迁矩阵元的平方与波矢的关系；（d）t(1+1)LG 中 G 峰面积 [$A_{t(1+1)LG}$（G）] 与激发光能量的依赖关系；（e）t(1+3)LG 的 G^+ 模和 G^- 模拉曼峰面积与激发光能量（E_L）的关系

$$\text{JDOS}_{\text{eff}}(E) \propto \sum_{ij}\sum_{k} |M_{ij}(k)|^2 \delta[E_{ij}(k)-E] \qquad (5.22)$$

式中，$M_{ij}(k)$ 表示第 i 个导带和第 j 个价带之间的光学跃迁矩阵元；

　　　　　　　　　　　　　　　　　　　　石墨烯基材料的拉曼光谱研究

$E_{ij}(\boldsymbol{k})$ 表示在波矢 $\boldsymbol{k}$ 处 $i \rightarrow j$ 带的跃迁能量。图 5.18(b)给出了密度泛函理论计算所得 t(1+1)LG($\theta = 10.6°$)的电子能带结构。[29] 图 5.18(c)给出了相应的光学跃迁矩阵元的平方与波矢的关系。[29] 根据理论计算结果，$K-M$ 方向上平行能带之间跃迁能量约为 1.15 eV 的跃迁过程是禁戒的，如图 5.18(b)中黑色带×的实线箭头所示。图 5.18(d)的灰色虚线给出了考虑所有可能的带间跃迁后计算所得到 t(1+1)LG 的有效联合电子态密度。[29] 当 E_L 与灰色箭头所示的范霍夫奇点能量相匹配时，G 模就发生了共振拉曼过程，G 模拉曼峰面积[$A(G)$]得到了极大增强。tNLG 的 $A(G)$ 与 E_L 的关系可以表示为

$$A(G) \propto \left| \sum_j \frac{M_j}{[E_L - E_{VHS}(j) - i\gamma][E_L - \hbar\omega(G) - E_{VHS}(j) - i\gamma]} \right|^2 \quad (5.23)$$

式中，M_j 表示拉曼矩阵元，这里可以近似看作与 E_L 无关的常数；j 表示有效联合电子态密度第 j 个范霍夫奇点；$\hbar\omega(G)$ 表示 G 模声子能量；γ 为能量的不确定度，与激发态寿命相关，这里假设 $\gamma \approx 0.15$ eV。根据式 (5.23)计算所得到的 $A(G)$ 与 E_L 的函数关系如图 5.18(d)所示，与实验所测t(1+1)LG 的 $A(G)$ 与 E_L 的依赖关系一致。[29]

当 $E_L = 1.96$ eV 时，t(1+3)LG 的 G 模劈裂成 G⁺模和 G⁻模，它们拉曼峰面积与激发光能量（E_L）的关系如图 5.18(e)所示。[29] G⁺模的共振轮廓（拉曼峰强度随 E_L 变化的曲线）表现出对称的、中心位置为 2.05 eV 以及线宽为 0.3 eV 的峰，表明能量大于 2.3 eV 和能量小于 1.8 eV 的有效联合电子态密度对 G⁺峰强度的贡献较小。然而，G⁻模的共振轮廓是有较大展宽的不对称的峰，表明较大能量范围（特别是小于 1.9 eV 的能量范围）内的有效联合态密度对 G⁻模的强度都有贡献。当激发光能量远离范霍夫奇点对应的能量时，G⁺峰逐渐消失，同时 G⁻峰强度变弱，但仍为 1LG 的三倍左右。

由于转角石墨烯布里渊区的折叠效应，t(1+1)LG 的双共振过程比 1LG 要复杂得多，t(m+n)LG(m≥1, n>1)的共振拉曼散射过程则更加

复杂。由于 t($m + n$)LG 的有效联合电子态密度可能存在多个 E_{VHS}，因此 G 模的共振轮廓可看作相关范霍夫奇点所导致的若干个共振轮廓的叠加。[29]同时，显著的共振增强效应使 t($m + n$)LG 的剪切模和呼吸模得到极大的增强，甚至某些禁戒的拉曼模也可被探测到。因此，借助有效联合电子态密度，可以很好地理解 t($m + n$)LG 各拉曼模较为复杂的共振拉曼散射行为。接下来，我们将进一步讨论转角多层石墨烯的低频拉曼模。

5.4.6 t($m+n$)LG 的层间振动模

当激发光能量 E_L 与 t($m + n$)LG 的各范霍夫奇点能量 E_{VHS} 匹配时，人们可以观察到其层间剪切模的显著增强，以及非共振激发或 AB-NLG 中不能观测到的层间剪切模。与 AB-NLG 相比，t($m + n$)LG 的界面转角改变了其组分原来的对称性以及层间剪切模的拉曼活性。t($m + n$)LG($m \neq n$)具有 C_3 对称性，所有呼吸模对称性的不可约表示为 A，所有双重简并剪切模对称性的不可约表示为 E，相应低频拉曼模的不可约表示为 $\Gamma_{vib} = A(R) + E(R)$。t($n + n$)LG($n \geqslant 2$)具有 D_3 对称性，相应低频拉曼模的不可约表示为 $\Gamma_{vib} = A_1(R) + A_2 + E(R)$，式中，$A_2$ 是非拉曼活性的。t($2 + 2$)LG 的 $LB_{4,1}$ 和 $LB_{4,3}$ 对称性的不可约表示为 A_1，$LB_{4,2}$ 对称性的不可约表示为 A_2，而所有的剪切模对称性的不可约表示为 E。因此，相比 AB-NLG，t($m + n$)LG 层间振动模的对称性和拉曼活性都发生了转变。当 E_L 与有效联合电子态密度的 E_{VHS} 匹配时，通过拉曼光谱就可能探测到 AB-NLG 禁戒的剪切模和呼吸模。

1. 层间振动模的频率

图 5.19(a)给出了在背散射配置下 t($1 + 3$)LG、t($2 + 2$)LG 和 t($2+3$)LG 的拉曼光谱。[118]在 t($1 + 3$)LG 中可以观测到 AB-3LG 的剪切模和 AB-4LG 的呼吸模。这表明，由于转角界面阻碍了层间剪切耦合，因而在 t($m+n$)LG 中只能测到 AB 堆垛成分的剪切模。通过 5.3.1 节所

图 5.19 转角多层
石墨烯的剪切模

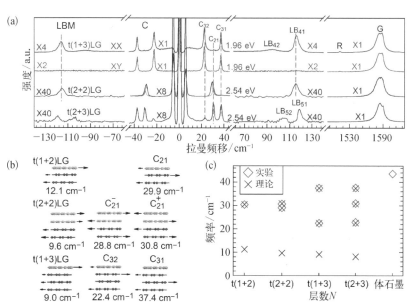

（a）在背散射配置下 t（1＋3）LG、t（2＋2）LG 和 t（2＋3）LG 的拉曼光谱;[118]
（b）根据线性链模型计算所得 t（m＋n）LG 剪切模的位移向量示意图;[29]（c）t（m＋n）
LG 剪切模频率的理论计算与实验结果[29]

讨论的线性链模型可以进一步研究 t（m＋n）LG 的层间耦合。AB-mLG
和 AB-nLG 界面处两石墨烯层之间的层间耦合强度应与 AB-mLG（或
AB-nLG）内相邻石墨烯层之间的不同。假设前者剪切力常数为 $\alpha_t^{\parallel}$，界
面处石墨烯层与 AB-mLG（或 AB-nLG）中近邻石墨烯层间的剪切力常
数为 $\alpha_{0t}^{\parallel}$。AB-mLG（或 AB-nLG）的剪切耦合力常数为 $\alpha_0^{\parallel} = 12.8 \times$
10^{18} N/m³。[114]接下来，我们讨论如何通过线性链模型来描述 t（m＋n）LG
的层间振动模。

将式（5.5）应用于 t（m＋n）LG，例如，在考虑最近邻相互作用时，
t（2＋3）LG 的力常数矩阵 $\boldsymbol{D}$ 为

$$\boldsymbol{D} = \begin{bmatrix} \alpha_{0t}^{\parallel} & -\alpha_{0t}^{\parallel} & 0 & 0 & 0 \\ -\alpha_{0t}^{\parallel} & \alpha_t^{\parallel}+\alpha_{0t}^{\parallel} & -\alpha_t^{\parallel} & 0 & 0 \\ 0 & -\alpha_t^{\parallel} & \alpha_t^{\parallel}+\alpha_{0t}^{\parallel} & -\alpha_{0t}^{\parallel} & 0 \\ 0 & 0 & -\alpha_{0t}^{\parallel} & \alpha_0^{\parallel}+\alpha_{0t}^{\parallel} & -\alpha_0^{\parallel} \\ 0 & 0 & 0 & -\alpha_0^{\parallel} & \alpha_0^{\parallel} \end{bmatrix} \quad (5.24)$$

图 5.19(b)给出了根据线性链模型计算所得 $t(m+n)$LG 剪切模的位移向量示意图。[29]根据 $t(2+2)$LG、$t(1+3)$LG 和 $t(2+3)$LG 的实验结果,可以得到 $\alpha_t^{\parallel} = 2.4 \times 10^{18}$ N/m³、$\alpha_{0t}^{\parallel} = 11.8 \times 10^{18}$ N/m³。因此,转角界面处的剪切耦合力常数约为体石墨的 20%。图 5.19(c)为 $t(m+n)$LG 剪切模频率的理论计算与实验结果,其中,根据理论计算结果,15 cm⁻¹处有一个剪切模,但可能由于电声子耦合较弱导致拉曼强度很弱,因此没有在实验上观测到。[29]

图 5.19(a)中 $t(2+2)$LG 的剪切模需要通过两个洛伦兹子峰来拟合,[118]两个子峰的频率差约为 2 cm⁻¹,表明剪切模发生了劈裂,该劈裂称为 Davydov 劈裂。如图 5.19(b)所示,$t(2+2)$LG 剪切模的 Davydov 劈裂反映了 $t(2+2)$LG 中两 AB-2LG 组分之间同向和反向剪切振动的频率差。[29]$C_{2,1}^-$ 和 $C_{2,1}^+$ 之间的劈裂值越小,说明 $t(2+2)$LG 的界面耦合越弱。

根据 LCM 计算所得 $t(1+3)$LG 和 $t(2+3)$LG 呼吸模位移向量示意图如图 5.20(a)所示,相应呼吸模的频率同样也可以通过线性链模型[式(5.5)]来计算。[118]根据 $\omega(LB_{N,1})$ 的实验值,可得 $\alpha_0^{\perp} = 106 \times 10^{18}$ N/m³。将 $\alpha_0^{\perp}$ 代入线性链模型计算所得体石墨的非拉曼活性呼吸模(不可约表示为 B_{2g})的频率约为 125.3 cm⁻¹,略小于中子谱测定的结果(约为 128 cm⁻¹)。但是,如图 5.20(b)所示,基于线性链模型计算所得的 $\omega(LB_{4,2})$ 和 $\omega(LB_{5,2})$ 的值略低于 $t(1+3)$LG 和 $t(2+3)$LG 相应的实际测量值。[118]这表明只考虑最近邻层间相互作用的线性链模型不能解释在 $t(m+n)$LG 中观察到的呼吸模频率,因此还要考虑层间次近邻呼吸耦合力常数($\beta_0^{\perp}$)的贡献,我们将这个新的线性链模型标记为 2LCM。通过拟合 $\omega(LB_{4,2})$ 和 $\omega(LB_{5,2})$ 的实验数值,可得 $\beta_0^{\perp}$ 约为 9.3×10¹⁸ N/m³。如果仔细地查看图 5.20(a)所示各呼吸模的位移向量示意图,可以发现,对于 $LB_{N,1}$ 模来说,次近邻石墨烯层的相对运动总是同向的,不存在耦合作用,因此 $\omega(LB_{N,1})$ 对 $\beta_0^{\perp}$ 不敏感,通过 LCM 即可得到较为精确的结果。但对于 $LB_{N,2}$ 模来说,次近邻石墨烯层相对振动的方向总是相反的,因此次近

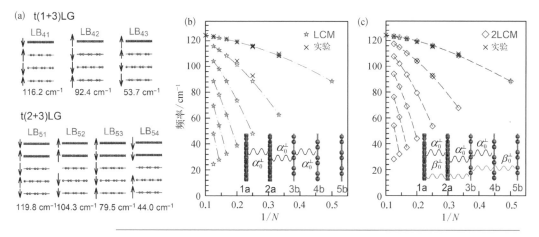

图 5.20 转角多层石墨烯的呼吸模[118]

（a）根据 LCM 计算所得 t（1+3）LG 和 t（2+3）LG 呼吸模位移向量示意图；基于（b）LCM 和（c）2LCM 计算得到的呼吸模频率与 tNLG 总层数 N 的关系

邻相互作用对其频率有一定影响,必须同时考虑 $\alpha_0^\perp$ 和 $\beta_0^\perp$ 的贡献才能很好地拟合其呼吸模的频率。由于 t($m+n$)LG 界面的两石墨烯层耦合常数与 AB-NLG 和体石墨基本相同,t($m+n$)LG 或 tNLG 呼吸模的频率几乎不受转角界面的影响,只取决于总层数。

考虑到 t($m+n$)LG 的转角界面处存在较弱的剪切力常数 $\alpha_t^\parallel$ 以及与 AB-NLG 完全相同的呼吸力常数 $\alpha_0^\perp$,在 t($m+n$)LG 中只能观察到其 AB 堆垛组分 AB-mLG 和 AB-nLG 的剪切模,而 ω(LB) 则主要取决于 t($m+n$)LG 的总层数 $m+n$。因此,通过在共振拉曼条件下测量 tNLG 的剪切模和呼吸模就可以判断 tNLG 各转角界面之间 AB 堆垛组分的层数和 tNLG 的总层数。

2. 层间振动模的拉曼峰强度

根据前面的讨论,t($m+n$)LG($m \neq n$)具有 C_3 对称性,相应低频拉曼模的不可约表示为 $\Gamma_{\text{vib}} = A(\text{R}) + E(\text{R})$,所有呼吸模对称性的不可约表示为 A,所有剪切模对称性的不可约表示为 E。呼吸模的拉曼张量为

$$A: \begin{bmatrix} a & 0 & 0 \\ 0 & a & 0 \\ 0 & 0 & b \end{bmatrix} \qquad (5.25)$$

在背散射配置下,激发光和散射光偏振方向垂直时,所有的呼吸模都不能被观测到。若固定散射光的偏振方向、改变激发光与散射光偏振方向的夹角 φ,则根据拉曼选择定则可得呼吸模强度$[I(\mathrm{LB})]$与激发光偏振方向的关系为

$$I(\mathrm{LB}) = a^2 \cos \varphi^2 \qquad (5.26)$$

如图 5.21(a)所示,式(5.26)可以很好地拟合 $I(\mathrm{LB})$ 与激发光偏振方向的关系。[118]而对于剪切模,其拉曼张量为

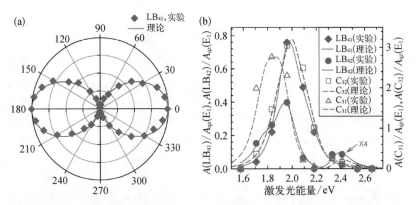

图 5.21　层间振动模的强度与激发光的偏振方向和能量的关系[118]

（a）t(1+3)LG 的 $\mathrm{LB}_{4,1}$ 模的面积强度与激发光偏振方向的关系; （b）t(1+3)LG 各剪切模和呼吸模的峰面积强度与 E_L 的关系

$$E: \begin{bmatrix} c & 0 & 0 \\ 0 & -c & d \\ 0 & d & 0 \end{bmatrix}, \begin{bmatrix} 0 & -c & -d \\ -c & 0 & 0 \\ -d & 0 & 0 \end{bmatrix} \qquad (5.27)$$

根据拉曼选择定则,剪切模的强度不依赖激发光和散射光的偏振方向。如图 5.19(a)所示,在 **XX** 和 **XY** 偏振配置下,都可以观测到剪切模。[29]通常,实验上也可通过拉曼强度与偏振配置的关系来指认所观察到的低频

　　　　　　　　　　　　　　石墨烯基材料的拉曼光谱研究

模是呼吸模还是剪切模。

AB-NLG 的剪切模较弱,很难获得信噪比较高的拉曼光谱,而在常规条件下基本观测不到 AB-NLG 的呼吸模。但是,在特定 E_L 下,可以在 tNLG 中观察到信号较强的剪切模和呼吸模,这表明与 G 模一样,tNLG 的层间振动模也存在显著的共振拉曼效应。图 5.21(b) 给出了t(1+3)LG 各剪切模和呼吸模的峰面积强度与 E_L 的关系,[118]其中所有的峰面积强度都通过石英 E$_1$ 模(约 127 cm^{-1})的强度 A_{qz}(E_1)进行了归一化,这些共振轮廓与图 5.18 所示的 G 模类似[29]。当 E_L 与有效联合态密度的 E_{VHS} 匹配时,就会发生共振拉曼散射。剪切模和呼吸模的能量相对于 E_L 很小,这使得剪切模和呼吸模的入射共振和出射共振几乎可以同时被满足,因此,剪切模和呼吸模的强度会得到极大的增强。例如,当 E_L = 1.96 eV 时,t(1+3)LG 的 C$_{3,1}$ 和 C$_{3,2}$ 模的强度分别为 AB-3LG 的 C$_{3,1}$ 模的约 120 倍和 190 倍。t(1+3)LG 的 C$_{3,2}$ 模的共振增强与位于 2.1 eV 处的范霍夫奇点相关,而与 C$_{3,1}$ 模共振增强相关的范霍夫奇点能量小于 1.8 eV。对于布里渊区任意 k 处的电子跃迁来说,C$_{3,1}$ 和 C$_{3,2}$ 模拉曼散射过程相关的电子与光子相互作用几乎相同,而电声子相互作用不同,因此,即使 C$_{3,1}$ 和 C$_{3,2}$ 模的能量差小于 5 meV,其拉曼光谱的共振线型也会表现出显著的差异。

5.5 CVD 制备的多层石墨烯

化学气相沉积(CVD)可以用来制备高质量的石墨烯薄膜,[11]这些薄膜有一系列的潜在应用价值,因此工业化大规模生产石墨烯具有重要意义。对于大多数工业级器件及其他应用来说,大尺寸单晶石墨烯薄膜非常适合自上而下的工艺。在过去十多年中,单晶石墨烯样品的尺寸增加了四个数量级,实现了从微米级到英寸级的跨越。拉曼光谱被广泛地用于表征 CVD 所制备的石墨烯薄膜的质量、无序性、晶畴和掺杂度等。通过优化生长条件，CVD 也可以用来制备具有一定透明度、高导电性和柔韧性的多层石墨烯（CVD-NLG），可用于触摸屏面板、有机发光二极管和太阳能电池中的透明导电电极。[11]通过改变生长条件，可以获得不同堆叠顺序的多层石墨烯。这里主要讨论 CVD-NLG 与机械剥离 NLG（ME-NLG）在拉曼光谱方面的差别以及 CVD-2LG、CVD-3LG 和较厚 CVD-NLG 的拉曼光谱特性，并进一步探讨如何表征不同方法制备的石墨烯薄膜。

在适当的制备条件下，在 CVD-1LG 中会存在一些双层或多层石墨烯的区域，[137,141,144]可以通过光学衬度来鉴别这些石墨烯的层数。如图 5.22（a）所示，在光学显微镜下可以看到 CVD-1LG 的中心区域有部分 2LG。CVD-2LG 中相当一部分是 t2LG［图 5.22（a）的插图[141]］。图 5.22（b）和（c）所示 t2LG 的 I（G）拉曼成像图表明 CVD-2LG 中的多边形

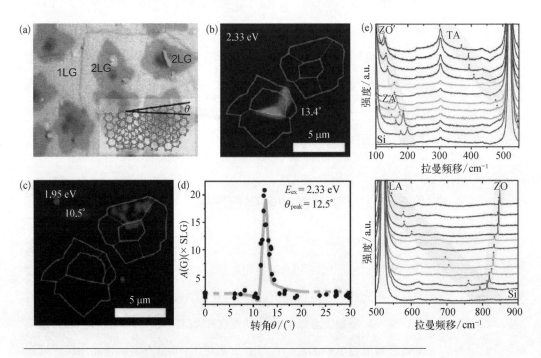

图 5.22　CVD-NLG 转角界面的表征

（a）CVD-NLG 的光学图像[141]；（b）2.33 eV 和（c）1.95 eV 所激发 t2LG 的 I（G）拉曼成像图[141]；（d）A（G）与 θ 的变化关系[141]；（e）具有不同 θ 时 t2LG 的拉曼光谱[143]

　　　　　　　　　　　　　　　　　　　　石墨烯基材料的拉曼光谱研究

区域可能具有不同的转角 θ, $I(\mathrm{G})$ 变化与 θ 有关, 且在同一个晶畴内几乎相同。[141] 通过 $E_\mathrm{L} = 2.33\,\mathrm{eV}$ 来探测不同转角 θ 的 CVD-2LG 的 G 模积分强度 $A(\mathrm{G})$, 可以发现 $A(\mathrm{G})$ 在特定转角 θ 下会极大地增强, 如图 5.22(d) 所示。[141] 这种现象与上一节讨论的结果类似。

除 G 模外, 在 CVD-NLG 的 G 模的高频和低频侧也能观察到所谓的 R 模和 R′ 模。[143] 如上节所述, R 模和 R′ 模分别来源于莫尔超晶格布里渊区折叠效应所激活的 1LG 非布里渊区中心的 TO 和 LO 声子, 其频率依赖界面转角 θ。原则上, 其他声子支也有类似的现象。如图 5.22(e) 所示, 在 $100 \sim 900\,\mathrm{cm}^{-1}$ 可以观察到 ZO′、TA、LA 和 ZO 声子支折叠后产生的拉曼模, 其频率也依赖界面转角 θ。[143,144]

在一定生长条件下 CVD-3LG 可能形成一些特殊的堆垛形式。如果使用相邻层之间的转角 θ 来表示堆垛取向, 图 5.23(a) 给出了堆垛方式为 ABA、30 - 30、30 - AB 和 AB - 30 的 CVD-3LG 的光学显微图像。[145] 底部的两石墨烯层之间的转角为 θ_{t1}, 顶部两石墨烯层之间的转角为 θ_{t2}, 则 30-30 堆垛方向可以表示为 $\mathrm{t}(1 + 1 + 1)\mathrm{LG}$, 其中 $\theta_{t1} = \theta_{t2} = 30°$, 30-AB 可

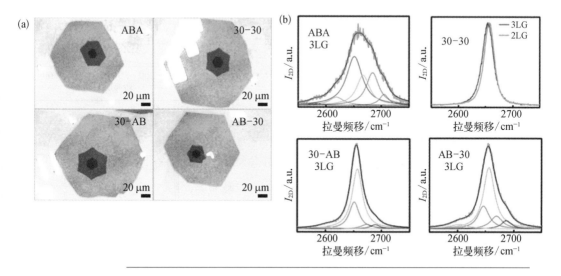

图 5.23　CVD-3LG 的 2D 模[145]

（a）ABA、30-30、30-AB 和 AB-30 的 CVD-3LG 的光学显微图像；（b）相应 CVD-3LG 区域 2D 模的拉曼光谱及其拟合情况

以看作 $\theta_{t1} = 30°$ 的 t(1 + 2)LG，AB - 30 可以看作具有 $\theta_{t2} = 30°$ 的 t(2 + 1)LG。如图 5.23(b)所示，[145] ABA 堆垛 CVD-3LG 的 2D 模线型与通过机械剥离法所制备 AB-3LG 的 2D 模线型几乎相同，可以通过六个洛伦兹峰来拟合。30 - 30 堆垛的 t(1 + 1 + 1)LG 和转角为 30° 的 t(1 + 1)LG 具有与单层石墨烯类似的线性能带结构，这导致 2D 模为单个洛伦兹峰。30-AB 和 AB-30 堆垛的 CVD-3LG 等价于 θ_{t1} 或 θ_{t2} 为 30° 的 t(1 + 2)LG。t(1 + 2)LG 的 2D 模可以看作 1LG 和 AB-2LG 的叠加，因此 30-AB 和 AB-30 堆垛 CVD-3LG 的 2D 模可以通过五个洛伦兹峰进行拟合。

tNLG 最多存在 $N-1$ 个转角界面。CVD 生长的 NLG($N > 1$)往往是 tNLG，这为研究具有不同堆垛顺序和转角的各种 tNLG 提供了可能性。随着 N 的增加，tNLG 的结构变得越来越复杂。tNLG 每增加一个石墨烯层时，相对于最近邻石墨烯层，就具有 AB 堆垛或转角堆垛这两种可能性。按照这种趋势继续下去，tNLG 堆垛顺序的数量可以达到 $2^{N-1} - 1$ 种。例如，t3LG 可以是 t(2 + 1)LG、t(1 + 2)LG 或 t(1 + 1 + 1)LG。每增加一个转角界面就可能导致原来 tNLG 的能带结构发生显著变化，并在 tNLG 的有效联合态密度中产生新的范霍夫奇点。tNLG 转角界面的数目可通过相应的 R 模来进行探测，例如，在 CVD-t(1 + 1 + 1 + 1)LG 中可以观察到三个 R 模。[138] 同时，与 CVD-1LG 和 CVD-t2LG 相比，CVD-tNLG($N > 2$)的低波数层间振动模会表现出更丰富的光谱特征，一旦 E_L 与 tNLG 的有效联合态密度的 E_{VHS} 匹配时，可以观察到一系列共振增强的呼吸模和剪切模。[29,113,118,138] tNLG 独特的层间耦合使得剪切模频率对其中 AB 堆垛组分的层数十分敏感，而呼吸模频率却对总层数 N 十分敏感。[29,113,118,138] 这为通过探测呼吸模、剪切模和 R 模来鉴别 CVD-NLG 的堆垛顺序提供了一种方便可靠的方法。[138]

图 5.24(a)显示了 CVD-NLG($N = 1 \sim 6$)光学图像。[113] 在 633 nm 激光激发下 I(G) 的拉曼成像图具有 4 个不同区域(白色虚线标出)，分别标记为 Z_1、Z_2、Z_3 和 Z_4，如图 5.24(b)所示。[113] 利用 488 nm 激光激发同

　　　　　　　　　　　　　　　石墨烯基材料的拉曼光谱研究

一区域不同层数 CVD-NLG 的拉曼光谱,如图 5.24(c)所示。[113] tNLG 的总层数由相应呼吸模的 ω(LB)确定。这些拉曼光谱都存在一个频率相同的 R 模,表明该区域的 NLG($N>1$)有且只有一个相同转角的界面。这可能是 CVD 生长机制导致所有 NLG 共有顶部两层石墨烯层之间的转角界面。

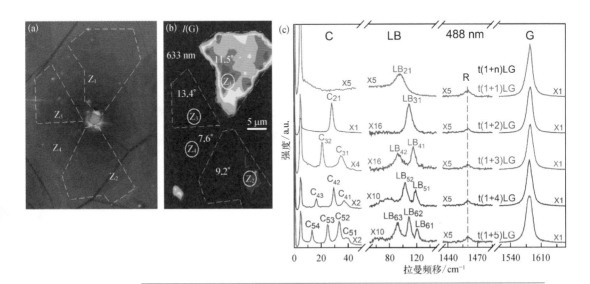

图 5.24　CVD-NLG 的层数和堆垛方式表征[113]

（a）CVD-NLG（$N=1\sim6$）的光学图像;（b）633 nm 激发下 I(G)的拉曼成像图;（c）488 nm 激发下同一区域不同层数 CVD-NLG 的拉曼光谱

　　下面再从剪切模来进一步确定图 5.24(c)所示 CVD-NLG($N=1\sim6$)的堆垛顺序。[113] 由于转角界面处层间剪切耦合很弱,tNLG 的剪切模都局域在各 AB 堆垛多层石墨烯的组分里。图 5.24(c)显示不同层数 tNLG($N>2$)的剪切模频率与 AB-($N-1$)LG 类似,且可以观察到 $N-2$ 个剪切模,这表明 tNLG 含有 AB-($N-1$)LG 组分。[113] 结合测得的呼吸模,可推断出 CVD-tNLG 的堆垛顺序为 t($1+n$)LG($N=n+1$)。此外,在相同光学衬度的不同区域中所测 t($1+n$)LG 剪切模和呼吸模的数量和频率都与 θ 无关,这说明该样品具有相同光学衬度区域的

tNLG 堆垛顺序都为 t$(1 + n)$LG,只是不同晶畴部分的 θ 可能不同。这提供了一种可靠的方法来识别 CVD-NLG 的堆叠顺序(层数和堆垛顺序)和层间耦合强度,这种方法可以确定 NLG 各石墨烯层之间是完全为转角界面,还是存在一些常规堆垛(如 AB 或 ABC 堆垛)方式的组分。[138]

5.6 抛物线能带的双共振拉曼散射

其他二维材料,如 MoS_2 等大部分过渡金属硫族化合物以及碳纳米管等材料中,其电子能带结构以抛物线能带结构为主。5.1 节所讨论的共振拉曼散射也适用于这些材料。本节主要以碳纳米管和 MoS_2 为例,介绍具有抛物线能带结构的材料的双共振拉曼散射现象。

5.6.1 碳纳米管的拉曼光谱

单壁碳纳米管可通过将 1LG 卷曲成一个无缝的圆柱形结构而形成。碳纳米管的结构是由其手性唯一决定的,手性矢量可以写成 $C_h = na_1 + ma_2$,式中,C_h 表示石墨烯被卷成管状时围绕圆柱周长的矢量;a_1 和 a_2 为 1LG 晶格矢量,因此,手性矢量可以用一对整数 m 和 n 唯一表示,记为 (m,n),其中 $0 \leqslant m \leqslant n$。

单壁碳纳米管的电子能带结构可以简单地从 1LG 的电子能带结构得到。以 C_h 标记的圆周方向上,采用周期性边界条件,将 C_h 方向的波矢量子化,而纳米管轴的方向上的波矢仍然是连续的,单壁碳纳米管的能带就由一系列的一维能带结构组成,这些一维能带结构可以看作 1LG 二维能带结构沿某一方向的截面。图 5.25(a)给出了金属碳纳米管的电子能带结构和态密度示意图。[7]如图 5.25(a)所示,如果所有切割线均不穿过 K 点,则碳纳米管为半导体性,其价带和导带之间存在带隙,且每条切割线都在相应能量处产生了一个态密度的极大值点,即一维范霍夫奇点。[7]如图 5.25(b)所示,单壁碳纳米管的声子色散和声子态密度也可通过类似方法得到。[7]图 5.25(a)中价带和导带的 4 个范霍夫奇点分别标记为 $E_i^{(v)}$ 和 $E_i^{(c)}$(i = 1,2),范霍夫奇点间的能量间隔标记为 E_{ij}(i,j = 1,2)。[7]

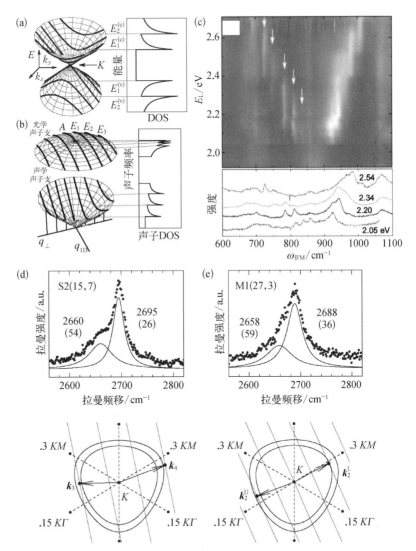

图 5.25 碳纳米管的共振拉曼散射[7]

(a)金属和(b)单壁碳纳米管的电子能带结构和态密度示意图;(c)E_L 在 1.92~2.71eV 时半导体碳纳米管束的中频模拉曼光谱;(d)半导体性(15,7)和(e)金属性(27,3)碳纳米管 2D 模的拉曼光谱及其在非折叠二维石墨烯布里渊区中的切割线

当 E_L 与价带和导带之间范霍夫奇点的能量差（如 E_{11}、E_{22} 等）相近时，就可能发生共振拉曼散射，这甚至使得我们可以探测到来自单根碳纳米管的拉曼信号。因此，对于离散的单壁碳纳米管，共振拉曼信号主要由范霍夫奇点所致的特定光学跃迁能量 E_{ii} 决定，其拉曼模的能量与 E_L 的关系表现出如图 5.25(c)所示的"量子化"行为。[7]

共振拉曼光谱的多能带效应也在半导体碳纳米管束中被观察到了。图 5.25(c)给出了 E_L 在 1.92～2.71 eV 时半导体碳纳米管束的中频模拉曼光谱。[7]由于其频率在径向呼吸模（低频）和 G 模（高频）之间，因此，在 400～1200 cm^{-1} 的这些拉曼模统称为中频模（IFM），相应拉曼模的频率标记为 ω_{IFM}。图 5.25(c)还给出了 E_L = 2.05 eV、2.20 eV、2.34 eV 和 2.54 eV 所激发的拉曼光谱，可以看出，700 cm^{-1}、800 cm^{-1} 和 1070 cm^{-1} 附近的拉曼峰有较大展宽，并表现出随 E_L 离散的变化。[7]碳纳米管的中频模主要来源于一个光学支和一个声学支，通过双共振拉曼散射形成和频模。碳纳米管的光学支有较平的色散关系，而声学支的色散较强，其斜率表示声速。根据声子色散关系，光学声子和声学声子的和频模与差频模就分别导致了图 5.25(e)所示的中频模正向和负向色散现象。[7]当二维石墨烯向一维碳纳米管转变时，由于量子限制效应导致了一维范霍夫奇点，拉曼选择定则在一维系统中非常敏感。电子可以在 E_{ii} 范霍夫奇点处实现从价带到导带的跃迁，同时，声子对电子的散射使得其可能实现从一个范霍夫奇点到另一个范霍夫奇点的跃迁。

量子限制效应所产生一维电子态密度的范霍夫奇点使得共振条件限制于 $E_L \approx E_{ii}$，并进一步决定了 2D 模频率与碳纳米管手性和直径的依赖关系。图 5.25(d)和(e)分别给出了半导体性（15，7）和金属性（27，3）碳纳米管 2D 模的拉曼光谱及其在非折叠二维石墨烯布里渊区中的切割线。[7]当切割线与能带的等能线相切时，出现范霍夫奇点，导致手性依赖的共振激发，进而影响双共振拉曼模。如图 5.25(d)和(e)所示，[7]碳纳米管的 2D 模包含两个子峰，这表明激发光能量和散射光能量分别与同一根碳纳米管的两个不同能量的范霍夫奇点发生了共振。

　　　　　　　　　　　　　　　　　　石墨烯基材料的拉曼光谱研究

根据动量守恒和能量守恒定则，参与石墨烯 2D 模共振拉曼过程的电子和声子波矢的关系为：$q \approx -2k$，且位于布里渊区 K 点附近。而在碳纳米管的双共振过程中，满足共振条件的声子波矢不再连续，因此，碳纳米管的 2D 模与石墨烯稍有不同。如图 5.25(d)所示，$q_i = -2k_i$，式中，$i = 3$，4，分别对应 E_{33} 和 E_{44} 范霍夫奇点，相应的电子波矢 $k_4 - k_3 \approx K_1/3$，而声子波矢差 $q_4 - q_3 \approx 2K_1/3$，因此，2D 模拉曼峰的劈裂来源于 K 点声子显著的色散。[7] 而对于(27, 3)金属性碳纳米管，k_2^L 与 k_2^U 大小几乎相等、方向相反，因此，金属性碳纳米管 2D 模的劈裂来源于声子色散在 K 点的各向异性。

5.6.2 MoS$_2$ 的共振拉曼散射

研究人员在二维材料中发现了很多双共振拉曼模，这些拉曼模也表现出对激发光能量的依赖关系，这为电子能带结构、非布里渊区中心的声子的研究提供了丰富的信息。特别是过渡金属硫族化合物，如 MoS$_2$ 和 MoTe$_2$ 等，其拉曼模具有丰富的层数和激发光能量依赖的光谱特征。[115,146-150] 这里，我们主要以图 5.26 所示的 MoS$_2$ 及其共振拉曼光谱[150]为例，介绍过渡金属硫族化合物的双共振拉曼散射。

图 5.26(a)为 2H 相的 MoS$_2$ 晶格结构示意图，图 5.26(b)为通过密度泛函理论计算所得单层、双层和体材料的电子能带结构[150]，其中，体材料为间接带隙半导体。图 5.26(c)为单层 MoS$_2$ 的声子色散曲线及其声子态密度。[150] 由于存在较强的激子效应，根据光致发光谱，其光学带隙在 $1.83 \sim 1.90$ eV。因此，与石墨烯可以和任意能量的激发光共振不同，激发光能量与 MoS$_2$ 带隙匹配或大于带隙时，才能发生共振拉曼散射过程。同时，由于二维材料的激子结合能较大，在室温下激子也可以存在，因此，共振散射来自激子效应而不是联合态密度。在共振条件下，单层 MoS$_2$ 拉曼光谱在 $350 \sim 500$ cm^{-1} 表现出丰富的共振拉曼光谱特征，其中，388 cm^{-1} 和 407 cm^{-1} 附近，分别为平面内(E')和垂直原子平面(A$_1'$)振动的一阶拉

图 5.26 MoS₂ 的
共振拉曼光谱

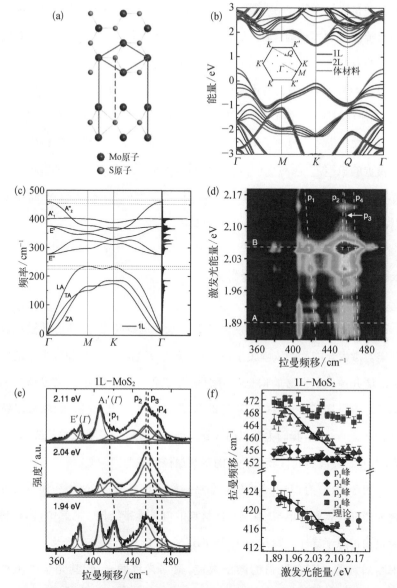

（a）2H 相的 MoS₂ 晶格结构示意图；（b）通过密度泛函理论计算所得单层、双层和体材料的电子能带结构；（c）单层 MoS₂ 的声子色散曲线及其声子态密度；（d）单层 MoS₂ 的共振拉曼光谱（水平虚线表示 A、B 激子能量位置）；（e）不同激发光能量下单层 MoS₂ 的拉曼光谱；（f）p₁、p₂、p₃ 和 p₄ 峰的频率与激发光能量的关系

注：图（b）～（f）取自文献 [150]。

曼模，其余拉曼峰来源于二阶拉曼模。

图 5.26（d）表明 MoS₂ 的共振散射过程主要由激子效应导致。[150] 当激

发光能量与A(约为1.89 eV)或B(约为2.06 eV)激子能量相近时,其拉曼散射强度显著高于非共振条件下的强度。对于双共振拉曼模,由于包含了数个不等价的拉曼散射过程,可以通过洛伦兹峰叠加的方式进行拟合,并进行进一步分析。如图5.26(e)所示,在420 cm^{-1}处的拉曼峰为p$_1$,460 cm^{-1}附近不对称的拉曼峰被指认为2LA,即LA声子的倍频模。[150]2LA模需要用4个洛伦兹峰拟合,第一个峰在440 cm^{-1}附近,其他三个子峰根据频率大小被分别命名为p$_2$、p$_3$和p$_4$。图5.26(f)给出了p$_1$、p$_2$、p$_3$和p$_4$峰的频率与激发光能量的关系,[150]可以发现,当激发光能量增加时,p$_2$峰的频率几乎保持不变,而p$_1$、p$_3$和p$_4$峰发生显著红移。

MoS$_2$电子能带结构在费米能级附近表现为抛物线形状,在K点附近的导带和价带以及Q点处的导带形成了能谷。因此,入射共振或出射共振发生在K点或K'点电子的共振激发或复合时。根据双共振条件,双共振拉曼散射过程选择的声子波矢可以是$q \approx 0$和$q \approx 2k$(k为距离K点的波矢)。随着E_L改变,$q \approx 0$声子参与的拉曼模频率几乎不发生变化,而$q \approx 2k$声子参与的拉曼模频率依赖于E_L。根据能量守恒,p$_1$峰被指认为LA(K) + TA(K)模,相比p$_3$ = 2LA(K)模,p$_1$峰与激发光能量关系的斜率较小,与图5.26(c)中TA声子支色散较小一致。[150]p$_2$峰频率几乎不随E_L变化而变化,且p$_2$模频率为声子色散在K点和M点之间鞍点所形成的范霍夫奇点能量的两倍,因此,p$_2$峰来源于声子态密度范霍夫奇点所导致的拉曼峰。对于p$_3$和p$_4$峰,其频率与E_L有显著的依赖关系,这表明该过程可能是M点或K点附近LA声子支[分别记为LA(M)、LA(K)]参与的双共振拉曼散射。当E_L在带隙附近时,p$_4$峰的强度远低于p$_3$峰的强度,因此,p$_3$和p$_4$峰被分别指认为2LA(K)和2LA(M)。p$_3$和p$_4$峰频率与激发光能量关系的斜率分别为 - 49 cm^{-1}/eV和 - 21 cm^{-1}/eV,反映了LA声子支在K点和M点附近斜率的差异,与图5.26(c)中的结果一致。[150]

对于其他的过渡金属硫族化合物,如WS$_2$、WSe$_2$和MoSe$_2$等材料,由于具有较强的激子效应,其拉曼光谱也表现出了丰富的共振拉曼特征,为进一步研究激子效应及其导致的共振拉曼散射过程等提供了理想的材料体系。[115]

5.7　小结

相比 1LG 的拉曼光谱,除了 G 模和双共振拉曼模等层内振动模,$NLG(N>1)$ 还有层间耦合导致的层间振动模。由于层间耦合使得电子能带结构发生劈裂,$NLG(N>1)$ 的 2D 模有多个不等价的散射过程,因而表现出更复杂的光谱特征。不同层数和堆垛方式的 $NLG(N>1)$ 的 2D 模表现出显著的差异。同时,层间振动模对层数和堆垛方式也非常敏感,根据线性链模型可以很好地解释层间振动模的频率与层数的关系。在转角多层石墨烯中,转角导致的莫尔周期势使得子系统的布里渊区发生折叠,非布里渊区中心的声子(R 模和 R′ 模)被折叠到布里渊区中心而变成可被实验探测的莫尔声子。根据石墨烯 R 模和 R′ 的频率可判断转角多层石墨烯的转角。同时,转角导致了转角多层石墨烯的有效联合态密度出现新的范霍夫奇点,当激发光能量与范霍夫奇点能量匹配时,会发生共振拉曼散射而使得拉曼模的强度得到极大的增强。因而,人们可通过共振拉曼光谱探测到 AB-NLG 中禁戒的剪切模和呼吸模,对转角多层石墨烯的层间耦合强度、总层数和各组分层数等性质展开研究。对 NLG 的拉曼光谱研究也可以推广至 CVD-NLG 以及其他具有抛物线能带结构的材料。关于利用拉曼光谱鉴别 CVD-NLG 结构以及生长机理的研究将在第 7 章详细讨论。

第 6 章

石墨烯基范德瓦耳
斯异质结及器件

通过范德瓦耳斯相互作用，可以将相同或不同种类的二维材料按一定转角垂直地堆叠起来形成范德瓦耳斯异质结（van der Waals hetero structure，vdWH）。这种异质结的制备可以不受传统异质结制备方法所要求的晶格匹配以及制备工艺的限制，为实现按需定制的新功能材料和在原子级平整的界面调控二维材料的载流子、激子、光子和声子性质以及设计独特的光电器件提供了全新的途径。石墨烯和过渡金属硫族化合物（transition metal dichalcogenides，TMDs）是两种制备范德瓦耳斯异质结的常用材料。石墨烯具有很高的电子迁移率，但是带隙为零，不适合制备晶体管；而 TMD 材料虽具有带隙但受限于较低的载流子迁移率，不能制备高速电子器件。如果将 TMD 和石墨烯堆叠起来制备成范德瓦耳斯异质结，就可能结合石墨烯的高迁移率以及 TMD 具有带隙的特性，使其成为一种具有新型结构的材料，有望应用于各种高速器件，如场效应晶体管、逻辑电路、光伏器件和存储器件等。石墨烯基材料也被广泛地应用于制备范德瓦耳斯异质结器件的电极，相比于直接沉积的金属接触，石墨烯电极可以获得更好的性能。由于金属接触会在二维材料中引入缺陷，导致费米面的钉扎效应，形成肖特基势垒，将极大地增加二维材料与金属电极的接触电阻。而石墨烯和二维半导体材料所组成的范德瓦耳斯异质结具有原子级平整的无缺陷的界面，可以将缺陷的影响降到最低，避免费米面的钉扎效应，并能降低石墨烯与二维半导体材料之间的肖特基势垒高度。结合这些优势，范德瓦耳斯异质结器件的性能相比传统器件有极大的提升。范德瓦耳斯异质结的界面耦合与界面转角、二维材料的种类和堆垛方式有关。表征范德瓦耳斯异质结的结构及其界面耦合对于其在光电器件等方向的应用极为重要。

一般会将二维材料及其相关器件制备在特定的衬底上,如 SiO_2/Si 衬底。衬底如果存在悬挂键或较为粗糙的表面,就会对石墨烯等二维材料的晶格产生影响,从而降低其载流子迁移率。六方氮化硼(hBN)是一种绝缘体层状材料,其原子级平整的表面不存在悬挂键,因此可以作为各种二维材料的理想衬底以及相关器件的电介质材料。环境对二维材料的性质也有较大影响,例如,黑磷在空气中容易发生氧化,不同的测试环境或制备方法对石墨烯有一定的掺杂效应。为了避免环境因素对二维材料物理和化学性质的影响,通常用六方氮化硼把二维材料包裹起来,以保证二维材料及其器件的稳定性。但是,厚度接近体材料的六方氮化硼衬底与沉积在上面的二维材料及其器件之间是否存在耦合,该衬底本身是否会影响二维材料及其器件的性能,这些问题还有待进一步深入研究。

将石墨烯基材料用于制备范德瓦耳斯异质结功能器件时,石墨烯基材料的固有特性会受到环境甚至器件本身的影响。在器件的制备过程中,石墨烯基材料会经过多个处理程序,例如,可以对石墨烯表面进行处理,使其处于特定状态,以便具有一定的功能。拉曼光谱作为一种常用的测试方法,可以快速便捷地表征范德瓦耳斯异质结及其功能器件的物理性质和化学参数,如层数、堆垛形式、掺杂程度、缺陷、污染物、边界手性、应变、稳定性和化学官能团等。[5,20-22] 单层和多层石墨烯具有原子级的厚度,其电子能带结构很容易受到上述各种因素的影响。因此,在器件制备过程中,将拉曼光谱这种实时、无损、原位的表征技术应用于石墨烯所处状态及其性质变化的监测是至关重要的,这对石墨烯基材料及其器件的设计和性能优化具有重要指导作用。

这里首先介绍如何通过拉曼光谱表征石墨烯基范德瓦耳斯异质结的制备过程对石墨烯薄片的性质和异质结层间振动模的影响,并确定异质结的界面耦合强度。然后,通过拉曼光谱技术表征六方氮化硼衬底与 WS_2 之间的跨维度电声子耦合以及石墨烯基异质结不同组分之间的电声子耦合,并弄清什么样的衬底会对二维材料层间振动模有影响。最后介绍并展示拉曼光谱在表征典型石墨烯基器件方面的应用,这显示出拉曼光谱在未来石墨烯工业化检测应用方面的潜能。

6.1　石墨烯基范德瓦耳斯异质结

本节以 m 层 MoS_2(mLM)和 n 层石墨烯(nLG)堆叠而成的 mLM/nLG 异质结为例,利用其层内和层间振动模的拉曼光谱来表征异质结制备过程对 mLM 和 nLG 组分的性质以及异质结层间振动模的影响,然后将线性链模型扩展到范德瓦耳斯异质结,并系统地研究 mLM/nLG 异质结的界面耦合强度。

6.1.1　mLM/nLG 的制备

图 6.1(a)显示了利用石墨烯(1LG)和双层 MoS_2(2LM)制备 2LM/1LG 异质结的过程示意图,其结构示意图和显微光学图像如图 6.1(b)和图 6.1(c)所示。[120] 在异质结制备过程中,转移过程会在材料表面引入水汽和杂质,退火可以消除这些水汽和杂质。这些现象可以通过测试本征和原始转移的 2LM 和 1LG、原始转移和经过不同退火时间处理的 2LM/1LG 异质结的拉曼光谱来研究,如图 6.1(d)和图 6.1(e)所示。[120]

研究表明,2LM、1LG 和 2LM/1LG 的层内振动模对掺杂较为敏感。如图 6.1(e)所示,相比本征材料,原始转移后 1LG 的 G 模和 2D 模以及 2LM 的 A_{1g} 和 E_{2g}^1 模的频率都发生了蓝移。[120] 这表明转移过程导致水汽和杂质等吸附在 1LG 和 2LM 表面并产生了掺杂效应。与原始转移的 2LM 相比,原始转移的 2LM/1LG 的 A_{1g} 模和 E_{2g}^1 模的频率分别变化了 1.3 cm^{-1} 和 -0.2 cm^{-1}(负号表示红移),这是由 1LG 和 2LM 之间的电荷

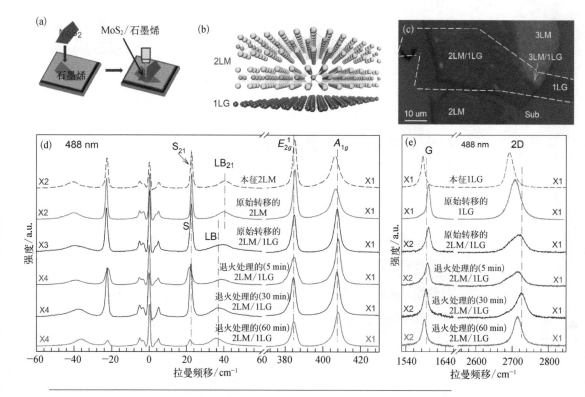

图 6.1　2LM/1LG 异质结的制备及其表征[120]

（a）利用石墨烯（1LG）和双层 MoS₂（2LM）制备 2LM/1LG 异质结的过程示意图；（b）2LM/1LG 异质结的结构示意图；（c）2LM/1LG 异质结的显微光学图像；（d）（e）本征 2LM 和 1LG、原始转移的 2LM、1LG 和 2LM/1LG，以及不同退火时间处理的 2LM/1LG 异质结等样品的拉曼光谱

转移以及界面耦合对 A_{1g} 模频率的影响导致的。当在氩气环境和 300℃ 退火温度下，退火时间从 5 min 增加到 60 min 后，2LM/1LG 的 G 模频率从 1597 cm⁻¹ 单调减小到 1587 cm⁻¹，同时 $I(2D)/I(G)$ 增加。这些现象都表明退火去除了吸附在 1LG 表面的水分子和杂质，降低了 1LG 的掺杂水平。

层间振动模可以用来表征 2LM 的层间耦合和 2LM/1LG 的界面耦合。原始转移的 2LM/1LG 剪切模频率与本征 2LM 相同，而呼吸模表现出明显的红移和展宽。这表明转移过程引入的水汽和杂质等因素对呼吸模有影响，同时异质结界面的部分区域已经发生耦合。退火时间对2LM/1LG的剪切模线型、峰位和强度有显著影响。退火30 min后,2LM/1LG剪切模频率和强度与本征2LM相近,而异质结的呼吸模红移了2.7 cm⁻¹。退火60 min后,剪切模和呼吸模分别继续红移了0.5 cm⁻¹和1.6 cm⁻¹,同时,剪切、呼吸、E_{2g}^1和A_{1g}等拉曼模的强度都变弱。因此,太长退火时间会对异质结质量产生不良影响。上述结果表明,30 min退火时间对2LM/1LG最为合适,后面如果没有特殊说明,我们所讨论的mLM/nLG都在氩气环境和300℃下退火了30 min。

原子力显微镜(atomic force microscope,AFM)可以用来表征异质结的界面耦合情况。退火前2LM/2LG的AFM图像[图6.2(b)][120]显示2LG上面2LM的高度为2.3 nm,远高于本征2LM的厚度(1.3 nm),这表明转移过程在2LM/2LG界面引入了缺陷或者有机分子。但是退火30 min后,AFM图像[图6.2(c)][120]显示,2LG上面2LM的高度与本征

图6.2 异质结界面耦合表征[120]

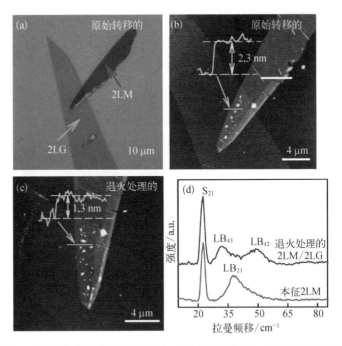

退火前2LM/2LG的(a)光学图像和(b)AFM图像以及(c)退火30 min后的AFM图像;(d)本征2LM和退火后2LM/2LG的拉曼光谱[120]

2LM 的厚度一致。同时,本征 2LM 和退火后 2LM/2LG 的拉曼光谱[图 6.2(d)][120]显示,2LM/2LG 的呼吸模个数和频率与本征 2LM 完全不同,这表明 2LG/2LM 存在良好的界面耦合,使得 2LM 与 2LG 一起参与晶格振动。为了研究异质结界面的剪切和呼吸耦合,接下来我们对各种石墨烯/MoS$_2$ 异质结的拉曼光谱进行分析。

6.1.2 mLM/nLG 的界面耦合

在 mLM/1LG(m = 1～5)的拉曼光谱[图 6.3(a)][120]中没有观察到 1LM/1LG 的层间振动模。当 m>1 时,能观测到 mLM/1LG 一系列的剪切(S)模和呼吸(LB)模。mLM/1LG 的剪切模几乎与本征 mLM 相同,如图 6.3(b)所示,[120]这表明界面的剪切耦合较弱,因此 mLM/1LG 的剪切振动都局域于 mLM 组分之内。但是,mLM/1LG 的呼吸模和层内振动模(E_{2g}^1 和 A_{1g})都具有显著的频率差异,这表明 1LG 与 mLM 之间存在较强的界面耦合。随着 mLM 的层数增加,1LG 在异

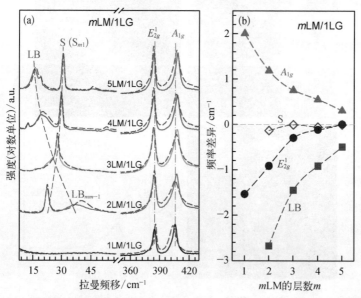

图 6.3 mLM/1LG 与本征 mLM 的拉曼光谱比较[120]

(a) mLM/1LG(实线)和本征 mLM(虚线)的拉曼光谱;(b) mLM/1LG 各拉曼模与本征 mLM 相应拉曼模之间的频率差异

石墨烯基材料的拉曼光谱研究

质结中所占质量比逐渐减小，对 mLM 拉曼模的影响减小，导致相应拉曼模的频率差异随 m 的增加而减小。尽管呼吸模频率约为 E_{2g}^1 模和 A_{1g} 模的 $1/10$，其较大的频率差异表明，呼吸模对异质结的界面耦合更加敏感，这为通过拉曼光谱探测异质结的界面耦合提供了便捷高效的途径。

图 6.4(a) 给出 2LM/nLG($n = 1 \sim 6$, 8)的拉曼光谱。[120] 所有 2LM/nLG 剪切模的频率变化最大只有 0.6 cm^{-1}，且峰位与 2LM 基本相同。这表明 2LM/nLG 界面的 MoS_2 层和石墨烯层之间的剪切耦合很弱，这主要是因为石墨烯和 MoS_2 之间存在很大的晶格失配，两者之间在界面处的剪切作用力相互抵消。[118] 图 6.4(a) 中没有观察到 nLG 的剪切模，[120] 可能是由于其强度很弱，被其他拉曼模覆盖而分辨不出来。但是，2LM/nLG 的呼吸模表现出与 2LM 显著不同的光谱特征，随着 n 的增加，2LM/nLG 的呼吸模频率会发生相应的移动，相应呼吸模的频率与 nLG 层数的关系见图 6.4(b)。[120] 这再次表明，nLG 和 2LM 之间存在较强的界面耦合，所观察到的呼吸模来源于 2LM/nLG 整体的呼吸振动，因此，必须将 2LM 和 nLG 看作一个整体来理解实验所观察到的 2LM/nLG 呼吸模频率与 n 的依赖关系。2LM/nLG 呼吸模频率与 n 的关系可借助 5.4.6 节中讨论转角多层石墨烯呼吸模时所用的次近邻线性链模型（2LCM）来描述。2LM/nLG 可看作是总层数为 $N = n + 2$ 的层状材料，有 $n + 1$ 个呼吸模。假设 2LM 和 nLG 界面处的呼吸耦合力常数为 $\alpha_0^\perp$(I)，以 2LM/3LG 异质结为例［图 6.4(c)[120]］，2LCM 考虑了 MoS_2 层间的最近邻呼吸相互作用，[117] nLG 层间的最近邻和次近邻呼吸相互作用，[118] 以及界面处 MoS_2 层与石墨烯层之间的呼吸耦合。将已有的 $\alpha_0^\perp$(G) $= 106.5 \times 10^{18}$ N/m^3、$\beta_0^\perp$(G) $= 9.5 \times 10^{18}$ N/m^3 和 $\alpha_0^\perp$(M) $= 89 \times 10^{18}$ N/m^3 的值代入式(5.5)，结合实验结果可得 $\alpha_0^\perp$(I) $= 60 \times 10^{18}$ N/m^3。图 6.4(b) 给出了利用 2LCM 计算所得的 $N-1$ 个呼吸模频率与 n 的关系（彩色实线），可以很好地拟合实验结果。[120]

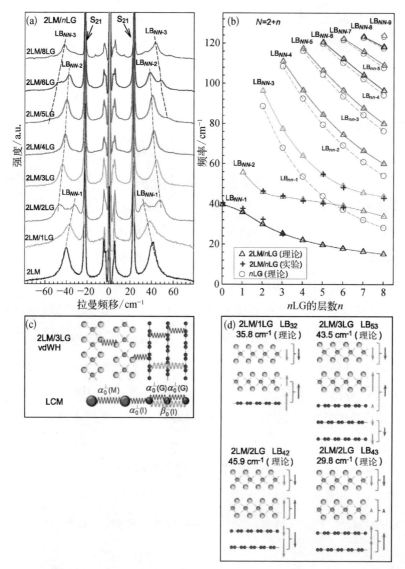

图 6.4　2LM/nLG 的界面耦合[120]

（a）2LM/nLG（n= 1~6，8）的拉曼光谱；（b）利用 2LCM 计算所得的（N−1）个呼吸模频率与 n 的关系以及相应的实验结果；（c）2LM/3LG 的 2LCM 示意图；（d）2LM/nLG（n= 1~3）呼吸模的位移向量示意图

　　根据 2LCM 可以计算得到 2LM/nLG（n = 1～3）呼吸模的位移向量示意图，如图 6.4（d）所示。[120] 1LG 的单位面积质量（$m_{1LG} = 0.76 \times 10^{-7}$ g/cm²）比 1LM 的单位面积质量（$m_{1LM} = 3.0 \times 10^{-7}$ g/cm²）小得多，导致 2LM/1LG 中石墨烯组分的振动与最近邻 MoS_2 层的振动相似。对

于 2LM/2LG,2LG 的总质量与单个 MoS_2 层可比拟,其对 2LM 的影响就不能看作是微扰,而应将 2LG 看作一个整体。这时 2LM/2LG 的 $LB_{4,2}$ 和 $LB_{4,3}$ 模的振动与 3LM 的 $LB_{3,1}$ 和 $LB_{3,2}$ 模的振动一致[图 6.4(d)中红色箭头所示[120]]。同理可以理解 3LG 对 2LM/3LG 中各呼吸模位移向量的影响。

总之,mLM/nLG 中 nLG 与 mLM 之间的电荷转移可以通过 nLG 的 G 模和 2D 模以及 mLM 的 E_{2g}^1 模和 A_{1g} 模的频率和半高宽来表征。同时,通过拉曼光谱还发现了界面耦合所导致的新的呼吸模,其频率与 m 和 n 相关。相比层内振动模(如 A_{1g} 和 E_{2g}^1 模),呼吸模对异质结的界面耦合极为敏感。同时,这些呼吸模的频率与 m 和 n 的关系可以通过 2LCM 很好地拟合,表明所有异质结的界面耦合强度基本上是相同的。由于异质结界面的剪切耦合较弱,因而 mLM/nLG 的剪切模与 mLM 剪切模的光谱特征相同。以上结果表明,通过异质结呼吸模的频率和强度等光谱特征可以有效地表征异质结的界面耦合强度。这种方法同样可以应用于其他范德瓦耳斯异质结及其相关器件的研究。

6.2　范德瓦耳斯异质结的电声子耦合

对材料电声子耦合进行研究有助于了解一些不同寻常的量子现象,如热动力学、超导、输运和光学现象等。在体材料向二维材料转变的过程中,受到调控的电声子耦合导致了如二维伊辛超导、电声子散射速率增强等奇特的物理性质。把不同二维材料垂直地堆叠起来可形成范德瓦耳斯异质结(vdWH)。异质结的电子波函数由各个不同组分的能带结构决定,而声子波函数由力常数决定。异质结的层间耦合为调节其电声子耦合提供了途径。异质结中电声子耦合可能存在以下三种情况:(1)类似于体材料的电声子耦合;(2)二维体系的电声子耦合;(3)二维体系电子与三维体系(体材料)声子的耦合,或者三维体系(体材料)电子与二维体系声子的耦合。

如 3.2 节所述,材料的电声子耦合可以直接通过拉曼峰的强度探测。本节以较厚六方氮化硼(hBN)和少层 WS$_2$ 堆叠而成的异质结为例,讨论三维体系(整个异质结)的呼吸模声子与二维体系(少层 WS$_2$)的电子态之间跨维度的电声子耦合,包括界面耦合所产生的一系列新的呼吸模及其共振轮廓和不同呼吸模之间相对强度的解释,并介绍石墨烯基范德瓦耳斯异质结不同组分之间的电声子耦合。这将为进一步调控异质结的电声子耦合以及研究衬底和石墨烯电极对二维材料性质的影响提供新的途径。

6.2.1　nL-hBN/mLW 的呼吸模

把 n 层 hBN(nL-hBN)和 m 层 WS$_2$(mLW)垂直地堆叠起来可以形成 hBN/WS$_2$ 异质结,标记为 nL-hBN/mLW。图 6.5(a)给出了 3LW、39L-hBN 和 39L-hBN/3LW 的光学图像和拉曼光谱。[121] 在高频范围

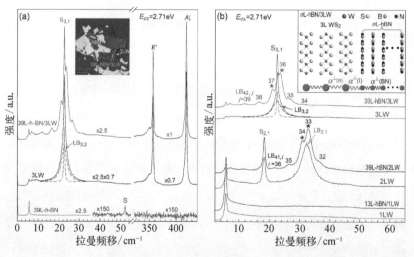

图 6.5　nL-hBN/mLW 呼吸模的频率与 n 和 m 的依赖关系[121]

(a)3LW、39L-hBN 和 39L-hBN/3LW 的光学图像和拉曼光谱;(b)13L-hBN/1LW、39L-hBN/2LW 和 39L-hBN/3LW 及其相应层数 WS$_2$ 的拉曼光谱,插图为 nL-hBN/3LW 呼吸模的线性链模型

（＞150 cm⁻¹）内，39L-hBN/3LW 的拉曼光谱可以看作是 3LW 和 39L-hBN 拉曼光谱的简单叠加，表明异质结界面耦合对各组分的层内振动几乎没有影响。在低频范围内，与多层石墨烯类似，在 nL-hBN 的拉曼光谱中只观察到了频率最高的剪切模，即 $S_{N,1}$。对于 3LW 来说，可以观察到一个剪切模（$S_{3,1}$）和一个呼吸模（$LB_{3,1}$）。但是，39L-hBN/3LW 展现出一系列新的拉曼峰，根据偏振拉曼光谱的实验结果，这些峰可被指认为呼吸模。

图 6.5(b) 给出了数个 nL-hBN/mLW 及其相应层数 WS_2 的拉曼光谱。[121]呼吸模的个数和频率显著地依赖 hBN 和 WS_2 薄片的总层数和各组分的层数。以图 6.5(b)所示的 nL-hBN/3LW 异质结[121]为例，结合 6.1 节所述的线性链模型来描述异质结的呼吸模。根据 mLW 呼吸模频率与 m 的关系可得 $\alpha^\perp(W) = 9.0 \times 10^{19}$ N/m³。由于不能观察到 nL-hBN 的呼吸模，且 nL-hBN 和 mLW 界面的耦合强度也是未知的，因此，$\alpha^\perp(BN)$ 和 $\alpha^\perp(I)$ 可作为线性链模型的拟合参数。nL-hBN 和 mLW 的面内晶格常数差异较大，约为 20%，不能形成莫尔图案。同时考虑到界面耦合强度与界面处的转角无关，可以排除 5.4.1 节讨论的莫尔声子的影响。根据 nL-hBN/mLW($m > 1$)呼吸模的频率，可得 $\alpha^\perp(BN) = 9.88 \times 10^{19}$ N/m³ 和 $\alpha^\perp(I) = 8.97 \times 10^{19}$ N/m³。

6.2.2 nL-hBN/mLW 的跨维度电声子耦合

如 3.2 节所述，拉曼强度依赖电子与光子相互作用、电声子相互作用以及带间电子跃迁能量和有效联合态密度。通过拉曼光谱共振轮廓可以深入地研究 nL-hBN/mLW 中剪切模和呼吸模的电声子耦合作用。图 6.6 给出了不同激发光能量下，39L-hBN/3LW 和 3LW 的拉曼光谱及其呼吸模拉曼强度与激发光能量的关系。[121]由于 39L-hBN/mLW 界面剪切耦合较弱，剪切模局域在少层 WS_2 中，39L-hBN/mLW 剪切模的共振行为与 mLW 相似。39L-hBN/mLW 层间呼吸模拉曼强

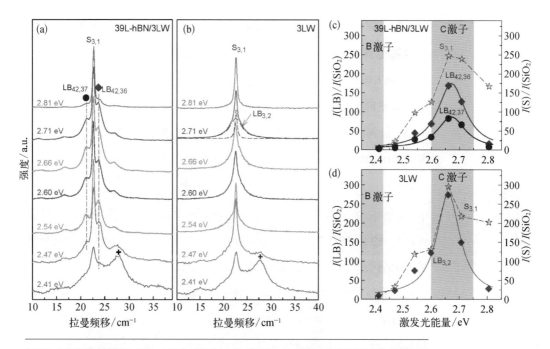

图 6.6　不同激发光能量下，39L-hBN/mLW（m = 2, 3）和 mLW 的拉曼光谱及其呼吸模拉曼强度与激发光能量的关系[121]

（a）39L-hBN/3LW 和（b）3LW 的共振拉曼光谱；（c）39L-hBN/3LW 和（d）3LW 相应的呼吸模和剪切模拉曼强度的共振轮廓

度的共振轮廓与 mLW 相应的拉曼模也相近，当激发光能量（E_L）与 mLW 的 C 激子能量接近时，39L-hBN/mLW 和 mLW 的呼吸模强度都表现出显著的增强。由于 WS$_2$ 的 C 激子能量（$E_c \approx 2.6$ eV）远小于 hBN 带隙（约为 6 eV），因而激发光激发的 C 激子波函数局域在 mLW 中，表现出二维电子态的性质。超过 10 层的层状材料的拉曼光谱表现出与体材料类似的光谱特征，我们可以把超过 10 层的二维材料或异质结看作三维体系。$\alpha^{\perp}$(I) 与 $\alpha^{\perp}$(BN) 和 $\alpha^{\perp}$(W) 可比拟，可看出 39L-hBN/mLW 的界面呼吸耦合较强，以至于 mLW 的呼吸振动可以扩展到三维体系（整个异质结），并与 C 激子耦合来完成共振拉曼过程，增强了相应的拉曼模强度。我们称这种二维的 mLW 电子态与三维体系 39L-hBN/mLW 的呼吸模声子之间的耦合为跨维度电声子耦合。

　石墨烯基材料的拉曼光谱研究

各个呼吸模之间的频率差异相对于 E_L 来说是可以忽略的,因此呼吸模强度只与电声子耦合强度相关。电声子耦合强度可以通过 nL-hBN$/m$LW 呼吸模中 mLW 成分所占呼吸振动的权重因子来估算,该权重因子可通过 nL-hBN$/m$LW 呼吸模的声子波函数(即位移向量)向 mLW 相应声子波函数投影得到。例如 nL-hBN$/m$LW 的声子波函数为 ψ_j,mLW 的 $\mathrm{LB}_{m,m-j}$ 模声子波函数为 φ_j,则权重因子为 $p_j = |\langle\varphi_j|\psi\rangle|$。$n$L-hBN$/m$LW 呼吸模的拉曼强度正比于 $p^2 = \sum_j \rho_j p_j^2$,式中,$\rho_j$ 表示 mLW 的 $\mathrm{LB}_{m,m-j}$ 模的相对拉曼强度。若 $\mathrm{LB}_{m,m-j}$ 不是拉曼活性的,则其强度为 0。1LW 不存在呼吸模,nL-hBN/1LW 的权重因子为 0,因此,如图 6.5(b)所示,13L-hBN/1LW 观察不到呼吸模。[121] 计算 39L-hBN/3LW 各呼吸模的相对强度,只需要考虑 3LW 拉曼活性的呼吸模,即 $\mathrm{LB}_{3,2}$ 模。根据线性链模型可计算得到 3LW 以及 39L-hBN/3LW 呼吸模的位移向量,然后根据声子波函数投影计算得到 39L-hBN/3LW 不同呼吸模的相对拉曼强度,如图 6.7(a)所示,与实验结果吻合很好。[121]

图 6.7 39L-hBN/3LW 呼吸模的跨维度电声子耦合[121]

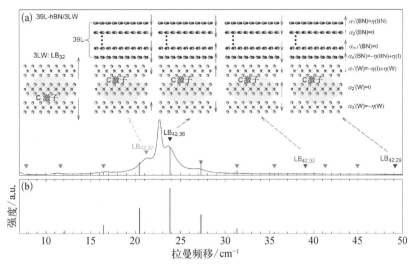

(a)39L-hBN/3LW 呼吸模的拉曼光谱,相应的声子波函数示意图,根据声子波函数投影计算所得 39L-hBN/3LW 各呼吸模的相对强度;(b)根据键极化率模型计算所得 39L-hBN/3LW 各呼吸模的相对强度

6.2.3 nL-hBN/mLW 的层间键极化率模型

根据传统的键极化理论,电声子耦合强度与键极化率的改变量相关。Liang 等人 2017 年提出了计算层状材料层间振动模拉曼强度的键极化率模型,[151]即将层状材料单元层看作一个整体,拉曼强度与层间键极化率和键矢量相关。从理论上来说,异质结呼吸模的拉曼强度也可以通过层间键极化率模型来计算得到。整个系统层间振动的键极化率可以表示为每层键极化率变化量之和,即 $\Delta\alpha = \sum_i \alpha_i' \cdot \Delta z_i$,式中,$\Delta z_i$ 和 α_i' 分别表示呼吸振动第 i 层的位移矢量和极化率关于 z 方向位移的导数,拉曼强度正比于 $\Delta\alpha^2$。如图 6.7(a)所示,$\alpha_i'(\mathrm{BN})$($i = 1, 2, \cdots, n$)和 $\alpha_i'(\mathrm{W})$($i = 1, 2, \cdots, n$)分别表示第 i 层 hBN 和第 i 层 $\mathrm{WS_2}$ 的值。[121]根据键极化率模型,由于中间层有两个等价的近邻层而相互抵消,相应的 α_i' 为零;而 hBN 和 $\mathrm{WS_2}$ 的顶层和底层只有一个或两个不等价的近邻层,α_i' 不为零。因此,相应的键极化率改变量可以简化为 $\alpha_1'(\mathrm{BN}) = \eta(\mathrm{BN})$,$\alpha_n'(\mathrm{BN}) = -\eta(\mathrm{BN}) + \eta(\mathrm{I})$,$\alpha_1'(\mathrm{W}) = -\eta(\mathrm{I}) + \eta(\mathrm{W})$ 和 $\alpha_3'(\mathrm{W}) = -\eta(\mathrm{W})$,其中 $\eta(\mathrm{BN})$、$\eta(\mathrm{W})$ 和 $\eta(\mathrm{I})$ 与 E_{L} 以及 hBN、$\mathrm{WS_2}$ 和界面的层间键性质(如键矢量、键长和极化率等)相关,为拟合参数。当激发光与 C 激子能量匹配时,$\eta(\mathrm{W})$ 最大。

根据上面范德瓦耳斯异质结的层间键极化率模型,$n\mathrm{L\text{-}hBN}/3\mathrm{LW}$ 极化率的改变量可表示为[121]

$$
\begin{aligned}
\Delta\alpha &= \sum_i \alpha_i' \cdot \Delta z_i \\
&= \eta(\mathrm{W})\big[\Delta z_1(\mathrm{W}) - \Delta z_3(\mathrm{W})\big] \\
&\quad + \eta(\mathrm{BN})\big[\Delta z_1(\mathrm{BN}) - \Delta z_n(\mathrm{BN})\big] \\
&\quad + \eta(\mathrm{I})\big[\Delta z_n(\mathrm{BN}) - \Delta z_1(\mathrm{W})\big]
\end{aligned}
\tag{6.1}
$$

式中的三项分别表示 $\mathrm{WS_2}$、hBN 和界面对键极化率变化量的贡献。根据图 6.7(a)所示的 $39\mathrm{L\text{-}hBN}/3\mathrm{LW}$ 呼吸模拉曼光谱的相对强度以及线性链模型计算所得到的各层位移矢量,结合式(6.1)可拟合得到 $\eta(\mathrm{I})/\eta(\mathrm{W})=0.3$, $\eta(\mathrm{BN})/\eta(\mathrm{I})=0.003$。这表明在式(6.1)中,$WS_2$ 组分的呼吸振动(第一项)起主导作用,因此,39L-hBN/3LW 中 3LW 组分的呼吸振动越接近本征 3LW 呼吸模的原子位移方式,相应的拉曼强度就越大。键极化率模型计算得到的呼吸模相对强度如图 6.7(b)所示,与声子波函数投影计算结果一致。

上述呼吸模拉曼强度的计算方法同样也可以同于其他异质结。这种跨维度的电声子耦合导致 hBN 和石墨烯等衬底、电极和包裹层会对相应的二维材料及其器件的性质产生重要影响,例如这些衬底、电极和包裹层会参与所研究二维材料的呼吸振动,并进一步改变相应的电子-声子耦合,从而对相关器件的热学和输运性质产生重要影响。显然范德瓦耳斯异质结层间振动模的拉曼光谱是研究基于范德瓦耳斯衬底、电极和包裹层与其所作用的二维材料之间相互影响的重要手段。

6.2.4 mLM/nLG 的电声子耦合

范德瓦耳斯异质结的对称性比其各组分更低,因此其绝大部分的层间振动模都应该是拉曼活性的,在其拉曼光谱中就应该能观察到这些层间振动模。根据其组分 $m\mathrm{LM}$ 和 $n\mathrm{LG}$ 的层间耦合力常数,$m\mathrm{LM}/n\mathrm{LG}$ 的呼吸模可以高达约 120 cm^{-1},但是,如图 6.4 所示,[120] 拉曼光谱只能探测到 2LM/nLG 在 20~50 cm^{-1} 的呼吸模,这表明与前面所讨论的 $m\mathrm{L}$-hBN/$n\mathrm{LW}$ 类似,在 $m\mathrm{LM}/n\mathrm{LG}$ 中也可能存在特殊的电声子耦合现象。$n\mathrm{LG}$ 为零带隙半导体,激发光可同时激发 $m\mathrm{LM}/n\mathrm{LG}$ 中 $n\mathrm{LG}$ 和 $m\mathrm{LM}$ 组分内电子的共振跃迁,这可能导致与 $m\mathrm{L}$-hBN/$n\mathrm{LW}$ 不同的电声子耦合现象($m\mathrm{L}$-hBN 为绝缘体材料,激发电子态只局域在 $m\mathrm{L}$-hBN/$n\mathrm{LW}$ 的 $n\mathrm{LW}$ 组分内)。本节以 $m\mathrm{LM}/n\mathrm{LG}$ 为例,详细讨论石墨烯基范德瓦耳斯异质结中的电声子耦合。

如 6.1 节所述,$m\mathrm{LM}/n\mathrm{LG}$ 中 $m\mathrm{LM}$ 与 $n\mathrm{LG}$ 组分之间的剪切耦合力

常数较小,可以忽略,因此,mLM/nLG 的剪切模特征几乎与 mLM 相同。而异质结界面处较强的呼吸耦合作用导致 mLM/nLG 的呼吸模频率不仅取决于 m,还取决于 n,因此,与 mL-hBN/nLW 类似,对 mLM/nLG 呼吸振动的建模和分析也必须考虑异质结的整体振动。与 mLM 相比,mLM/nLG 不同呼吸模之间的相对强度也体现了界面耦合所导致不同组分之间的电声子耦合。

如图 6.8(a)所示,2LM 可观察到一个呼吸模,$LB_{2,1}$ 模,而 2LM/6LG 的拉曼光谱中有两个较强的呼吸模,分别是 $LB_{8,6}$ 模和 $LB_{8,5}$ 模,2LM/6LG 的其他呼吸模则由于强度太弱而观察不到。如 6.1 节所述,根据线性链模型可精确计算 2LM 和 2LM/6LG 呼吸模的频率和位移向量。在常规条件下,可以观察到 2LM 的 $LB_{2,1}$ 模,而 6LG 的各呼吸模的电声子耦合较弱,导致它们即使是拉曼活性的,也难以通过常规拉曼光谱观测到。因此,这里只考虑局域在 2LM 组分中的电子与呼吸模声子之间的耦合。与 mL-hBN/nLW 类似,考虑异质结的呼吸模声子态与 2LM 电子态之间的耦合,在通过线性链模型计算得到 2LM 组分和 2LM/6LG 的呼吸模位移向量的基础上,通过声子波函数投影方法[121]可计算得到 2LM/6LG 各呼吸模的相对强度,如图 6.8(a)所示,与实验结果吻合很好。通过同样方法也可以描述 4LM/3LG 各呼吸模的相对强度,如图 6.8(b)所示。无论是从实验还是计算所得的结果来看,当 mLM/nLG 呼吸模的频率与

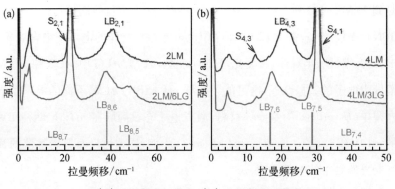

（a）2LM 和 2LM/6LG；（b）4LM 和 4LM/3LG

图 6.8　低频拉曼光谱和根据声子波函数投影方法[121]计算所得相应异质结各呼吸模的相对强度

mLM 组分拉曼活性呼吸模的频率越相近时，相应呼吸模的拉曼强度就越强。这就解释了如图 6.4 所示的现象，在 2LM$/n$LG 中只能探测到与 2LM 的 $\text{LB}_{2,1}$ 模频率接近的呼吸模，而其他呼吸模则由于不能有效地与 2LM 组分中的电子态耦合而导致其拉曼强度太低，不能直接被实验观测到。

上述现象表明，异质结的界面耦合导致了 mLM 和 nLG 各呼吸模之间的相互作用，以这种相互作用为媒介，mLM$/n$LG 的呼吸模声子可与 mLM 的电子态发生耦合，使得相应拉曼模的拉曼强度增强，从而在实验上直接观察到相应的拉曼峰。相比本征 mLM 和 nLG，mLM$/n$LG 呼吸模的个数、频率以及相对强度都发生了改变，因此，通过石墨烯基范德瓦耳斯异质结呼吸模的光谱特征可以用于表征不同组分之间的相互作用和电声子耦合，进而研究石墨烯基异质结器件以及以 nLG 作为电极时二维材料器件中各个组分之间相互作用对其性质和性能的影响。

6.3　石墨烯基器件的拉曼光谱表征

石墨烯基材料可以用于制备多种光电子功能器件。在制备过程中需要对石墨烯基材料进行处理，这时石墨烯基材料的固有性质会受到环境和器件本身的影响。例如，为了实现特定功能的器件，对石墨烯基材料进行官能团修饰，使其具有某些性质。实时、原位、无损的表征技术有助于人们了解在器件制备和工作过程中石墨烯基材料的性质变化及其对器件性能的影响。一些常规表征方法对样品尺寸和制备方式的要求限制了它们在器件表征中的应用。如前文所述，拉曼光谱是表征石墨烯基材料和器件的方便、有力工具，它可以用来表征石墨烯基材料的层数、堆垛方式、载流子掺杂、缺陷、边界手性、应力和稳定性等物理和化学性质。单层和多层石墨烯具有原子级的厚度，其电子能带结构和声子色散关系等基础性质很容易受到上述物理和化学因素的影响。本节将展示拉曼光谱在表征石墨烯基器件方面的优势,期望能成为未来石墨烯工业化应用的重要表征和检测手段。

6.3.1 石墨烯基场效应晶体管

石墨烯基场效应晶体管(field effect transistor,FET)是一种带有源电极和漏电极、以 SiO_2/Si 衬底作为背栅的器件。石墨烯基 FET 不仅是模拟电路和数字电路的基本器件,也是制备其他器件(例如光电探测器和传感器)的基本单元。1LG 的掺杂浓度是 FET 最重要的参数之一。如 4.6 节所述,1LG 的 G 模和 2D 模的光谱特征显著地依赖掺杂浓度,两者的峰位和相对拉曼强度可以用来表征 1LG 的掺杂浓度。[3,89] 当需要大电流驱动多个 FET 进行寻址或应用于射频器件时,热量的产生和耗散是 FET 的重要问题。耗散的电能会使器件的工作温度升高,器件的散热处理就变得十分关键。因此,厘清 FET 的发热和耗散过程就显得尤为重要。

图 6.9(a)插图给出了 Freitag 等人基于 1LG 所制备 FET 的扫描电子显微镜(scanning electron microscope,SEM)图像,[98] 两电极间 1LG 的尺寸为 2.65 μm 长、1.45 μm 宽,并采用厚度为 300 nm 的 SiO_2 作为栅氧化层。该 FET 可以承受至少 210 kW/cm^2 的电功率密度。在不加栅压的情况下,轻微地改变漏极电压就可以显著地调控石墨烯的载流子掺杂水平。在轻掺杂时,2D 模的频率仅取决于温度。而 G 模频率对掺杂浓度和温度变化都很敏感。[152,153] 根据 Calizo 等人报道的结果,2D 模频率随温度线性变化,[152] 因此,可以根据 2D 模的频率来表征 1LG 的温度分布。

图 6.9(a)给出了不同漏电压下 FET 器件中石墨烯 2D 模的拉曼光谱,[98] 2D 模随电功率的增加而红移,并表现出显著的展宽。如图 6.9(b)所示,2D 模峰位的减小量与电功率的耗散成正比,这表明焦耳热导致了 2D 模的红移。[98] 根据 2D 模频率的温度系数 -29.4 K $\cdot$ cm^{-1}[152] 可以得到样品的温度,进而得到 FET 工作过程中 1LG 中心区域的升温速率为 3.3 K $\cdot$ kW^{-1} $\cdot$ cm^{-2}。最高功率密度为 210 kW/cm^2 时,1LG 的温度高达 1050 K。

图 6.9 石墨烯 2D 模表征 FET 器件的温度分布[98]

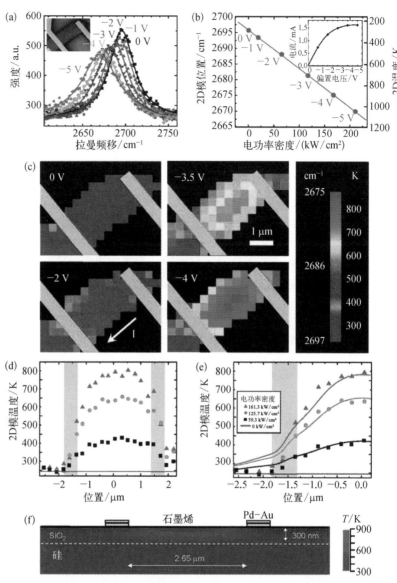

（a）不同漏电压下 FET 器件中石墨烯 2D 模的拉曼光谱，插图为器件的 SEM 图像；（b） ω（2D）和 1LG 的温度随电功率密度的变化；（c）不同漏电压下 2D 模频率分布及其相应的温度分布；（d）在不同功率下沿电流方向 1LG 的温度分布（黄色区域为电极的位置）；（e）根据模型所拟合（d）的温度分布；（f）栅极温度分布的横截面示意图

　　图 6.9(c) 给出了不同漏电压下 2D 模频率分布及其相应的温度分布。[98] 在没有施加电压的情况下，2D 模频率（或石墨烯温度）分布较为均匀。施加电压时，不同的能量耗散途径导致 1LG 中心区域的温度比边缘

第 6 章　石墨烯基范德瓦耳斯异质结及器件　　　　　257

高。图 6.9(d)显示出在不同功率下沿电流方向 1LG 的温度分布,其中,黄色区域表示电极的位置。[98] 1LG 与电极之间以及 1LG 与 SiO_2 衬底之间的热阻模型可以解释器件工作过程中的温度分布,如图 6.9(e)所示。[98]根据模拟结果,尽管 SiO_2 厚度超过 1LG 的 1000 倍,但是 1LG 中横向热流比 SiO_2 大 5 倍。[98]这导致 1LG 中产生的热量快速扩散,否则中心区域的温度会更高。1LG 较大的热流还有助于将一些热量传导到接触物体上。如图 6.9(f)所示,77% 的热量通过 1LG 下方的 SiO_2 层耗散,剩余的23% 热量则通过接触物耗散。[98]因此,石墨烯基 FET 主要通过器件下方的硅进行散热。

上述结果表明,拉曼光谱在表征石墨烯基电子器件的温度分布方面具有原位和空间分辨率高的优势。这种技术同样可以应用于其他石墨烯基器件,例如基于石墨烯/hBN 异质结制备的器件等,[16]这为表征石墨烯基器件工作过程对材料性质的影响以及器件的可靠性和稳定性分析提供了途径。

6.3.2　石墨烯基储能器件

高效、清洁的能源储存技术有助于解决环境污染、有限的化石能源和巨大能源需求之间的矛盾。在相关技术中,离子电池和电化学电容器等储能技术的研究取得了较大的进展。离子电池工作过程涉及两个主要的化学反应过程,即两层化合物之间离子嵌入和脱嵌的可逆循环过程,分别对应充电和放电过程,并伴随电化学反应。超级电容器的电极和电解质之间的界面可以被看作一个电容器。根据电极材料是否具有电化学活性,超级电容器分为双电层电容器和赝电容电容器。电极材料对于储能技术的进步来说非常重要。过渡金属硫族化合物和石墨烯等二维材料由于具有高比表面积和易于发生氧化还原反应等物理和化学性质,被广泛应用于制备离子电池和超级电容器的电极。原位电化学测试可用于表征离子(如锂、钠和钾)电池或电化学电容器工作过程中电极材料的变化。[5]这里以钾离子电池中的多层石墨烯电极为例,介绍如何通过拉曼光谱原位表征在充放电过程中电极材料的结构和性质变化以及电化学反应机理。[154]

对电池进行线性扫描伏安法测试时,使用极低的扫描速率(0.05 mV/s)以保证在拉曼光谱实验过程中电化学反应处于平衡态。图6.10(a)给出了不同电压下石墨电极的拉曼光谱。[154]原位测得的拉曼光谱没有观察到 D 模(约 1330 cm^{-1}),这表明石墨电极的 sp^2 碳没有发生明显的降解。图6.10(b)显示了伏安曲线、在原位拉曼光谱实验过程中测得的 G$_{uc}$ 模和 G$_c$ 模的拉曼强度以及 G$_{uc}$ 模和 G$_c$ 模的频率与电压的关系。[154] G 模频率和强度的变化表明电化学反应过程中石墨电极材料的结构和性质可能发生了显著的变化。

如图6.10(a)所示,在电压为 2.0 V(电压扫描的初始电压)时石墨电极的拉曼光谱与本征石墨相似,包含 2D 模和位于 1582 cm^{-1} 的 G 模。[154]电压减小到 0.37 V 时,形成了低浓度的石墨插层化合物(GIC),G 模蓝移至 1589 cm^{-1}。电压从 0.37 V 继续减小到 0.25 V,由于插层离子浓度较低,拉曼光谱和循环伏安曲线几乎没有变化。电压减小到 0.24 V 附近时,插层离子浓度增加,在石墨层与层之间有序排列,循环伏安曲线中出现第一个还原峰,G 模发生劈裂,其中较高频率的拉曼峰强度增加,2D 模强度减小。这表明电化学反应开始之前,石墨未受到掺杂的影响,电荷在各个石墨烯层均匀分布,因而只能观察到本征石墨的 G 模(G$_{uc}$模)。

当阳离子开始嵌入石墨烯层之间时,与阳离子相邻的石墨烯层的电荷密度增加,导致 G 模蓝移,这里将受掺杂影响而发生蓝移的 G 模标记为 G$_c$ 模,而不相邻的石墨烯层的 G 模(G$_{uc}$模)频率几乎没有发生变化,因此,表现出与 2 阶以上石墨插层化合物 G 模类似的劈裂现象。[91]当电压为 0.24 V 时,根据 G$_c$ 模与 G$_{uc}$ 模的强度比可推断石墨电极的结构与 6 阶石墨插层化合物(KC$_{72}$)类似。[155]在电压从 0.24 V 减小到 0.15 V 过程中,G$_c$ 模强度增加,G$_{uc}$ 模和 2D 模强度降低,所有的拉曼模都发生了红移。这表明随着电化学反应的进行,石墨插层化合物的阶数变小,越来越多的石墨烯层被掺杂。电压为 0.15 V 时,形成了 2 阶石墨插层化合物,所有的

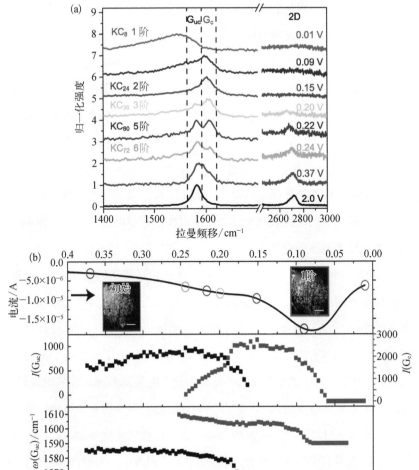

图 6.10 拉曼光谱表征电化学反应过程[154]

（a）不同电压下石墨电极的拉曼光谱；（b）伏安曲线、原位拉曼光谱实验过程中测得的 G_{uc} 和 G_c 模的拉曼强度以及 G_{uc} 和 G_c 模的频率与电压的关系

石墨烯层都受到了掺杂效应的影响，G_{uc} 模消失。同时，当费米能级的绝对值足够大时，2D 模的双共振过程无法发生，因此，不再能观察到 2D 模。[3] 当电压继续减小到 0.01 V 时，1 阶石墨插层化合物表现出与金属类似的行为，G 模表现出非对称的法诺（Fano）共振线型。[155] 如图 6.10（b）插图所示，相比于灰色的本征石墨，1 阶石墨插层化合物（KC₈）的光学图像变为亮橙色。[154]

上述结果表明,拉曼光谱可以原位地表征电极材料在制备和氧化还原反应过程中的结构和性质变化,这对于进一步研究和改善电极材料来提高储能器件的循环寿命有重要作用。这种方法也可以用于其他离子电池和电化学电容器的反应机理和器件性能等方面的研究。

6.3.3　石墨烯基太阳能电池和有机发光二极管

石墨烯基材料具有高透光率、高导电性和优异的机械性能等独特的性质,被广泛地应用于太阳能电池和有机发光二极管(organic light emitting diode,OLED)领域的研究中。石墨烯基材料(如氧化石墨烯薄膜和CVD生长石墨烯)已经被用于电极的制备,如透明阳极、非透明阳极、透明阴极以及电极催化剂等。[156]此外,石墨烯基材料还可以作为活性层,如光收集材料、肖特基结、空穴电子传输层和串联结构中的界面层等。[16,156]

通常,利用CVD制备的1LG(CVD-1LG)具有较高的晶体质量和较好的电导率。图6.11(a)给出了光伏(太阳能电池)器件的结构示意图,其中阳极通过逐层转移CVD-1LG制备而成。[157]1LG不具有足够高的导电性,一般可将 N 个1LG堆叠在一起形成转角多层石墨烯(tNLG),并通过掺杂来提高电导率。tNLG的总电导率取决于原始1LG的晶体质量及其层间耦合。

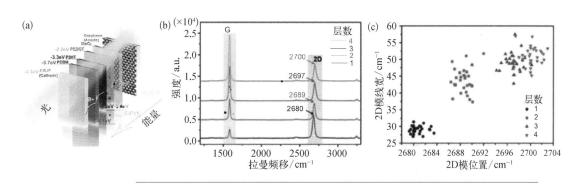

图 6.11　拉曼光谱表征光伏器件中的石墨烯薄膜电极[157]

（a）光伏（太阳能电池）器件的结构示意图；（b）逐层转移的 1~4LG 薄片拉曼光谱的变化；（c）1~4LG 的 2D 模频率和半宽的统计结果

拉曼光谱是鉴别石墨烯薄片层数和层间耦合的理想工具。图 6.11 (b)给出了逐层转移的 1～4LG 薄片拉曼光谱的变化，[157]其 G 模强度 [$I(G)$]随 tNLG 层数增加而增加。转角的存在导致 tNLG 具有类似于 1LG 的线性能带结构。因此，tNLG 的 2D 模也表现出与 1LG 类似的单个洛伦兹峰线型。层间耦合导致 tNLG 费米速度降低，相应双共振拉曼过程所选择的声子波矢减小，2D 模蓝移。此外，如图 6.11(c)所示，tNLG 的 2D 模半高宽随 N 的增加而增加。[157]因此，根据 2D 模的光谱特征，可以表征通过逐层转移所制备 tNLG 的层数和层间耦合。

石墨烯基材料也可以用于制备有机发光二极管的电极。[158]大面积 NLG/连接层/聚对苯二甲酸乙二醇酯结构可以作为 OLED 顶部透明导电电极。在这种结构中，NLG 会受到应力的影响。张力和压力会分别导致 G 模的红移和蓝移，同时 G 模劈裂成 G^+ 模和 G^- 模。因此，可以通过偏振拉曼光谱表征 NLG 受到的单轴应力。[158]局部应力可以通过 $\Delta\omega = \omega(G_0) - \omega(G^\pm) = -\omega(G_0)\gamma\varepsilon$ 来估算，式中，$\omega(G_0)$表示在无应力情况下 NLG 的 G 模频率，$\gamma = 2$ 表示 G 模的格林艾森常数，[159]ε 表示NLG 所受应力。

6.3.4　石墨烯基纳米机电系统

1LG 具有原子层级厚度，以及优异的力学和电学特性，可用于制备纳米机电系统（nanoelectromechanical system，NEMS）。石墨烯基 NEMS 在质量、电荷和压力等高灵敏度传感方面具有广阔的应用前景。与传统块状材料制备的机械振子不同，研究人员可以通过门电压连续地调控石墨烯基机械振子的振动频率，实现开关和滤波功能。另外，石墨烯基机械振子，例如悬臂梁和鼓状结构，可以为研究热传导、非线性模式耦合以及光力学等基本物理现象提供一个理想的平台。通过拉曼光谱可以原位探测 NEMS 的振动、材料内部的应力强度以及空间分布，有助于探究石墨烯基纳米机电系统的机械性能和以动态应力为媒介的量子杂化体系。

图 6.12(a)显示了直径约为 5 μm 带泄气槽的鼓状石墨烯基 NEMS 示意图。[160]悬浮的 1LG 与金属电极接触,并与底部的 Si 电极构成平行板电容器。1LG 的静态偏移(ξ)与振动分别由平行板间的直流和交流电压控制。ξ(包括临界位置)可以通过拉曼模的频率或强度变化进行详细表征。图 6.12(b)给出了鼓状石墨烯中心位置所测得 2D 模的频率移动值($\Delta\omega_{2D}$)及其强度(I_{2D})与机械驱动频率($\Omega/2\pi$)的关系。[160]机械振动均方根振幅(Z_{rms})小于线性振动的最大幅值[图 6.12(b)-Ⅰ中横虚线对应的值[160]]时,2D 模的频率移动及其强度几乎没有发生变化。机械驱动频率大于约 33.2 MHz 且小于 34.6 MHz(共振激发)时,$\Delta\omega_{2D}$随 Z_{rms}的增加而增加。当 Z_{rms}饱和之后,$\Delta\omega_{2D}$持续地增加,最大值约为 -2.5 cm^{-1},相应的应力变化约为 2.5×10^{-4}。相对于非共振激发,在共振激发下所测得的 I_{2D}降低了约 10%,这主要是非线性引起的对称性破缺导致的。在该样品

图 6.12 拉曼光谱表征石墨烯纳米机电系统[160]

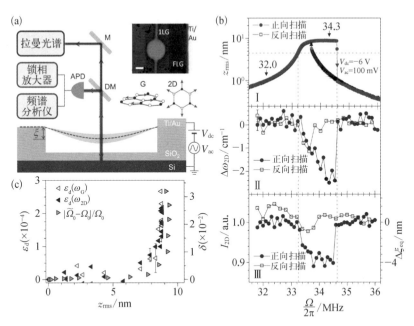

(a)直径约为 5 μm 带泄气槽的鼓状石墨烯基纳米机电系统示意图;(b)机械振子在非线性区域的频率响应(Ⅰ)以及石墨烯 2D 模频率(Ⅱ)及其强度(Ⅲ)的变化(正向和反向频率扫描得到的结果表明非线性引起的迟滞效应);(c)动态应力和非线性引起的机械振动偏置随均方根振幅的变化

结构中，I_{2D}减小表明石墨烯基机械振子振动的平衡位置向孔的顶部方向移动了约 4 nm。因此，1LG 的 2D 模可以有效地表征机械振动的频率响应（包括迟滞效应）、薄膜的动态应力以及非线性引起的对称性破缺。

图 6.12(c)给出了动态应力(ε_d)与 Z_{rms} 的关系。[160] 由于拉曼光谱仪分辨率和 1LG 的格林艾森常数的限制（可表征的最小应力为 1×10^{-5}），当 Z_{rms} 小于 5 nm 时，探测不到 ε_d 的变化；当 Z_{rms} 大于 5 nm 时，ε_d 随着 Z_{rms} 的增加而急剧地增加。根据简谐振动模型，当 $Z_{rms} = 9$ nm 时，ε_d 约为 6×10^{-6}，是实验探测到 ε_d 的 1/40。图 6.12(c)同时给出了由 NEMS 非线性引起的机械振动偏置(δ)以及 ε_d 与 Z_{rms} 的关系，[160] ε_d 与 δ 呈现出线性关联，这表明观测到有一个数量级增强的 ε_d 与 NEMS 几何性质的非线性相关，即石墨烯基机械振子在非线性条件下存在着空间尺寸远小于薄膜直径的局域化振动模式[161]。通过高分辨拉曼光谱技术可以表征这一振动模。同时，拉曼散射的典型时间尺度为 ps 数量级，远小于机械振动周期（MHz 对应 ms），因此，通过时间分辨的拉曼光谱技术可以研究动态应力。拉曼光谱技术为研究石墨烯基纳米机电系统提供了行之有效的探测手段，也可以应用于其他二维材料制备的纳米机电系统，从而系统地表征机械振子材料均匀度、应力分布和边界结合等因素对其性能的影响。

6.3.5 石墨烯基范德瓦耳斯异质结器件

将各种二维材料（例如石墨烯和 TMDs）垂直地堆叠起来可制备范德瓦耳斯二维异质结，为设计具有特定功能的光电子器件提供了途径。图 6.13(a)和(b)分别显示了 $1LG/MoS_2$ 异质结 FET 器件的示意图和拓扑图。[162] 1LG 和 MoS_2 之间存在电荷转移，形成了肖特基结。利用拉曼光谱可对器件组分之间的电荷转移进行原位探测，这对异质结器件的研究来说十分必要。

根据 1LG 的 G 模$[\omega(G)]$和 2D 模$[\omega(2D)]$频率可计算得到载流子浓度(n)和费米能级相对于狄拉克点的能量差($E_{Dirac} - E_F$)。[3,153] $\omega(G)$随

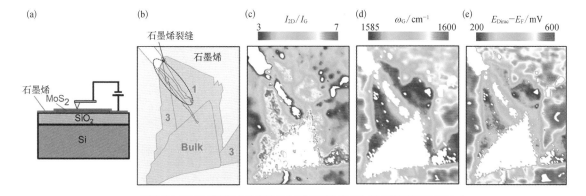

图 6.13　拉曼光谱表征范德瓦耳斯异质结器件[162]

1LG/MoS$_2$ 异质结 FET 器件的（a）示意图和（b）拓扑图；1LG/MoS$_2$ 的（c）I(2D)/I（G）的成像图；（d）ω_G 的成像图；（e）FET 器件的 E_{Dirac}-E_F 分布图

掺杂浓度 n 的升高而单调增加。而对于 2D 模，p 型掺杂（$E_F < E_{Dirac}$）时频率升高，n 型掺杂（$E_F > E_{Dirac}$）时频率降低。[89,92] 因此，1LG 的掺杂浓度和载流子种类可以通过 ω(G) 和 ω(2D) 得到。相比于 MoS$_2$，1LG 的拉曼光谱特征对掺杂更敏感，因此，1LG/MoS$_2$ 异质结 FET 的电荷转移过程可以通过其 1LG 组分的拉曼光谱来表征。

图 6.13（c）和（d）分别给出了 1LG/MoS$_2$ 的 I(2D)/I(G) 和 ω_G 的成像图。[162] 根据 I(2D)/I(G) 和 ω_G 可计算得到 FET 器件的 E_{Dirac}-E_F 分布图，如图 6.13（e）所示。[162] 对于衬底上的 1LG 来说，$\omega_G = 1593$ cm^{-1}、$\omega_{2D} = 2648$ cm^{-1}，G 模和 2D 模强度比 I(2D)/I(G) $= 4$，这表明衬底上 1LG 的载流子掺杂类型为 p 型掺杂，载流子浓度 $n = -2 \times 10^{13}$ cm^{-2}，$E_F - E_{Dirac} = -550$ mV。而对于 1LG/MoS$_2$ 的 1LG 组分来说，$\omega_G = 1586$ cm^{-1}、$\omega_{2D} = 2644$ cm^{-1}、I(2D)/I(G) $= 6$，这表明 FET 的 1LG 组分的载流子掺杂类型为 p 型掺杂，$n = -1 \times 10^{13}$ cm^{-2}，$E_F - E_{Dirac} = -250$ mV。两者之间的费米能级变化表明 1LG 与 MoS$_2$ 堆叠形成异质结后，电子从 MoS$_2$ 转移到 1LG。因此，根据石墨烯基器件工作过程中各组分拉曼模光谱特征的变化就可以探索器件的工作机理，以及在工作状态

下器件各组分的性质变化等。

6.4　小结

　　石墨烯基材料与其他二维材料结合起来,可以不受晶格匹配等限制因素来制备范德瓦耳斯异质结。石墨烯基范德瓦耳斯异质结中石墨烯基组分的 G 模和 2D 模以及异质结本身的层间振动模可以用来表征异质结各组分之间的电荷转移以及异质结界面的层间耦合,为利用拉曼光谱研究石墨烯基器件结构和工作机理提供了可能。由于石墨烯基材料和 hBN材料通常可以用来制备其他二维材料或层状材料的原子级平整的衬底,本节所揭示的跨维度电声子耦合会导致这些二维材料衬底与其上所制备的二维材料及其相关器件组分材料的耦合,从而对这些材料的性质产生一定的影响。石墨烯基范德瓦耳斯异质结中也存在类似的不同组分之间的电声子耦合现象。石墨烯基材料拉曼光谱特征,如 G 模和 2D 模频率的变化与外界微扰的变化关系,可以用来表征石墨烯基材料的掺杂浓度和应力等性质,进而原位监测石墨烯基场效应晶体管、储能器件、太阳能电池、有机发光二极管以及纳米机电系统在工作状态下石墨烯基材料结构和性质的变化,并有助于研究石墨烯基器件的工作机理。因此,拉曼光谱是原位表征石墨烯基异质结和相关器件结构、性质和工作机理的有力工具。

第 7 章

拉曼光谱在表征
石墨烯基材料
中的应用

随着石墨烯基材料研究的不断深入，其家族成员也逐渐壮大，具有多种多样的结构，包含石墨烯、AB 堆垛多层石墨烯（AB-NLG）和 ABC 堆垛多层石墨烯（ABC-NLG）、转角多层石墨烯（tNLG）以及石墨烯基范德瓦耳斯异质结（vdWH）等。石墨烯基材料的结构具有独特性和多样性，这导致了其丰富且奇特的物理和化学性质，如高比表面积、高载流子迁移率、转角调控的光吸收、魔角石墨烯的非常规超导等，为研究电子和声子等元激发在低维系统内独特的性质提供了理想的材料体系。这些物理性质也为石墨烯基材料在各个领域的广泛应用奠定了基础，如电子学领域的高频器件、触摸屏、柔性可穿戴设备、超灵敏传感器、纳米机电系统、高密度数据存储和光子器件等；能源领域的离子电池、超级电容器和太阳能电池等；量子信息领域的石墨烯量子点器件和石墨烯光电探测器等。石墨烯基材料还可能促进一些新兴技术的产生和发展，如自旋电子学和谷电子学相关器件。石墨烯基材料微小的结构差异将导致完全不同的性质，如在特定转角（误差不超过 0.1°）时魔角石墨烯的电子才能表现出强关联性。因此，快速而精确地表征石墨烯基材料的各种物理和化学性质是相关基础研究和工业化应用的前提，同时，石墨烯基材料结构的多样性又为其表征带来了困难，使得探索石墨烯基材料快速、便捷、无损的表征方法对石墨烯基材料的进一步发展具有重要意义。

在前面介绍的石墨烯基材料拉曼光谱与材料结构和外界扰动（如堆垛方式、应力、转角、掺杂、缺陷、层数、载流子掺杂等）的关系基础上，本章将讨论拉曼光谱在石墨烯基材料表征方面的应用。我们将介绍基于拉曼光谱鉴定石墨烯薄片层数的多种方法，部分方法已经应用于国家标准-石墨烯相关二维材料的层数测量（拉曼光谱法），同时对这些方法的优势与劣势进行讨论。此外还将介绍如何通过拉曼光谱来表征石墨烯基材料的堆垛方式、应力、缺陷类型和无序度等,以及如何通过拉曼成像技术来表征石墨烯材料的晶畴甚至生长机理。这些都为拉曼光谱在实验室和工业化生产中表征石墨烯基材料提供了合理和可靠的建议。

7.1 ME-NLG 薄片层数的表征

快速而准确地鉴定石墨烯薄片的层数是深入研究其材料性质、器件开发以及产业化应用的基础和前提。目前,基于不同原理和测试手段,有多种检测石墨烯薄片层数的方法,如 1.3 节所述的原子力显微镜(AFM)、光学衬度和瑞利成像等方法。总体来说,表征石墨烯薄片的层数有三种方法:一是直接测量出石墨烯薄片的厚度,再根据单层石墨烯的厚度来推导出其层数,如 1.3 节所述的利用 AFM 测量厚度就是这种表征层数的方法。使用 AFM 表征石墨烯薄片的厚度容易受到衬底粗糙程度、样品表面吸附物以及样品和衬底之间的空气间隙或水汽层等因素的影响,据此推导出的石墨烯薄片层数可能有较大的误差。二是直接根据石墨烯薄片与层数相关的性质来确定其层数的方法。这种方法一般与衬底无关,是一种普适的方法,一般来说具有很高的精确度,如第 5 章所述的通过 AB-NLG 剪切模的峰位[114]、tNLG 剪切模和呼吸模的峰位以及 2D 模的线型[92]等光谱特征来表征其层数的方法。三是将石墨烯薄片转移或制备在特定衬底上,借助衬底上的石墨烯薄片与层数或厚度相关的物理性质来反推其层数的方法。这种方法所依赖的物理测试量不仅与石墨烯薄片的层数有关,还与石墨烯薄片的其他性质、衬底种类和厚度以及测试所采用的实验条件等因素有关。例如,在测试石墨烯薄片层数的光学衬度和瑞利散射衬度等方法中,石墨烯薄片衬度的具体数值除了与其层数有关外,还与 SiO_2/Si 衬底表面 SiO_2 层的厚度 h_{SiO_2}、显微物镜的数值孔径(numerical aperture,NA)和石墨烯薄片的复折射率等因素密切相关。如果没有准确地确定上述参数,就会影响

　　　　　　　　　　　石墨烯基材料的拉曼光谱研究

利用这些方法来表征石墨烯薄片层数的精确度和可信度,这也对该方法的使用者提出了很高的要求。原则上来说,所测石墨烯薄片的层数是分立的整数,但部分实验方法反推的结果不是整数,需要经过四舍五入取整来得到其层数值。随着层数 N 的增加,层数靠近的石墨烯薄片之间所对应的物理参数数值差别会越来越小,使得 N 越大,所测得 N 的精确度就越低。

  石墨烯与多层石墨烯的性质显著不同,而层数大于10的石墨烯薄片就具有类似体石墨的性质,这就是研究人员常常把 $NLG(2 < N \leqslant 10)$ 称为少层石墨烯的原因。在石墨烯薄片的商品交易中,其层数往往具有法律上的意义。但是,目前关于石墨烯薄片层数测定方法的多样性和不规范化造成业内缺乏一致认可的表征方法和普适的技术规范,从而在某种程度上制约了石墨烯工业化产品的研发和质量评估,因此业内非常有必要开展石墨烯相关二维材料层数表征的国家标准制定。将某种石墨烯薄片层数的表征方法上升到国家标准时,往往需要将利用该方法表征所得层数与一个标准值进行比较,或与不同方法表征所得层数进行比较,以判定该方法表征所得石墨烯薄片层数的准确性和可靠性。在石墨烯相关二维材料层数表征的第一个国家标准制定出来之前,又必须去找一个标准来比照,这看起来是很困难的。但是,与石墨烯薄片厚度相关的多个拉曼光谱特征都可以用来表征石墨烯薄片的层数,这使得上面不同方法之间的比照可以毫无困难地完成。另外,在制定石墨烯薄片层数表征的国家标准时,为了使得该标准具有可重复的表征结果以及非专业技术人员对该标准的可操作和可适应性,又非常有必要进行不同科研院所和企事业单位都参与的一系列比对实验。现代拉曼光谱仪结构简单、操作方便,与石墨烯薄片层数相关的拉曼光谱特征又非常丰富,因此拉曼光谱法非常适合作为石墨烯薄片层数表征的国家标准的首选方法。

  如第5章所述,AB-NLG 剪切模的峰位、[114] 2D 模线型、[92] G 模强度[41] 以及石墨烯薄片下硅衬底的拉曼信号强度[41,163] 等光谱特征随层数变化且呈现一定的规律性。实验室通常采用机械剥离法来制备石墨烯薄片(ME-NLG)，这些 ME-NLG 通常具有确定的堆垛方式和非常高的晶体质量。基于 ME-NLG 拉曼光谱的光谱特征与 N 的关系，其可以准确地表征 ME-NLG 的层数。[19]本节将分别介绍基于拉曼峰线型、拉曼峰强度和峰位来表征 ME-NLG 薄片层数的多种方法。

7.1.1　利用 2D 模线型表征 ME–NLG 层数

如 5.1 节所述，石墨烯薄片的 2D 模来源于布里渊区边界 K 点附近 TO 声子参与的双共振或三共振拉曼过程。不同厚度和堆垛方式的石墨烯薄片具有显著不同的电子能带结构，这导致相应的 2D 模线型也表现出独特的光谱特征。如图 7.1(a)所示，1LG 具有线性能带结构，其 2D 模表现出对称的单个洛伦兹峰线型。对于可见光范围内的激光所激发 1LG 的 2D 模，其线型与 1LG 的制备方法、衬底类型、低浓度载流子掺杂、缺陷以及实验配置（物镜、激发光和散射光的偏振方向等）无关，因此，2D 模线型可以用来快速、准确地表征 1LG。

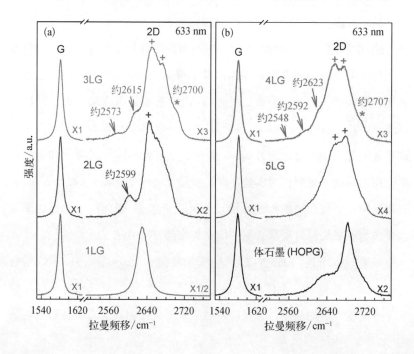

图 7.1　633 nm 激光所激发 1LG、AB 堆垛 2~5LG 以及体石墨（HOPG）的 2D 模的拉曼光谱

　　　　　　　　　　　　石墨烯基材料的拉曼光谱研究

随着 N 的增加，NLG 的 2D 模线型也会发生显著的变化。AB-NLG（$N>1$）和 ABC-NLG（$N>2$）的 2D 模拉曼峰需要多个洛伦兹峰拟合，且 2D 模线型与激发光波长紧密相关。[92]如图 7.1 所示，633 nm 激光所激发 AB-NLG（$N=2\sim5$）以及体石墨（HOPG）的拉曼光谱，其 2D 模的主峰用 + 标出，↓和 * 分别表示主峰低频侧和高频侧强度较低的子峰。图 7.1 中各拉曼峰的光谱特征如下。

（1）1LG 的 2D 模线型呈单个洛伦兹线型。2～4 层石墨烯薄片的 2D 峰由多个子峰组成。

（2）AB-2LG 的 2D 峰线型特征：除主峰外左侧有一个明显的子峰（箭头所示）。

（3）AB-3LG 的 2D 峰线型特征：① 主峰左侧有两个子峰（箭头所示）；② 中间主峰由两个较强的子峰叠加而成（加号所示），左侧（频率小）子峰的峰高明显高于右侧（频率大）子峰；③ 主峰右侧有一个子峰（星号所示）。

（4）AB-4LG 的 2D 峰线型特征：① 主峰左侧有三个子峰（箭头所示），其中位于 2592 cm^{-1} 和 2623 cm^{-1} 附近的两子峰比较明显；② 中间主峰有两个子峰（加号所示），它们峰高接近；③ 主峰右侧有一个子峰（星号所示）。

（5）随着 N 进一步增加，AB-NLG（$N\geqslant5$）的 2D 模所包含的子峰数量逐渐增多，各个子峰之间的交叠导致其光谱特征不再明显，只能观察到两个主峰，体石墨（HOPG）线型则呈现出一个尖锐的主峰及其左侧一个较宽子峰的叠加。因而，AB-NLG（$N\geqslant5$）的 2D 模不能再作为 N 的表征依据。

相比 633 nm 激光，532 nm 激光所激发 2D 模的光谱特征并不明显，因此选择合适的激发光波长来激发 AB-NLG 的拉曼光谱对于层数 N 的表征十分重要。如 5.1 节和图 5.4 所示，ABC-NLG（$N=3$，4）的 2D 模也表现出依赖层数的与 AB-NLG 不同的光谱特征。

通过 2D 模线型来表征 NLG 层数的方法适用于 ME-1LG 和 AB-NLG（$N=2\sim4$）样品。该方法对物镜的数值孔径和衬底的选择无特殊要求,且对少量的缺陷和掺杂不敏感,可以精确地用来表征石墨烯薄片的层数和堆垛方式。但是由于石墨烯层之间的相互作用更弱,AA-NLG 和 tNLG 样品保留了与 1LG 类似的线性能带结构,相应的 2D 模拉曼峰仍为对称的单个洛伦兹峰[164]。因此,这种方法不适用于 AA-NLG 和 tNLG 以及 NLG($N\geqslant 5$)的石墨烯薄片样品。

7.1.2　利用层间振动模表征 AB-NLG 层数

如 5.3 节所述,AB-NLG 和 ABC-NLG 的剪切模频率 ω(C)和呼吸模频率 ω(LB)由层间耦合力常数和层数 N 共同决定。通常条件下测得的 AB-NLG 的拉曼光谱中,只能观察到剪切模,[114] 而剪切模和呼吸模在 ABC-NLG 的常规拉曼光谱中都不能被观察到[110]。AB-NLG 的 ω($C_{N,1}$)与 N 的关系为

$$\omega(C_{N,1}) = \omega(C_{Bulk})(\pi/2N) \tag{7.1}$$

式中,实验所测定体石墨剪切模的频率为 $\omega(C_{Bulk}) = 43.5\ \text{cm}^{-1}$。[114] 当 $N \leqslant 6$ 时,$\omega(C_{2,1}) = 31.0\ \text{cm}^{-1}$,$\omega(C_{3,1}) = 37.5\ \text{cm}^{-1}$,$\omega(C_{4,1}) = 40.2\ \text{cm}^{-1}$,$\omega(C_{5,1}) = 41.4\ \text{cm}^{-1}$,$\omega(C_{6,1}) = 42.0\ \text{cm}^{-1}$。随着 N 的增加,总层数相近的石墨烯薄片 $\omega(C_{N,1})$ 的频率差逐渐减小。由于 $\omega(C_{N,1})$ 的精确位置需要通过法诺线型来拟合得到,若总层数相近石墨烯薄片的 $\omega(C_{N,1})$ 差异小于所用仪器的光谱分辨率和 $C_{N,1}$ 模的半高宽(约 $1.0\ \text{cm}^{-1}$)[114],那么就难以利用 $\omega(C_{N,1})$ 来表征相应石墨烯薄片的层数。仪器光谱分辨率一般取决于光谱仪的焦长和光栅的刻线密度。因此,要想根据 $\omega(C_{N,1})$ 来准确地表征石墨烯薄片的层数,就对所选用拉曼光谱仪器的焦长和光栅提出了一定的要求。

对于光谱分辨率较高(<$1.0\ \text{cm}^{-1}$)的拉曼光谱仪,利用 $\omega(C_{N,1})$ 的峰位可以精确地表征 N<6 的 AB-NLG 样品。同样地,此表征方法不受衬底的影响。为了获得较强的剪切模拉曼信号,推荐使用波长大于

600 nm 的激光作为激发光。但即使这样,也需要耦合基于体布拉格光栅的超低波数陷波滤光片的高分辨单光栅拉曼光谱仪来完成高信噪比的剪切模的测量。考虑到本征多层石墨烯薄片的剪切模拉曼强度非常弱,而且对仪器的要求非常高,基本不建议利用 $\omega(C_{N,1})$ 来表征石墨烯薄片的层数。

层间振动模普遍地存在于其他层状材料或多层二维材料中,而且其拉曼信号比多层石墨烯强很多,因此其层间振动模峰位可以被广泛地用来表征多层二维材料的层数甚至堆垛方式,包括半金属($NiTe_2$ 和 VSe_2)、半导体(WS_2、WSe_2、MoS_2、$MoSe_2$、$MoTe_2$、TaS_2、$RhTe_2$ 和 $PdTe_2$)、绝缘体(HfS_2)、超导体(NbS_2、$NbSe_2$、$NbTe_2$ 和 $TaSe_2$)和拓扑绝缘体(Bi_2Se_3 和 Bi_2Te_3)等。[5,115,119,122]

7.1.3 利用 G 模强度表征 NLG 层数

当把石墨烯薄片剥离于 SiO_2/Si 衬底上时,激发光以及来自石墨烯薄片和 Si 衬底的拉曼信号在由空气/石墨烯薄片(NLG)/二氧化硅(SiO_2)/硅(Si)所组成的四层介质结构的界面处会发生多次反射和折射,如图 7.2 所示。[41]这些相互平行的反射光和折射光会发生干涉现象,从而使得激发光所激发的拉曼信号强度会强烈地依赖 SiO_2 层的厚度 h_{SiO_2}、激发光波长 λ_L、显微物镜数值孔径 NA 和石墨烯薄片层数 N。利用不同拉曼光谱仪或相同拉曼光谱仪但在不同时间测试拉曼光谱时,人们所采用的激发光功率、光学元件、CCD 探测器和信号处理系统都可能不同,因此单独地讨论某物质的拉曼信号强度是没有意义的。人们往往采用标准样品作为参照,在相同实验条件下测试待测样品与参照样品的相对拉曼信号强度,这样,不同研究组、不同时间或不同拉曼光谱仪所测的相对拉曼信号强度就具有了可比性。因此,利用某个拉曼峰强度来表征石墨烯薄片的强度时,必须采用某一拉曼信号对其进行归一化。例如,此拉曼信号可以来自石墨烯薄片自身的其他拉曼峰或来自硅衬底位于 520.7 cm^{-1} 的拉曼峰。

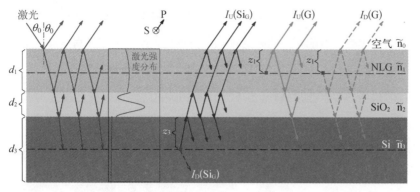

图 7.2 激发光以及来自石墨烯薄片和 Si 衬底的拉曼信号在由空气/NLG/SiO₂/Si 所组成四层介质结构的界面处发生的反射、折射和干涉现象示意图[40]

如 5.1 节所述,SiO₂/Si 衬底上 NLG 的 G 模强度显著地依赖于 N。表 7.1 和表 7.2 分别给出了在 $\lambda_L = 532$ nm、$\lambda_L = 633$ nm 和 NA = 0.50 的实验条件下,当 h_{SiO_2} 分别为 90 nm 和 300 nm 时,根据传输矩阵方法计算所得 $I_{NLG}(G)/I_{1LG}(G)$ 与 N 的关系。该关系似乎可以用来表征石墨烯薄片的层数。但是,如图 7.3(b)和(c)所示,[41]无论 $\lambda_L = 532$ nm 还是 $\lambda_L = 633$ nm,随着 N 的增加,$I_{NLG}(G)/I_0(Si)$ 均表现出先增加后减小的变化趋势,当 N 在 10~20 时该数值达到最大值。这表明对应于一个测量值 $I_{NLG}(G)/I_{1LG}(G)$,可能有两个 N 与之对应,因此仅依赖 $I_{NLG}(G)/I_{1LG}(G)$ 并不能准确地表征石墨烯薄片的 N。石墨烯薄片的光学衬度和 2D 模的拉曼线型也依赖 N。一般来说我们表征的是较薄石墨烯薄片的 N,当 N>15 时,石墨烯薄片的光学衬度显著不同于薄层样品,同时相应 2D 模的线型也与体石墨更接近。因此,如果经过光学衬度法或者 2D 模的线型可以粗略判定石墨烯薄片的层数在 10 以内,那么就可以根据 $I_{NLG}(G)/I_{1LG}(G)$ 与 N 之间的关系来测定在特定衬底上 10 层及以内石墨烯薄片样品的 N。

层　　数		1	2	3	4	5	6	7	8	9	10
$I_{NLG}(G)/$ $I_{1LG}(G)$	532 nm	1	1.87	2.62	3.28	3.83	4.31	4.71	5.05	5.33	5.55
	633 nm	1	1.91	2.73	3.48	4.15	4.75	5.29	5.77	6.19	6.57

表 7.1 当 h_{SiO_2} = 90 nm、λ_L 分别为 532 nm 和 633 nm 时,利用传输矩阵方法所计算的 I_{NLG} (G)/I_{1LG} (G) 与 N 的关系(计算所用 NA= 0.50)

层　数		1	2	3	4	5	6	7	8	9	10
$I_{NLG}(G)/$ $I_{1LG}(G)$	532 nm	1	1.86	2.59	3.20	3.73	4.17	4.53	4.83	5.07	5.27
	633 nm	1	1.94	2.83	3.67	4.46	5.19	5.88	6.52	7.12	7.67

表 7.2 当 $h_{SiO_2}=$ 300 nm、λ_L 分别为 532 nm 和 633 nm 时,利用传输矩阵方法所计算的 I_{NLG} (G)/I_{1LG}(G) 与 N 的关系(计算所用 NA= 0.50)

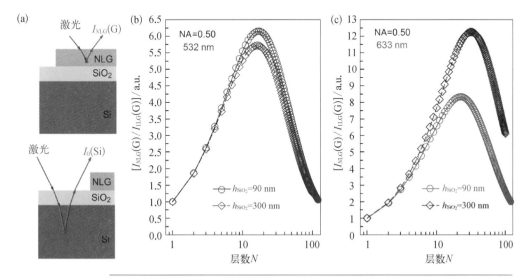

图 7.3　不同条件下测得的 G 模强度与石墨烯层数的关系[40]

（a）NLG 及其衬底硅的拉曼测试示意; 当（b） λ_L= 532 nm 和（c） λ_L= 633 nm, h_{SiO_2} 分别为 90 nm 和 300 nm 时根据传输矩阵方法计算所得 I_{NLG}（G）/I_{1LG}（G）与 N 的关系(计算所用 NA= 0.50)

　　在上面描述 $I_{NLG}(G)$ 与 N 的关系时,采用了 $I_{1LG}(G)$ 作为强度归一化的标准。但是,$I_{1LG}(G)$ 容易受到缺陷、无序以及掺杂效应等外界因素的影响,同时,在实际测试操作过程中,显微物镜的聚焦状态对 $I_{NLG}(G)$ 和 $I_{1LG}(G)$ 的影响也非常大,这些因素使得利用 $I_{NLG}(G)/$ $I_{1LG}(G)$ 来表征石墨烯薄片层数 N 时具有一定的误差。在测试 G 模强度时,可以将显微物镜聚焦到石墨烯薄片边缘外侧的硅衬底,获得其最佳拉曼信号后,在不改变聚焦状态的情况下,平移样品位置,使激光斑中心对准石墨烯薄片上的 NLG 和 1LG 处,分别测试 $I_{NLG}(G)$ 和

$I_{1LG}(G)$，就可以尽量地减小 NLG 和 1LG 的 G 模拉曼强度的测试误差。

事实上，在测试 $I_{NLG}(G)$ 时，也可采用石墨烯薄片边缘外侧的硅衬底作为参照样品，以 $I_0(Si)$ 作为 $I_{NLG}(G)$ 的归一化因子。不论以 $I_{1LG}(G)$ 还是 $I_0(Si)$ 作为归一化因子，图 7.3(b) 和 (c)[41]、表 7.1 和表 7.2 中各 $I_{NLG}(G)$ 之间的相对强度是不变的。因此，对于 $SiO_2/Si(111)$ 衬底或同一个 SiO_2/Si 衬底上，或者能确保在相同实验条件下所测 $I_0(Si)$ 完全一致的话，可以按如图 7.3(a) 所示方法测试 $I_0(Si)$ 和 $I_{NLG}(G)$，再根据图 7.3(b) 和 (c)[41]、表 7.1 或表 7.2 来确定石墨烯薄片的层数 N。如果硅衬底的晶体取向不同，或者所用实验条件会影响 $I_0(Si)$ 测量重复性的话，就不宜采用 $I_0(Si)$ 作为归一化因子，否则可能产生不可控的测试误差。

7.1.4　利用衬底 Si 峰强度表征 NLG 层数

考虑到以上因素，一般不建议采用 $I_{NLG}(G)$ 与 N 的关系来表征石墨烯薄片的层数。在测试石墨烯薄片拉曼光谱的同时，还可以探测到来自石墨烯薄片下方硅衬底的位于约 $520\ cm^{-1}$ 的拉曼信号，其强度表示为 $I_G(Si)$。石墨烯薄片会吸收到达衬底的激发光和来自衬底的拉曼信号，这种双重吸收将导致 $I_G(Si)$ 随 N 的增加而单调地衰减。同时，也可以方便地采用未被石墨烯薄片覆盖的衬底 Si 峰强度 $I_0(Si)$ 作为归一化因子。显然，$I_G(Si)/I_0(Si)$ 与硅衬底的晶体取向无关，硅衬底的拉曼信号也很强，易于测试，且不容易受到石墨烯样品质量的影响，因此 $I_G(Si)/I_0(Si)$ 非常适合用来表征石墨烯薄片的层数。

$I_G(Si)/I_0(Si)$ 与 h_{SiO_2}、显微物镜 NA、λ_L 和石墨烯薄片层数 N 都密切相关。在表征石墨烯薄片 N 之前，需要通过椭偏仪或光学衬度法[40]得到所用衬底的 h_{SiO_2}。在一定的实验条件下，如显微物镜 NA = 0.50、

　　　　　　　　　　　石墨烯基材料的拉曼光谱研究

$h_{SiO_2} = 90$ nm，$\lambda_L = 532$ nm 和 $\lambda_L = 633$ nm，利用传输矩阵方法可以计算得到 $I_G(Si)/I_0(Si)$ 与 N 的关系，如图 7.4 所示，理论数据与实验结果吻合得非常好。[41] $I_G(Si)/I_0(Si)$ 随 N 的增加而单调地减小，因此，可以用来表征在相应实验条件下 AB-NLG 和 ABC-NLG 的层数 N，其中，N 可高达 100。表 7.3 和表 7.4 分别给出了当 $\lambda_L = 532$ nm 和 633 nm 时，在不同条件（h_{SiO_2} 和 NA）下计算所得 $I_G(Si)/I_0(Si)$ 与 N 的关系。[163] 因此，根据实验中所测定的 $I_G(Si)/I_0(Si)$ 值，通过查表 7.3 和表 7.4，[163] 即可得到所表征石墨烯薄片的层数。

图 7.4　衬底 Si 峰强度表征 NLG 层数[40]

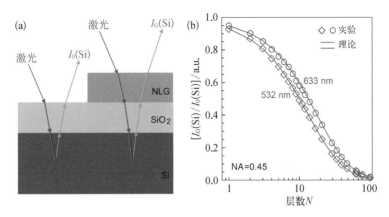

（a）I_0（Si）和 I_G（Si）的测试示意图；（b）当 $h_{SiO_2} = 90$ nm、NA= 0.50 时，利用传输矩阵方法所计算的 I_G（Si）/I_0（Si）与石墨烯薄片层数 N 的关系

　　从上述表征石墨烯薄片层数的各种方法可看出，基于 2D 模线型或剪切模频率的层数表征方法可得到非常精确的结果，这两种方法的适用范围非常严格，特别是对样品的堆垛方式和层数（$1 \leqslant N \leqslant 4$）要求非常严格，对拉曼光谱仪的光谱分辨率要求也较高。基于 $I_{NLG}(G)/I_{1LG}(G)$ 的层数表征方法容易受到 1LG 样品的缺陷、无序以及掺杂效应等外界因素的影响，同时显微物镜的聚焦状态等实际测试操作技术也会影响表征结果，有可能造成表征结果的较大误差。基于衬底 Si 峰强度的层数表征方法基本不受样品结构、缺陷、堆垛方式和掺杂等因素的干扰，也不依赖衬底的取向、激发光的偏振状态和特殊的实验配置，只要知道相应测试参

表 7.3 当 $\lambda_L =$ 532 nm 时，利用传输矩阵方法所计算 h_{SiO_2} 和 NA 在不同 $I_G(Si)/I_0(Si)$ 时 $I_G(Si)/I_0(Si)$ 与 N 的关系（石墨烯薄片的折射率取值为2.725 − 1.366i，SiO_2 的折射率取值1.460，Si 的折射率取值为 4.143 − 0.054i）[163]

h_{SiO_2}	80 nm		90 nm		100 nm		110 nm		280 nm		290 nm		300 nm		310 nm	
NA	0.35	0.50	0.35	0.50	0.35	0.50	0.35	0.50	0.35	0.50	0.35	0.50	0.35	0.50	0.35	0.50
1L	0.938	0.939	0.929	0.930	0.924	0.924	0.923	0.923	0.927	0.931	0.924	0.926	0.924	0.924	0.928	0.926
2L	0.879	0.882	0.863	0.866	0.854	0.856	0.853	0.853	0.861	0.868	0.854	0.858	0.855	0.855	0.863	0.859
3L	0.824	0.828	0.803	0.806	0.791	0.793	0.790	0.790	0.800	0.809	0.791	0.796	0.792	0.792	0.803	0.798
4L	0.773	0.778	0.748	0.751	0.733	0.735	0.732	0.732	0.744	0.755	0.733	0.739	0.735	0.735	0.749	0.742
5L	0.726	0.731	0.696	0.701	0.681	0.683	0.680	0.679	0.692	0.704	0.680	0.687	0.683	0.682	0.699	0.691
6L	0.681	0.687	0.649	0.654	0.632	0.635	0.632	0.631	0.644	0.658	0.632	0.639	0.636	0.635	0.653	0.645
7L	0.639	0.646	0.606	0.611	0.588	0.591	0.588	0.588	0.601	0.615	0.588	0.595	0.592	0.591	0.611	0.602
8L	0.600	0.607	0.565	0.571	0.548	0.551	0.548	0.548	0.561	0.575	0.548	0.555	0.553	0.551	0.573	0.563
9L	0.564	0.571	0.528	0.534	0.511	0.513	0.511	0.511	0.523	0.539	0.511	0.518	0.516	0.515	0.538	0.527
10L	0.530	0.538	0.494	0.500	0.477	0.479	0.478	0.477	0.489	0.504	0.477	0.484	0.483	0.481	0.505	0.494
11L	0.499	0.506	0.463	0.468	0.445	0.448	0.447	0.446	0.458	0.473	0.446	0.453	0.452	0.450	0.475	0.464
12L	0.469	0.477	0.433	0.439	0.417	0.419	0.418	0.418	0.429	0.444	0.417	0.424	0.424	0.422	0.447	0.436
13L	0.442	0.449	0.406	0.412	0.390	0.393	0.392	0.392	0.402	0.417	0.391	0.397	0.398	0.395	0.421	0.410
14L	0.416	0.423	0.381	0.386	0.366	0.368	0.368	0.368	0.377	0.391	0.367	0.373	0.374	0.371	0.398	0.386
15L	0.392	0.399	0.358	0.363	0.343	0.345	0.346	0.346	0.354	0.368	0.344	0.350	0.352	0.349	0.376	0.364

石墨烯基材料的拉曼光谱研究

表 7.4 当 $\lambda_L = 633$ nm 时，利用传输矩阵方法所计算在不同 h_{SiO_2} 和 NA 时 $I_G(Si)/I_0(Si)$ 与 N 的关系（石墨烯薄片的折射率取值为 2.819 - 1.450i，SiO$_2$ 的折射率取值为1.457，Si 的折射率取值为 3.879 - 0.021i）[163]

h_{SiO_2}	80 nm		90 nm		100 nm		110 nm		280 nm		290 nm		300 nm		310 nm	
NA	0.35	0.50	0.35	0.50	0.35	0.50	0.35	0.50	0.35	0.50	0.35	0.50	0.35	0.50	0.35	0.50
1L	0.955	0.957	0.948	0.949	0.940	0.942	0.935	0.936	0.972	0.975	0.966	0.969	0.959	0.963	0.951	0.955
2L	0.913	0.915	0.898	0.900	0.885	0.887	0.874	0.876	0.945	0.950	0.933	0.939	0.919	0.926	0.904	0.912
3L	0.872	0.875	0.851	0.854	0.832	0.836	0.818	0.821	0.918	0.925	0.901	0.910	0.881	0.891	0.860	0.871
4L	0.832	0.836	0.806	0.811	0.783	0.788	0.766	0.770	0.892	0.901	0.869	0.881	0.844	0.857	0.818	0.832
5L	0.794	0.799	0.764	0.769	0.738	0.742	0.718	0.722	0.866	0.877	0.838	0.852	0.808	0.824	0.777	0.794
6L	0.758	0.764	0.724	0.730	0.695	0.700	0.674	0.678	0.840	0.853	0.808	0.824	0.773	0.792	0.739	0.758
7L	0.723	0.730	0.686	0.692	0.655	0.661	0.632	0.637	0.815	0.830	0.779	0.797	0.740	0.761	0.702	0.723
8L	0.690	0.697	0.650	0.657	0.617	0.623	0.594	0.598	0.790	0.807	0.751	0.771	0.709	0.731	0.668	0.690
9L	0.658	0.666	0.617	0.624	0.582	0.589	0.558	0.563	0.766	0.784	0.723	0.745	0.678	0.702	0.635	0.658
10L	0.628	0.636	0.585	0.592	0.550	0.556	0.525	0.530	0.743	0.762	0.697	0.720	0.649	0.674	0.604	0.628
11L	0.599	0.607	0.555	0.562	0.519	0.525	0.494	0.499	0.720	0.740	0.671	0.696	0.621	0.647	0.574	0.600
12L	0.572	0.580	0.526	0.534	0.490	0.497	0.466	0.470	0.697	0.719	0.646	0.672	0.594	0.621	0.546	0.572
13L	0.546	0.554	0.500	0.507	0.463	0.470	0.439	0.444	0.675	0.698	0.622	0.649	0.569	0.596	0.520	0.546
14L	0.521	0.529	0.474	0.482	0.438	0.445	0.414	0.419	0.654	0.678	0.599	0.626	0.544	0.573	0.495	0.521
15L	0.497	0.506	0.450	0.458	0.414	0.421	0.391	0.395	0.633	0.658	0.576	0.605	0.521	0.550	0.471	0.498

数，就可以根据 $I_G(\mathrm{Si})/I_0(\mathrm{Si})$ 得到石墨烯薄片的 N，待测样品 N 的范围可高达 100 层，但是对于层数较多的样品，其鉴定结果会有一定的误差。这种方法也可用于其他二维材料层数的表征，如过渡金属硫族化合物等[163]。

7.2 拉曼光谱法表征石墨烯薄片层数的国家标准

石墨烯相关二维材料（层数不多于 10 的碳基二维材料，包括单层石墨烯、多层石墨烯、氧化石墨烯等）具有优异的电学、光学、力学、热学等性能，在学术及工业界都引起了人们广泛的关注。石墨烯相关二维材料的层数是影响其性能的关键参数。层数的准确测量是研究、开发和应用石墨烯相关二维材料的核心问题之一。拉曼光谱作为一种快速、无损和高灵敏度的光谱表征方法，在石墨烯相关二维材料，例如层数不大于 10 的石墨烯薄片的层数测量中已被广泛应用。机械剥离方法制备的石墨烯薄片具有明确的堆垛方式和较大的样品尺寸，其拉曼特征模的光谱参数如 G 模的峰高和 2D 模的线型随层数变化且呈现一定的规律性。同时，石墨烯薄片下硅衬底的拉曼峰高也与石墨烯薄片的层数相关。利用上述光谱参数随层数的变化关系可以准确测量石墨烯薄片的层数。

对于一种新型的材料，国家标准应该先从最简单的且结论明确无疑的材料切入。测试拉曼光谱的光斑直径约为 $1~\mu\mathrm{m}$，且要求待测样品在显微镜下能清楚地识别，这要求样品尺寸至少大于 $2~\mu\mathrm{m}$。普通的粉末样品难以达到此要求。CVD 样品存在多种堆垛序列和复杂的拉曼线型和强度增强，比对实验难以进行。很多方法制备的石墨烯产品往往存在缺陷和掺杂效应，这使得拉曼特征光谱发生改变，不宜在初期进行新标准的制定。因此，在开展拉曼光谱法表征石墨烯薄片层数的国家标准制定时，我们首选机械剥离的石墨烯薄片样品作为表征对象，主要基于以下原因：
（1）大部分样品为 AB 堆垛方式，少数为 ABC 堆垛方式，通过 2D 模很容易区分这两种样品;(2)容易大批量提供各层数分布的高质量大尺寸样品,方便进行比对实验;(3)这些样品的拉曼光谱特征明确,仅靠拉曼光谱就有两种以上的方法进行相互印证;(4)表征结果容易取得一致性意见,可以加快标准制定进程;(5)完成标准制定后,可以此为基础,推广到其他样品,比如 CVD 石墨烯薄片或薄膜样品。

下面详细地论述在利用拉曼光谱表征石墨烯薄片层数的国家标准中所提及的两种方法。这两种方法已经通过了国内多家单位的比对实验,已通过专家审定,并上报上级主管部门审批。

7.2.1　基于 2D 模线型表征石墨烯薄片层数的拉曼光谱法

1. 样品准备

(1) 使用的衬底应为表面具有 $h_{\text{SiO}_2} = (90 \pm 5)\,\text{nm}$ 的 SiO_2/Si 衬底,以下称为 90 nm‑SiO_2/Si 衬底;

(2) 对于机械剥离法制备于 90 nm‑SiO_2/Si 衬底之上的石墨烯薄片,可以直接使用,无须进一步处理;

(3) 对于 CVD 或其他方法制备的石墨烯薄片样品,需要将样品转移至 90 nm‑SiO_2/Si 衬底上;

(4) 在显微镜下观察样品,待测区域应色度均匀,且无明显杂质。

2. 表征原理

基于 2D 模的线型表征石墨烯薄片层数的拉曼光谱法原理如下。

(1) 石墨烯薄片的 2D 峰来源于布里渊区边界 K 点附近 TO 声子的双共振拉曼过程,因此不同层数石墨烯薄片的 2D 模显示出独特的线型。石墨烯在狄拉克点附近具有线性能带结构,基于该能带结构的双共振拉曼过程所激活的 2D 模具有单个洛伦兹线型,且不受石墨烯的制备方法和所放置衬底的影响。随着石墨烯薄片 N 的改变,其 2D 模的线型也发生了显著的改变,且该线型与激发光波长紧密相关。

（2）对于特定的激光线，如633 nm激光，石墨烯和2～4层AB堆垛的石墨烯薄片分别具有独特的2D模线型，如图7.1所示。但这些特征在532 nm激光激发下并不明显，因此石墨烯薄片的层数可由633 nm激光所激发的2D模线型来判定。

（3）此方法适用于石墨烯和具有AB堆垛的、层数不超过4层的石墨烯薄片的层数表征。

3. 仪器要求

（1）使用激光共聚焦显微拉曼光谱仪作为测量仪器；使用633 nm激光；光谱仪阵列探测器单个阵元所覆盖波数宜优于$1.0\ cm^{-1}$，且该光谱仪所测得硅材料位于$520\ cm^{-1}$拉曼模的半高全宽（full width at half maximum，FWHM）不大于$4.0\ cm^{-1}$；拉曼光谱仪的横向（XY）空间分辨率应不大于$2\ \mu m$。

（2）测量前，应按GB/T 33252—2016、JJF 1544—2015或相关技术规范对拉曼光谱仪进行校准。

4. 测量步骤与层数判定

（1）使用放大倍数为100倍或50倍的显微物镜；激光到达样品表面的激光功率宜小于0.5 mW，以避免样品被激光加热和损伤。

（2）光谱扫描范围应大于2450～2800 cm^{-1}。

（3）用光学显微镜对衬底上样品进行图像分析，明确石墨烯薄片的位置，确定测量区域。

（4）对待测样品选择合适的拉曼光谱采集时间，使得2D峰峰高计数大于5000。

（5）在样品中色度一致的待测区域内，选择不同位置测量3组数据取平均值，以形成在统计意义上具有代表性的结果。

（6）获得待测样品2D峰的拉曼谱图，将其与图7.1进行对比获得对应的层数。若所测谱图与图7.1中1～4LG样品的2D模线型各主要特征不符,则该石墨烯薄片不具有 AB 堆垛方式或者层数超过 4 层。

7.2.2 基于 SiO_2/Si 衬底的硅拉曼模峰高表征石墨烯薄片层数的拉曼光谱法

1. 样品准备

（1）使用的衬底应为 90 nm‐SiO_2/Si 衬底;

（2）对于机械剥离法制备于 90 nm‐SiO_2/Si 衬底之上的石墨烯薄片,可以直接使用,无须进一步处理;

（3）对于 CVD 或其他方法制备的石墨烯薄片样品,需要将样品转移至 90 nm‐SiO_2/Si 衬底上;

（4）在显微镜下观测样品,待测区域色度均匀,且无明显杂质。

2. 表征原理

基于 SiO_2/Si 衬底的硅拉曼模峰高表征石墨烯薄片层数的拉曼光谱法的原理如下。

（1）不同层数石墨烯薄片的拉曼光谱在特征拉曼模的峰高方面也呈现不同的特征。将石墨烯薄片放置或转移到 SiO_2/Si 衬底上时,激光和拉曼模在石墨烯薄片及其上下介质中所发生多次反射和折射的光束会相互干涉,使得石墨烯薄片下方 SiO_2/Si 衬底的硅拉曼峰的峰高与激发光波长、所用衬底类型及特征厚度、物镜 NA 以及石墨烯薄片 N 相关。某一波长激光激发时,设石墨烯薄片下方 SiO_2/Si 衬底位于 520.7 cm^{-1} 的硅拉曼峰的峰高为 $I_G(Si)$,设没有石墨烯薄片覆盖时该衬底硅拉曼峰的峰高为 $I_0(Si)$。$I_G(Si)$ 可以用 $I_0(Si)$ 来归一化。利用传输矩阵方法计算在特定 h_{SiO_2} 的衬底和显微物镜 NA 情况下,某一波长激光所激发 $I_G(Si)/I_0(Si)$ 的比值与石墨烯薄片 N 的关系。

（2）测试前,需要精确测量 SiO_2/Si 衬底 h_{SiO_2} 的值,并根据其厚度、激光波长和物镜 NA,计算出 $I_G(Si)/I_0(Si)$ 与石墨烯薄片 N 的变化关系。

图 7.5 给出了数值孔径为 0.50、h_{SiO_2} = 90 nm 时,532 nm 和 633 nm 所激发 $I_G(Si)/I_0(Si)$ 与石墨烯薄片 N 之间关系的理论计算结果,[41] 具体数值见表 7.5。对应于 h_{SiO_2} = 300 nm 时的结果见表 7.6。结果表明比值 $I_G(Si)/I_0(Si)$ 与石墨烯薄片 N 呈单调变化关系,据此可表征在特定衬底上 AB 堆垛和 ABC 堆垛的 10 层及以内石墨烯薄片样品的层数 N。

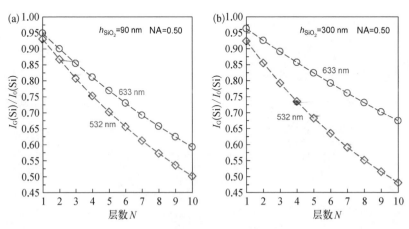

图 7.5 Si 峰强度表征不同衬底上石墨烯薄片层数[40]

（a）当 h_{SiO_2} = 90 nm 时以及（b）当 h_{SiO_2} = 300 nm 时,利用传输矩阵方法所计算 $I_G(Si)/I_0(Si)$ 与石墨烯薄片 N 之间的关系

层	数	1	2	3	4	5	6	7	8	9	10
$I_G(Si)/$ $I_0(Si)$	532 nm	0.93	0.87	0.81	0.75	0.70	0.65	0.61	0.57	0.53	0.50
	633 nm	0.95	0.90	0.85	0.81	0.77	0.73	0.69	0.66	0.62	0.59

表 7.5 当 h_{SiO_2} = 90 nm、λ_L 分别为 532 nm 和 633 nm 时,传输矩阵方法所计算 $I_G(Si)/I_0(Si)$ 与石墨烯薄片 N 之间的关系（计算所用 NA= 0.50）

层	数	1	2	3	4	5	6	7	8	9	10
$I_G(Si)/$ $I_0(Si)$	532 nm	0.92	0.86	0.79	0.74	0.68	0.64	0.59	0.55	0.52	0.48
	633 nm	0.96	0.93	0.89	0.86	0.82	0.79	0.76	0.73	0.70	0.67

表 7.6 当 h_{SiO_2} = 300 nm、λ_L 分别为 532 nm 和 633 nm 时,传输矩阵方法所计算 $I_G(Si)/I_0(Si)$ 与石墨烯薄片 N 之间的关系（计算所用 NA= 0.50）

石墨烯基材料的拉曼光谱研究

3. 仪器要求

（1）使用激光共聚焦显微拉曼光谱仪作为测量仪器；使用 532 nm 激光；光谱仪阵列探测器单个阵元所覆盖波数宜优于 $1.0\ cm^{-1}$，且该光谱仪所测硅材料位于 $520\ cm^{-1}$ 拉曼模的 FWHM 不应大于 $4.0\ cm^{-1}$；拉曼光谱仪的横向（XY）空间分辨率应优于 $2\ \mu m$。

（2）测量前，应按 GB/T 33252—2016、JJF 1544—2015 或相关技术规范对拉曼光谱仪进行校准。

4. 测量步骤与层数判定

（1）使用 NA 不大于 0.55 的显微物镜；激光到达样品表面的激光功率宜小于 0.5 mW，以避免样品被激光加热和损伤。

（2）光谱扫描范围应大于 $450\sim600\ cm^{-1}$。

（3）用光学显微镜对衬底上样品进行图像分析，明确石墨烯薄片的位置，确定测量区域。获得待测石墨烯薄片附近没有石墨烯薄片覆盖的 SiO_2/Si 衬底的拉曼模峰高 $I_0(Si)$：拉曼模的峰高与测试时激光对样品的聚焦状态非常敏感，需要先对 SiO_2/Si 衬底进行准确聚焦，使激光斑中心对准待测样品附近裸露的没有明显杂质覆盖的衬底上，细微调节物镜与衬底之间的相对距离（即微调聚焦），获得 Si 拉曼模峰高最大时的聚焦状态。选择合适的拉曼光谱采集时间，使得 Si 峰峰高计数大于 5000。利用洛伦兹线型拟合得到峰高 $I_0(Si)$ 的数值。

（4）获得石墨烯薄片样品待测区域下方 SiO_2/Si 衬底的拉曼模峰高 $I_G(Si)$：保持测量 $I_0(Si)$ 时的聚焦状态不变，平移样品位置，使激光斑中心对准石墨烯薄片样品待测区域，获得与 $I_0(Si)$ 同样采集时间下石墨烯薄片样品下方 SiO_2/Si 衬底的 Si 拉曼模 Si 峰高 $I_G(Si)$。利用洛伦兹线型拟合得到峰高 $I_G(Si)$ 的数值。

（5）计算峰高的相对比值 $I_G(Si)/I_0(Si)$。

（6）将 $I_G(Si)/I_0(Si)$ 与表 7.5 中的理论计算结果进行比较，对应层数结果四舍五入取整。根据该方法可以判断 1~10 层石墨烯薄片的层

数 N。

(7) 在样品色度一致的待测区域内,选择不同位置测量 3 组数据取平均值,以形成在统计意义上具有代表性的结果。

(8) 当衬底 h_{SiO_2} 不是 (90 ± 5) nm 时,需要精确地测量 SiO_2/Si 衬底 h_{SiO_2},并根据该厚度、激光波长和物镜 NA,计算出 $I_G(Si)/I_0(Si)$ 与石墨烯薄片 N 的变化关系。在不同 NA 和 h_{SiO_2} 的条件下,532 nm 激光所激发 $I_G(Si)/I_0(Si)$ 的理论计算比值与石墨烯薄片 N 的关系列于表 7.3[163] 和表 7.6 中,供参照执行。

(9) 上述方法可推广到激光波长为 633 nm 的情况。关于利用 633 nm 激发光测量石墨烯薄片层数的情况,同样参考上述测量步骤,并将相应实验结果与表 7.4、[163]表 7.5 和表 7.6 的理论计算比值对照,即可对层数进行判定。

由于不同方法制备的石墨烯薄片在结晶性和微观结构上存在较大差异,现有的任何一种表征方法均不能作为表征石墨烯薄片层数的通用手段。在实际应用中,需要根据样品的质量、结构、衬底类型、光谱仪分辨率和实验配置等因素进行综合分析,选择某种(或多种)实验技术来表征石墨烯薄片的层数。总体来说,表征时应遵循以下三点。

(1) 根据石墨烯薄片样品的特点选择合适的测量方法。

(2) 多数石墨烯薄片样品的层数是不均匀的,由多个不同层数的待测区域组成。这些待测区域可以通过衬度或光学显微镜下的色度来判断。选择同一区域三个不同位置进行测试,并对测试结果取平均值,以得到在统计意义上具有代表性的结果。

(3) 原则上来说,特定石墨烯薄片的层数表征需要综合利用拉曼光谱的几种方法或其他表征技术,以便确认结果的准确度。

上面的详细讨论为利用拉曼光谱法对 ME-NLG 薄片进行层数测量提供了可靠的科学依据以及标准的实验技术。许多研究人员和企业技术人员对石墨烯薄片层数的表征并不熟悉,希望上述标准能让大家在统一的框架内表征石墨烯薄片的层数,以促进拉曼光谱在纳米技术领域及石墨烯相关二维材料产业中的推广应用,并为石墨烯相关二维材料的生产和研究提供技术指导,同时也希望能提高我国石墨烯相关产业的国际竞争力,引导和促进我国石墨烯产业的健康有序发展。

7.3　CVD‑NLG薄片层数和堆垛次序的表征

ME‑NLG 通常是从高定向热解石墨(HOPG)中剥离出来的。HOPG 石墨烯层的堆垛方式通常为 AB 或 ABC,因此,所剥离的石墨烯薄片通常也是以 AB 或 ABC 方式堆叠的。与机械剥离法相比,由 5.5 节的讨论可知,CVD 制备的多层石墨烯(CVD‑NLG)通常为转角多层石墨烯,即其中至少存在两相邻石墨烯层的晶向相对旋转了一个角度。CVD‑NLG 通常包含多个晶畴,不同晶畴中 CVD‑NLG 的层数和堆垛方式(包括堆垛次序和旋转角度)可能不同。在 CVD‑NLG 中可能存在 AB 堆垛、ABC 堆垛、转角堆垛或多种堆垛方式混合的情况。如果仅考虑 AB 堆垛和转角堆垛这两种情况,对于给定的总层数 $N(N = n + m + \cdots)$,可将 nLG、mLG、$\cdots$各相邻界面之间相对旋转一定角度后堆叠起来的多层石墨烯记为 $\mathrm{t}(n + m + \cdots)$LG 或 t$N$LG,其中,如果 $n > 1$, $m > 1$, $\cdots$,则 nLG、mLG,$\cdots$都为 AB‑nLG、AB‑mLG、$\cdots$。CVD‑NLG 最多存在 $N - 1$ 个转角界面,随着层数的增多,CVD‑NLG 的堆垛次序将越来越复杂。每增加一层,就增加两种可能的堆垛次序,这样 CVD‑NLG 共有 2^{N-1} 种可能的堆垛次序。图 7.6 列举了 1~4LG 所有可能的堆垛次序,相同颜色的近邻石墨烯层之间为 AB 堆垛,不同颜色的近邻石墨烯层之间存在转角。[138] 2LG 只有 AB‑2LG 和 t(1 + 1)LG 共 2 种堆垛次序;3LG 有 AB‑3LG、t(2 + 1)LG、t(1 + 2)LG 和 t(1 + 1 + 1)LG 共 4 种堆垛次序;4LG 则存在着 AB‑4LG、t(3 + 1)LG、t(2 + 2)LG、t(2 + 1 + 1)LG、t(1 + 3)LG、t(1 + 2 + 1)LG、t(1 + 1 + 2)LG、t(1 + 1 + 1 + 1)LG 共 8 种堆垛次序。CVD‑NLG 结构的多样性对其总层数、各 AB 堆垛组分的层数和堆垛次

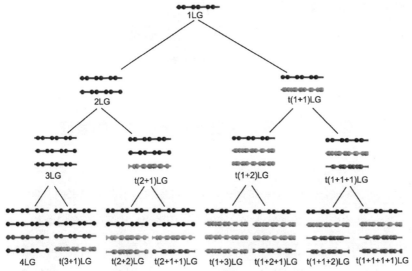

图 7.6　1～4LG 所有可能的堆垛次序[138]

序的表征带来了一定困难。接下来,结合之前讨论的石墨烯薄片层数的表征方法,分析如何通过拉曼光谱来精确地表征 CVD-NLG 的层数和堆垛次序。

7.3.1　CVD-1LG 的表征

CVD-NLG 薄片的层数通常从边缘往中心逐渐增加,横向面积也逐渐变小,如图 7.7(a)所示。[138] 要表征 CVD-NLG 薄片的层数,首先必须表征薄片最外侧边缘区域的层数,或者首先要确定 CVD-1LG 的样品区域。若将不同方法制备的 1LG 放置于相同的 SiO_2/Si 衬底上,在相同实验条件下所测得的光学衬度谱应基本相同。图 7.7(a)显示了把在金属衬底上制备的 CVD-NLG 样品通过湿法转移到 SiO_2/Si 衬底上的光学显微图像。[138] 同时,通过机械剥离法在相同 SiO_2/Si 衬底上制备的 ME-NLG 作为参照样品,其光学显微图像如图 7.7(b)所示。[138] 样品上各区域 ME-NLG 薄片的层数可用 7.2 节的方法来表征和确定,包括 ME-1LG 和 ME-2LG 的确定。通过测试 ME-1LG 和 ME-

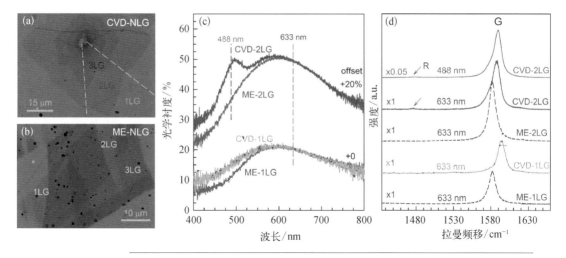

图 7.7 CVD-NLG 薄片的光学表征[138]

（a）CVD-NLG 薄片和（b）ME-NLG 薄片的光学显微图像；ME-1LG、ME-2LG、CVD-1LG 和 CVD-2LG 的（c）光学衬度谱和（d）拉曼光谱

2LG 的光学衬度谱，并将 CVD-NLG 薄片上各均匀区域的光学衬度谱与之比较，如图 7.7（c）所示。[138]可以看出，CVD-1LG 的光学衬度谱与 ME-1LG 非常接近；除 CVD-2LG 或者 CVD-t(1+1)LG 联合态密度范霍夫奇点所对应的光谱区域外，CVD-2LG 的光学衬度谱与 ME-2LG 也非常接近。因此，转移到 SiO_2/Si 衬底上的 CVD-NLG 薄片各均匀区域的层数可以通过与相应 ME-NLG 光学衬度的对比来表征。

但 SiO_2/Si 衬底上的大部分区域可能会被 CVD-1LG 覆盖，难以寻找到未被 CVD-NLG 覆盖的区域来进行光学衬度表征。因此需要探索表征 CVD-NLG 中 CVD-1LG 区域的拉曼光谱方法。如 5.1.1 节所述，在一定实验条件下，SiO_2/Si 衬底上 NLG 薄片的 $I(G)$ 主要与 h_{SiO_2} 和 N 有关。若将不同方法制备的 1LG 放置于相同的 SiO_2/Si 衬底上，在相同实验条件下所测得的 $I(G)$ 应具有相同的强度。因此，在相同实验条件下，测量 ME-1LG 和 CVD-NLG 薄片最外层区域 G 模拉曼峰的强度，分别

标记为 $I_{ME-1LG}(G)$ 和 $I_{CVD-NLG}(G)$。若 $\left| \dfrac{I_{ME-1LG}(G) - I_{CVD-NLG}(G)}{I_{ME-1LG}(G)} \right| <$

20%，则可判定 $N=1$，即所测最外层区域为 CVD-1LG，否则为多层石墨烯。如图 7.7(d)所示，尽管轻微的掺杂导致 CVD-1LG 的 G 模蓝移至 1590 cm^{-1}，但其 $I(G)$ 与 ME-1LG 相近。[138]因此，可以将 CVD-NLG 转移到与 ME-1LG 相同的 SiO$_2$/Si 衬底上，通过比较它们之间的 $I(G)$ 来确定 CVD-NLG 中的 CVD-1LG 区域。

7.3.2　层数表征

如 7.1 节所述，通过 2D 模线型可以精确地表征 1LG 和 AB-NLG（$2 \leqslant N \leqslant 4$）的层数。但由于 CVD-$N$LG 的堆垛次序和相应的能带结构复杂多样，其 2D 模的线型与其层数的对应关系无明显规律性，而且与激发光的能量也关系密切，因此，不能只根据 2D 模线型来判断其层数 N。当鉴别出 CVD-1LG 后，对于 CVD-NLG（$N>1$），通过其 2D 模线型可判断该区域 CVD-NLG 薄片的堆垛方式是否为 AB 堆垛，并可以用 7.1 节所述方法来准确地表征其层数。若 CVD-NLG 不是 AB-NLG，其各近邻层之间至少存在一个转角界面，即为 CVD-tNLG，需要借助层间振动模来表征其层数。如 5.4.6 节所述，tNLG 转角界面处的剪切耦合力常数非常小，使得剪切模的振动局域在其 AB 堆垛组分之中，tNLG 的剪切模频率与个数取决于其中各个 AB 堆垛组分的层数。但是，tNLG 转角界面处的呼吸耦合力常数与 AB-NLG 相差不大，使得 CVD-NLG 的呼吸模频率与其有无转角界面无关，而取决于其总层数 N，如表 7.7 所示。因此，根据 tNLG 呼吸模的频率可精确地指认其总层数 N。需要注意的是，在常规条件下不能探测到 AB-NLG 的呼吸模，对 tNLG 来说，只有激发光能量与转角所导致的电子联合态密度范霍夫奇点的能量相匹配时，也就是满足入射或出射共振条件时才能观察到其呼吸模。

表 7.7 根据考虑了最近邻和次近邻层间相互作用的线性链模型计算所得到的 NLG（N = 2~4）在不同堆垛次序情况下各 C 模和 LB 模的频率

NLG	堆垛次序	C 模频率 $/\mathrm{cm}^{-1}$	LB 模频率 $/\mathrm{cm}^{-1}$
2LG	AB − 2LG	$C_{2,1}$ 约为 31	$LB_{2,1}$ 约为 91
	t(1 + 1)LG	—	
3LG	AB − 3LG	$C_{3,1}$ 约为 38 $C_{3,2}$ 约为 22	$LB_{3,1}$ 约为 111 $LB_{3,2}$ 约为 70
	t(2 + 1)LG t(1 + 2)LG	$C_{2,1}$ 约为 31	
	t(1 + 1 + 1)LG	—	
4LG	AB − 4LG	$C_{4,1}$ 约为 40 $C_{4,2}$ 约为 31 $C_{4,3}$ 约为 17	$LB_{4,1}$ 约为 119 $LB_{4,2}$ 约为 95 $LB_{4,3}$ 约为 55
	t(3 + 1)LG t(1 + 3)LG	$C_{3,1}$ 约为 38 $C_{3,2}$ 约为 22	
	t(2 + 1 + 1)LG t(1 + 2 + 1)LG t(1 + 1 + 2)LG	$C_{2,1}$ 约为 31	
	t(1 + 1 + 1 + 1)LG	—	

上述讨论说明，对于 CVD-tNLG 的表征，需要首先确定其电子联合态密度范霍夫奇点的能量。如 2.4.1 节所述，转角导致的范霍夫奇点能量可通过光学衬度法测得。[29] 样品的衬度谱[OC(λ)]可通过石墨烯薄片 [$R_{NLG+\mathrm{sub}}(\lambda)$]和衬底[$R_{\mathrm{sub}}(\lambda)$]的白光反射谱计算得到，即 $OC(\lambda)=\dfrac{R_{\mathrm{sub}}(\lambda)-R_{NLG+\mathrm{sub}}(\lambda)}{R_{\mathrm{sub}}(\lambda)}\times100\%$。通过将 CVD-t$N$LG 与 AB-$N$LG 的衬度谱进行对比，即可得到与 CVD-t$N$LG 范霍夫奇点相关的吸收峰。然后选择靠近吸收峰能量的激发光来探测 CVD-tNLG 的呼吸模，并结合表 7.7 来精确地表征 CVD-tNLG 的总层数 N。

图 7.8(a)给出了 CVD-NLG 薄片的典型光学显微图像，通过光学显微图像可分辨出不同厚度的 CVD-NLG，且层数从中心向外层数逐渐减少。[113] 将 CVD-NLG 薄片的光学衬度谱与相应 AB-NLG 比较，如图 7.8(b)所示，可发现它们在 630 nm 附近存在明显的差别。[113] 这说明 CVD-NLG 是 CVD-tNLG，且在 630 nm 附近存在与范霍夫奇点相关的吸收峰。因此，可以选用 633 nm 激发光来探测 CVD-tNLG 的呼吸模。图 7.8

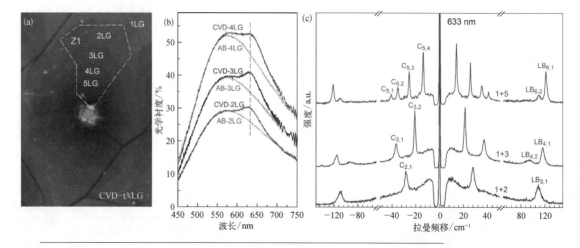

图 7.8 CVD-NLG 薄片层数鉴定

（a）CVD-1LG 和 CVD-tNLG（N= 2～5）薄片的典型光学显微图像[113]；（b）具有相同转角的各 CVD-tNLG（N= 2～4）的光学衬度谱[113]；（c）λ_L = 633 nm 所激发某区域部分 CVD-tNLG 的低频拉曼光谱（N= 2，3，5）

(c)给出了 $\lambda_L = 633$ nm 所激发某区域部分 CVD-tNLG 的低频拉曼光谱（$N = 2, 3, 5$）。根据所观察到的呼吸模个数和频率,结合表 7.7 和相关计算结果,可表征出各拉曼光谱对应 CVD-tNLG 的总层数分别为 3、4、6层。另外,所测各 CVD-tNLG 分别含有 1、2 和 4 个剪切模,表明它们分别含有 AB-2LG、AB-3LG 和 AB-5LG 的组分。各组分层数比总层数少 1,说明所测各 CVD-tNLG 的堆垛次序为 t(1 + 2)LG、t(1 + 3)LG 和 t(1+5)LG。如图 7.8(a)所示,[113]本批样品中心 CVD-t6LG 的区域非常小,难以测量其光学衬度谱,但通过比光学衬度谱空间分辨率更高的拉曼光谱,根据所测的呼吸模和剪切模的频率,仍然可以明确地鉴别出其总层数及其组分的层数,这显示出低频拉曼光谱在转角石墨烯层数表征方面的强大能力。

7.3.3　堆垛次序表征

一般来说,如上所述,可以通过在共振拉曼条件下测试呼吸模和剪切

　　　　　石墨烯基材料的拉曼光谱研究

模的频率来分别确定 tNLG 的总层数和各 AB 堆垛组分的层数,但这样并不能确定出整个 tNLG 的堆垛次序。对于 CVD-tNLG 来说,由于从石墨烯薄片的边缘到其中心,其层数一般从 1 逐渐增加到 N,因此只要逐层从薄到厚,如同从图 7.6 的顶部逐层鉴别到其底部,[138]依次通过剪切模和呼吸模频率鉴别出其堆垛次序后,最后就可以鉴别出石墨烯薄片中心处 tNLG 的堆垛次序。

以图 7.8 为例,通过 I(G)和 2D 模线型表征出 CVD-1LG 后,就可以往图 7.8(a)的中心区域去逐层地表征其堆垛次序。[113]对于 CVD-2LG,在 633 nm 附近能观察到转角所致范霍夫奇点相关的吸收峰以及 633 nm 激发光所测拉曼光谱中能观察到与 2LG 对应的但在 AB-2LG 中观察不到的呼吸模,同时又观察不到 AB-2LG 的剪切模,这些都说明 CVD-2LG 为t(1+1)LG。对于 CVD-3LG,在共振激发下观察到了 AB-2LG 对应的剪切模,表明其中存在 AB-2LG 组分,而 CVD-2LG 为 t(1+1)LG,这说明在t(1+1)LG 下面增加的石墨烯层与其近邻石墨烯层组成了 AB-2LG 组分,因此此 CVD-3LG 为 t(1+2)LG。同样可分别鉴别出后面 CVD-4LG 和 CVD-5LG 的堆垛次序为 t(1+3)LG 和 t(1+4)LG。

根据呼吸模和剪切模频率逐层鉴别 CVD-NLG 堆垛次序的方法可以应用于更为复杂的系统中。图 7.9(a)为 CVD 法制备的典型石墨烯薄片的光学显微图像,从边缘到中心其层数逐渐增加。[138] Z_2 区域不同厚度 CVD-NLG 的光学衬度光谱如图 7.9(b)所示。[138]首先可表征出 CVD-1LG 的区域,然后往中心逐层表征,根据其光学衬度吸收峰选择共振激发光并测得各 CVD-NLG 的呼吸模频率,可以定出 Z_2 区域不同厚度石墨烯薄片的层数,即 CVD-2LG、CVD-3LG 和 CVD-4LG。CVD-2LG 的光学衬度谱在 550 nm 附近有一个吸收峰,且观察到 1 个呼吸模,表明其堆垛次序为 t(1+1)LG。CVD-3LG 的光学衬度谱有两个吸收峰,且没有观察到剪切模,表明其堆垛次序为 t(1+1+1)LG。如图 7.9(c)所示,[138]在 CVD-4LG 拉曼光谱中观察到 $C_{2,1}$ 模,证

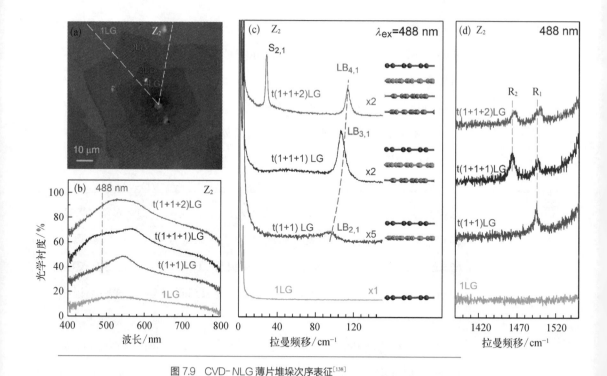

图 7.9　CVD-NLG 薄片堆垛次序表征[138]

CVD-NLG 的（a）光学显微图像和（b）光学衬度光谱；488 nm 激光所激发图中 Z_2 区域各 CVD-NLG 的（c）低频拉曼光谱和（d）G 模附近的拉曼光谱

实其中存在 AB-2LG 组分，同时考虑到 CVD 制备石墨烯薄片的特点，Z_2 区域的 CVD-3LG 与 CVD-4LG 顶部三层石墨烯层的堆垛次序应当完全相同，因此可推断 CVD-4LG 的堆垛次序为 t(1 + 1 + 2)LG。

7.3.4　界面转角表征

如 5.4 节所述，在 t(m + n)LG 中存在莫尔超晶格，使得其组分的声子色散曲线会发生折叠，非布里渊区中心波矢为 $q(\theta) = \dfrac{8\pi}{\sqrt{3}\,a}\sin(\theta/2)$ 的 TO 和 LO 声子将被折叠到布里渊区中心而被拉曼激活，导致在 t(m + n)LG 的 G 模两侧可以观察到 R 模和 R′ 模。如图 7.10 所示，不同

石墨烯基材料的拉曼光谱研究

转角所导致被激活的声子波矢不同,以及发生共振拉曼散射所需激发光的能量不同。[135]因此,选择合适的激发光能量,根据 R 模和 R′模的个数和频率可以判断 tNLG 界面的个数和转角 θ。如图 7.9(d)所示,CVD-2LG 拉曼光谱存在一个 R_1 模,说明其中存在一个转角为 $\theta_1 = 13.2°$ 的界面。[138]除了 R_1 模,CVD-3LG 拉曼光谱还存在 R_2 模,因此 Z_2 区域 CVD-3LG 存在两个界面,转角分别为 $\theta_1 = 13.2°$ 和 $\theta_2 = 16.2°$。CVD-4LG 拉曼光谱只存在两个 R 模,根据剪切模,CVD-4LG 存在一个 AB-2LG 组分,因此这两个 R 模就是前面观察到的 R_1 和 R_2 模。它们的峰位相对于 CVD-2LG 和 CVD-3LG 有微小移动,这是由后续增加的石墨烯层对前面的转角界面施加的影响所致。因此,R 模不仅可以用于推断转角界面的个数和相应转角,同时也可以再次验证之前通过呼吸模和剪切模所得 CVD-NLG 的堆垛次序和总层数的结果。

图 7.10 界面转角相关的光谱特征[135]

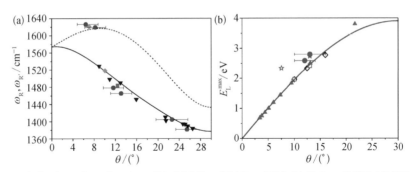

(a) t(1+1)LG 的 R 和 R′频率[分别为 ω(R)和 ω(R′)]与转角 θ 的关系(各标记号为实验数据);(b) t(1+1)LG 在 G 模强度最大时的 E_L 与其转角 θ 的关系(各标记号为 G 模强度增强的实验数据)

综上,根据 CVD-NLG 呼吸模的频率可确定其总层数 N,根据剪切模的频率可确定其各个 AB 堆垛组分的层数和堆垛次序,根据 R 模可得到各个组分之间界面处的转角,并可进一步验证前面所得的堆垛次序。因此,拉曼光谱可以高效无损地表征 CVD-NLG 的层数和堆垛次序,这对于研究和调控 CVD-NLG 性质、实现 CVD-NLG 的可控制备及产业化应用都具有重要指导意义。

7.4　应力分析

对材料施加外部应力会导致其晶格结构发生改变,原子间距离的变化可进一步导致其电荷的重新分布。对石墨烯施加应变甚至可以打开其带隙。[165] 施加各向同性的压应力(静水压)通常会导致石墨烯振动模频率的增大,施加各向同性的张应力则相反。[166] 格林艾森常数是表征声子频率随应力变化速率的参数,可通过声子频率的变化反过来估算材料受到的应力。

石墨烯气泡和气球可用于研究石墨烯拉曼光谱对双轴应力的响应。石墨烯气泡可通过在氧化硅衬底上沉积大面积的 1LG 薄膜来实现。双层石墨烯气球可通过氮气对覆盖有大面积双层石墨烯薄膜的金属容器加压来实现,如图 7.11(a)所示。[167] 图 7.11(b)和(c)显示了石墨烯气泡中心和衬底上 1LG 的 G 模和 2D 模频率随压力的变化。[167] 在拉伸应力下,所有拉曼模都发生了红移。根据这些拉曼模的格林艾森常数 γ(G、2D、D 和 2D$'$ 的 γ 分别为 1.8、2.6、2.52 和 1.66),可计算得到石墨烯气泡不同位置处的应力。石墨烯与衬底和吸附物之间相互作用所引起的掺杂或应变对格林艾森常数的数值有显著影响,但石墨烯气球可以避免这种影响。如图 7.11(d)所示,根据双层石墨烯气球 G 模的频移可计算得到 2LG 所受到的应力,2D 模线型则表明应变小于 1.2% 时不会改变其 AB 堆垛结构。[167]

对 1LG 施加各向异性的应力(例如单轴应变)将改变其晶格结构的对称性,导致简并 E_{2g} 声子发生劈裂,使得拉曼光谱的 G 模劈裂成 G$^+$ 和 G$^-$ 两个峰。[159] G$^+$ 和 G$^-$ 模晶格振动的本征矢量仍是正交的。对 1LG 施加单轴拉伸应力时,与应力方向平行的 sp^2 键被拉长,相应碳原子之间的相互作用减弱,导致 G$^-$ 峰发生显著红移,而垂直于应力的部分只受到轻微影响,产生 G$^+$ 峰。相比于 G$^+$ 峰,G$^-$ 峰对应力较为

　　　　　　　　　　　　　　　石墨烯基材料的拉曼光谱研究

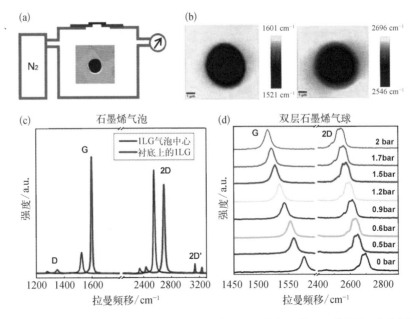

图7.11 石墨烯气泡和气球在不同应力下的拉曼光谱[167]

（a）制备石墨烯气球的实验装置示意图；（b）石墨烯气泡 G 模和 2D 模的拉曼光谱成像图；（c）λ_L = 488 nm 所激发 1LG 气泡中心和衬底上 1LG 的拉曼光谱；（d）λ_L = 514.5 nm 所激发 2LG 气球的拉曼光谱与所施加应力的关系

敏感，1.3%的应力可导致 G⁻ 峰发生约 30 cm⁻¹ 的红移，而 G⁺ 峰只有约 15 cm⁻¹ 的红移。同时，G⁺ 和 G⁻ 的半高宽不随应力的变化而变化。

由于对称性的改变，G⁺ 模和 G⁻ 模表现出与本征 1LG 显著不同的偏振特性。因此，偏振拉曼光谱是探测石墨烯薄片应力的有力工具。若散射光偏振方向与应力方向之间的夹角为 φ，图 7.12 给出了 G⁺ 模和 G⁻ 模强度与散射光偏振方向和应力方向之间夹角 φ 的关系。[159] G⁺ 模和 G⁻ 模表现出显著不同的偏振特性，这是由于 G⁺ 模和 G⁻ 模具有不同的拉曼张量。因此，通过拉曼峰强度随散射光偏振方向的变化可以表征所施加的应力方向。应力会导致 1LG 的 TO 声子和能带结构的变化，也会导致其 2D 模的红移和劈裂。[165] 研究石墨烯在应力下的拉曼光谱有助于表征 CVD 制备石墨烯薄片中的褶皱，了解在转移后石墨烯基材料所受到的应变等现象。[5]

图 7.12 单轴应力下石墨烯的 G 模[159]

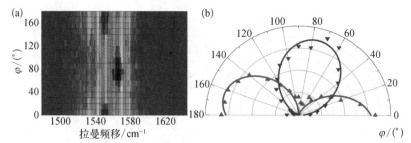

（a）在单轴应变下石墨烯 G 模的偏振拉曼光谱；（b）G⁺ 模（蓝色三角）和 G⁻ 模（红色三角）强度与散射光偏振方向和应力方向之间夹角 φ 的关系

7.5　缺陷表征

缺陷破坏了石墨烯的碳蜂窝状晶格结构及其对称性，[85]其数量和类型对石墨烯性质也具有显著影响[168]。如原子尺度的缺陷可在狄拉克点附近引入额外电子态，这可能是限制衬底上 1LG 电子迁移率的主要因素。[169]缺陷会影响化学反应过程，带有缺陷的石墨烯薄片可作为催化剂。根据石墨烯中缺陷的类型和来源，缺陷主要分为边界、替位缺陷、空位缺陷、晶界以及与碳原子杂化（如从 sp^2 到 sp^3 的转变）引起的缺陷[85]。石墨烯薄片可能同时存在多种缺陷。图 7.13（a）[168]和（b）[170]分别给出了空位缺陷和晶界（不同取向的相邻石墨烯区域之间的界面）的结构示意图。晶界可用晶畴之间的偏转角来定义，如图 7.13（b）所示的两个晶畴之间的夹角为 27°[170]。化学修饰会使得碳原子发生 sp^3 杂化，产生所谓的化学缺陷，如轻度氧化、氢化或氟化等，也称为化学缺陷，其结构示意图如图 7.13（c）所示[171]。化学缺陷可调控石墨烯的光学、电学和磁学性质，如部分碳原子变为 sp^3 杂化、π 键被移除、带隙被打开，可产生局域磁矩[172]。因此，对石墨烯基材料缺陷的表征，有助于其器件应用以及性质调控。如第 5 章和第 6 章所述，拉曼光谱可以用来表征石墨烯基材料的缺陷浓度和缺陷类型。本节以氟化石墨烯为例，介绍拉曼光谱在表征

图 7.13 含缺陷石
墨烯基材料的拉曼
光谱表征

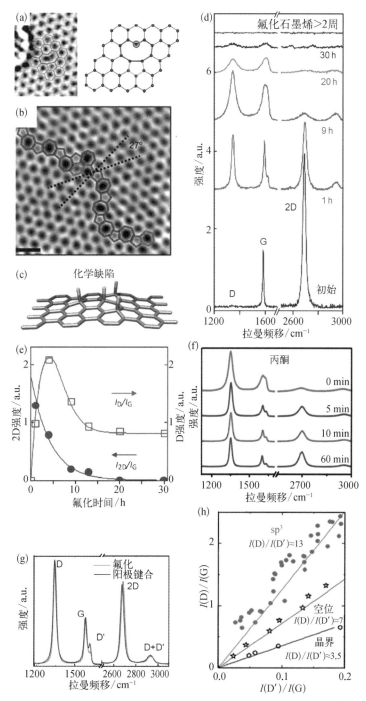

（a）空位缺陷结构示意图[168]；（b）晶界结构示意图[170]；（c）化学缺陷（sp³ 型缺陷）结构示意图[171]；（d）用 XeF₂等离子制备的氟化石墨烯在不同氟化阶段的拉曼光谱[173]；（e）氟化石墨烯的 I（D）/I（G）和 I（2D）/I（G）与氟化时间的关系[173]；（f）用 SF₆制备的氟化石墨烯及其经过丙酮处理不同时间后的拉曼光谱[174]；（g）氟化石墨烯和阳极键合所致缺陷石墨烯的拉曼光谱[85]；（h）不同缺陷类型下石墨烯的 I（D）/I（G）与 I（D'）/I（G）的关系[85]

石墨烯基材料缺陷中的应用。

氟化石墨烯可通过机械剥离氟化石墨或将本征石墨烯薄片暴露在氟化物(如 XeF_2 和 CF_4 等离子体中来制备。[173]图 7.13(d)给出了用 XeF_2 等离子制备的氟化石墨烯在不同氟化阶段的拉曼光谱。[173]与本征 1LG 相比,氟化石墨烯存在较强的 D 模和 D′模。随着氟化时间的增加,G 模和 2D 模都发生了不同程度的展宽,D′模与 G 模将难以分辨。图 7.13(e)给出了氟化石墨烯的 $I(D)/I(G)$ 和 $I(2D)/I(G)$ 随氟化时间的变化趋势。[173]氟化刚开始时,$I(D)/I(G)$ 急剧增大;随着氟化时间的增加,$I(D)/I(G)$ 逐渐下降并趋于稳定,而 $I(2D)/I(G)$ 随氟化时间单调下降。当氟化时间小于 9 h 时,$I(G)$ 的变化并不明显,但可通过 $I(D)/I(G)$ 和 $I(2D)/I(G)$ 随氟化时间的变化关系[对应图 4.18(b)和(c)所示的两个阶段[85]]来定量地表征 sp^3 型缺陷的浓度。

相比于其他缺陷,大部分 sp^3 类型的缺陷在一定条件下可被去除[133,174]。如在 300℃下,氟化石墨烯开始发生氟的脱附过程,其晶格结构开始恢复到完美的晶格。极性溶剂更容易与吸附在石墨烯上的氟原子发生相互作用,这使得氟化石墨烯在极性溶剂(如丙酮、异丙醇和去离子水等)中容易发生脱氟过程。图 7.13(f)给出了用 SF_6 制备的氟化石墨烯及其经过丙酮处理不同时间后的拉曼光谱。[174]随着丙酮处理的时间增加,$I(2D)$ 逐渐增强,同时 $I(D′)$ 减弱,所有拉曼峰的半高宽变窄,这表明氟的脱附导致石墨烯的缺陷浓度以及无序度减弱。经丙酮处理 60 min 后,$I(2D)/I(G)$ 增大,D 模半高宽变窄,氟化石墨烯的晶体质量得以部分恢复,但其较强 D 模表明脱氟后的氟化石墨烯样品中的缺陷并未完全去除,仍然残留着空位缺陷。

石墨烯的 $I(D)$ 和 $I(D′)$ 与其缺陷密切相关,利用其光谱特征可以表征相关的缺陷类型。在低浓度缺陷下,D 模和 D′模的半高宽和强度有相似的变化规律,如图 4.18 所示,[84,85]但不同类型的缺陷可能导致 D 模和 D′模具有不同的强度。如图 7.13(g)所示,[85]在较低缺陷浓度下,通过氟化和阳极键合处理后石墨烯的 D 模、G 模和 2D 模有相似的拉曼强度,而两者的 D′ 模具有不同的强度,氟化石墨烯的 $I(D)/I(D')$ 高于阳极键合处理的石墨烯。如图 7.13(h)所示,[85] 在较低缺陷浓度下,$I(D)$ 和 $I(D')$ 都与缺陷浓度呈线性关系,其相对强度只取决于缺陷类型,而与缺陷浓度无关。也就是说,通过 $I(D)/I(D')$ 可以表征缺陷的类型。含有 sp^3 型缺陷的石墨烯样品的 $I(D)/I(D')$ 可达 13,相应的空位缺陷和晶界对应的 $I(D)/I(D')$ 分别约为 7 和 3.5。研究表明,阳极键合可能会引入较多的空位缺陷。因此,$I(D)/I(D')$ 可作为表征缺陷石墨烯中缺陷类型和缺陷浓度的重要参数。

7.6　拉曼成像

　　显微拉曼光谱仪通常具有高空间分辨率,利用电动平台连续地移动样品,对一定区域内的样品进行拉曼光谱的逐点或逐线采集,对每个位置的拉曼光谱进行处理并将某些特定的光谱特征进行汇总,可以生成二维或三维的拉曼图像。常规显微拉曼光谱仪的空间分辨率可优于 300 nm。针尖增强拉曼光谱的空间分辨率可达到纳米甚至亚纳米尺度。随着 CCD 探测器和光学元件性能的不断优化,获得具有较高信噪比的拉曼光谱所必需的积分时间可缩短至毫秒量级,这极大地减少了拉曼成像所需的最短时间。制作拉曼成像的光谱特征可以是峰高、峰面积、峰位、两拉曼峰的相对强度或者峰位差异等。基于前面所述石墨烯拉曼光谱的光谱特征与其结构和外界微扰的关系,通过拉曼成像可获取石墨烯薄片的层数、堆垛方式、缺陷、掺杂、应变和温度的空间分布等信息,[98,108,165,175-178] 并可用来研究石墨烯薄片的生长机制。

7.6.1　表征层数、晶畴和堆垛方式

　　如 5.1.1 节所述,NLG 的 $I(G)$ 与其层数 N 密切相关,[41,179] 因此基于

$I(\mathrm{G})$的拉曼成像可以表征石墨烯薄片的层数分布。例如,如图 7.14(a)
所示,通过石墨烯薄片 $I(\mathrm{G})$的拉曼成像图可以明显地分辨出其 1～4LG
的区域。[179]

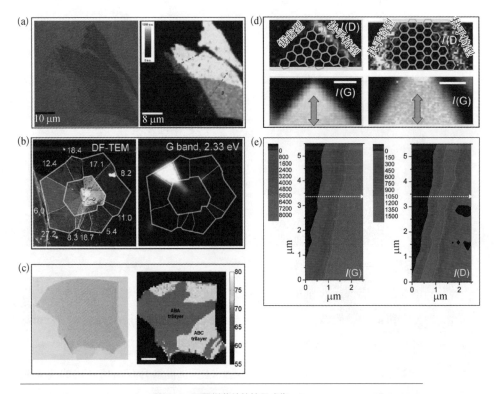

图 7.14　石墨烯薄片的拉曼成像

　　(a) 1～4LG 的光学图像和 $I(\mathrm{G})$的拉曼成像[179];(b) t2LG 的 DF-TEM 图像和 $I(\mathrm{G})$
拉曼成像[141];(c) 3LG 样品的光学图像及 514 nm 所激发 2D 模的 FWHM(2D)的拉曼成
像,[108]其中红色和黄色区域分别对应于 ABA 和 ABC 堆垛的 3LG;(d) 在锯齿型和扶手椅
型边缘处 $I(\mathrm{D})$和 $I(\mathrm{G})$的拉曼成像[83];(e) 石墨烯边缘附近的 $I(\mathrm{G})$和 $I(\mathrm{D})$拉曼
成像[82]

　　CVD-NLG 相邻石墨烯层之间的堆垛方式较为随机,同一 CVD-
NLG 样品中可能存在不同的转角区域。如图 5.22(d)所示,对于某一转
角 θ,在特定激发光能量下可以观察到显著增强的 $I(\mathrm{G})$。因此,通过
$I(\mathrm{G})$的拉曼成像可以表征 CVD-NLG 中对应于特定转角 θ 的样品区
域。[141]图 7.14(b)给出了 CVD-2LG 薄片对应于不同转角 θ 区域的暗场

透射电子显微镜(DF-TEM)图像。[141] 不同晶畴内 t2LG 可能具有由 θ 决定的不同能带结构和光学性质,导致不同晶畴的 $I(G)$ 表现出对应于不同激发光能量的共振增强现象,而同一晶畴内 G 模的共振行为相同。例如,在 2.33 eV 激发下,对应于 $\theta = 12.4°$ 晶畴的 $I(G)$ 有数量级的增强。因此,选用 2.33 eV 激光对 CVD-2LG 进行 $I(G)$ 拉曼成像,可得到对应于 $\theta = 12.4°$ 的样品区域,如图 7.14(b)所示。[141]

AB-NLG 和 ABC-NLG 的 2D 模具有显著不同的光谱特征,当两者层数相同时,ABC-NLG 的 2D 模比 AB-NLG 更宽。因此,基于 2D 模半高宽的拉曼成像可以表征 NLG 薄片的 AB 堆垛和 ABC 堆垛区域。如图 7.14(c)所示,ME-3LG 薄片的光学图像较为均匀,而在 514 nm 激发下,基于 2D 模半高宽的拉曼成像图可明显地区分出 ME-3LG 中的 ABA 堆垛(红色)和 ABC 堆垛(黄色)区域。[108]

7.6.2 表征边界

如 4.4 节所述,边界是一种特殊的缺陷,可激活石墨烯基材料的 D 模和 D′模[131]。根据缺陷参与的谷间双共振拉曼过程,在扶手椅型边界处可以观察到 D 模,但是在锯齿型边界处却不能。同时,在扶手椅型边界处的 D 模强度 $I(D)$ 依赖激发光和散射光的偏振方向。[131] 因此,固定激发光的偏振方向,通过 $I(D)$ 的拉曼成像可以确定石墨烯边界的手性。[83] 如图 7.14(d)的左图所示,90°夹角的两条边界分别为扶手椅型和锯齿型,通过 $I(D)$ 的拉曼成像可区分边界的手性,而两边界处 $I(G)$ 的拉曼成像几乎相同。[83] 如图 7.14(d)的右图所示,60°夹角的两条边界应具有相同的手性,根据 $I(D)$ 的拉曼成像可以表征出这两条边界的手性都为扶手椅型。[83] 图 7.14(e)给出的石墨烯边缘附近的 G 模和 D 模拉曼强度的成像图[82] 表明,相对于 G 模,D 模强度可以精确地鉴定扶手椅型边界位置。需要说明的是,仅通过拉曼成像,无法排除扶手椅型边界中存在一些锯齿型边界的可能性。对于边界较为复杂的样品,其结构也可以通过 D 模频率与激发光的依赖关系来表征。[180]

7.6.3　表征应力

　　施加应变会引起 G 模和 2D 模频率的移动。[181,182] 图 7.15（a）给出了在不同应力下 PET 上石墨烯 ω(2D) 的拉曼成像，[178] 首先,将石墨烯剥离在聚对苯二甲酸乙二醇酯（PET）膜上,通过弯曲 PET 膜来对石墨烯施加拉伸应力。不同应力下 PET 膜上石墨烯 ω(2D) 的拉曼成像图可以看出,

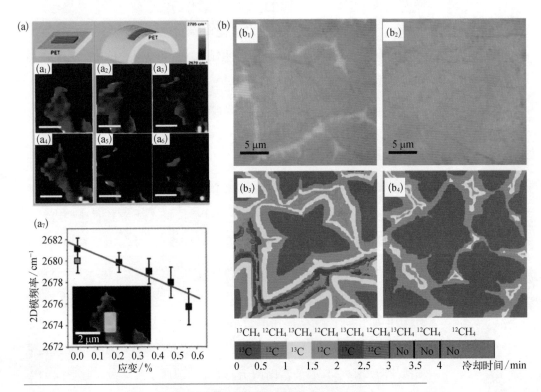

图 7.15　拉曼成像表征石墨烯应力和生长机制

　　（a）在不同应力下 PET 上石墨烯 ω（2D）的拉曼成像,以及整块石墨烯薄片 ω（2D）的平均值与所受应力的关系;[178]（b）在相同实验条件（T= 1035℃、J_{Me} = 7 sccm）、不同甲烷分压 p_{Me} 下利用同位素标记法制备石墨烯薄片的光学显微图像 [（b_1）: p_{Me} = 160 mTorr①,（b_2）: p_{Me} = 285 mTorr],以及相应的 ω（G）拉曼成像图[183]

---

　　① 1 Torr＝133.32 Pa。

PET 膜上石墨烯受到的应力不均匀,这可能是由石墨烯与 PET 膜之间的不均匀接触引起的。图 7.15(a_7)给出了整块石墨烯薄片 ω(2D)的平均值与所受应力的关系,基于此可表征石墨烯基器件中石墨烯基材料的应力状态。[178]

7.6.4 鉴别石墨烯生长机制

CVD 法可以在 Ni 和 Cu 衬底上制备大面积的石墨烯薄膜。温度、甲烷/氢气比、压力和衬底等是影响 CVD 制备石墨烯薄膜结构完整性的重要因素。[11]对生长机理的研究有助于改进实验条件,获得更大、质量更高的石墨烯薄膜。同位素标记法可用于研究低维材料(例如单壁碳纳米管和石墨烯)的生长机理。[183]用不同同位素生长出的相同材料会具有不同的物理性质。晶格振动的频率与原子质量密切相关,这导致不同同位素材料的拉曼模频率和半高宽会存在明显的差异。例如,[13]C 标记 1LG 的 ω(G)$\approx$1520 cm^{-1},而正常[12]C 标记 1LG 的 ω(G)$\approx$1582 cm^{-1}。[183]因此,结合同位素标记法,通过拉曼光谱可表征并研究 CVD 制备石墨烯的生长机理。

以铜箔为衬底、甲烷为碳源,通过 CVD 法可生长大面积石墨烯,其中,温度(T)、甲烷的流速(J_{Me})、甲烷分压(p_{Me})等参数均会对石墨烯薄片的晶畴尺寸和晶体质量产生影响。为研究 p_{Me} 对石墨烯生长动力学的影响,图 7.15(b_1)和(b_2)分别给出了在相同实验条件(T = 1035℃、J_{Me} = 7 sccm)下,p_{Me} 为 160 mTorr 和 285 mTorr 时利用同位素标记法制备石墨烯薄片的光学显微图像,相应的 ω(G)拉曼成像如图 7.15(b_3)和(b_4)所示。[183]在生长过程的不同时间段内,分别通入[13]CH$_4$ 和[12]CH$_4$(正常甲烷)。利用 ω(G)拉曼成像可以表征石墨烯薄片的同位素分布,如图 7.15(b_3)和(b_4)所示,其中,ω(G) 在 1490~1550 cm^{-1} 时表示[13]C 标记的石墨烯,在 1550~1610 cm^{-1} 时表示[12]C 石墨烯。[183]

如图 7.15(b_3)所示,当 p_{Me} = 160 mTorr 时,第六次注入甲烷(3 min)

后石墨烯停止生长,其覆盖率达到约 90%,随后,即使继续注入甲烷,石墨烯也不会继续生长。[183]然而,如图 7.15(b$_4$)所示,当 p_{Me} = 285 mTorr 时,第四次注入甲烷(1.5 min)后石墨烯的覆盖度达到了 100%,并停止生长。[183]图 7.15(b$_3$)和(b$_4$)表明,两种 p_{Me} 下,石墨烯覆盖度越高,其生长速率越慢。[183]铜衬底上的石墨烯是通过碳原子在表面吸附的方式生长的。结合同位素标记石墨烯的拉曼成像可知,当铜表面的吸附没有达到饱和时,不能成核;只有达到饱和吸附后,石墨烯才开始在铜表面成核、生长并形成石墨烯岛;当碳原子不能吸附在石墨烯岛的边缘时,石墨烯就停止生长,最终形成 CVD 法制备的石墨烯薄片;当铜表面的吸附过饱和时,石墨烯岛继续生长,最终完全覆盖铜表面。这种基于同位素标记的拉曼成像技术也可用于监测石墨烯生长的其他参数,如 T 和 J_{Me}。此外,其他二维材料的生长机理也可以通过这种方法进行研究。

7.7　小结

本章主要结合之前介绍的石墨烯基材料结构与拉曼光谱特征的关系,讨论了如何通过拉曼光谱来表征机械剥离和 CVD 法制备的石墨烯薄片的层数、堆垛方式以及转角等。根据应力与 G 模频移的关系、缺陷与 D 模强度的关系,可以分别对石墨烯进行应力分析以及缺陷和无序度的表征。这些拉曼分析方法同样可以用于拉曼成像。通过拉曼成像技术,可以获得石墨烯薄片的晶畴、层数、堆垛方式和缺陷的空间分布。结合同位素标记法,利用拉曼成像可以细致地研究 CVD 法制备石墨烯的生长机理。总之,拉曼光谱可以用来表征石墨烯基材料并获得各方面的丰富信息,从而为研究其材料生长和器件应用提供便捷高效的途径。

附录 A

物理名词索引：
中文—英文

中　文	英　文	英文简写
半高宽	full width at half maximum	FWHM
背散射配置	backscattering configuration	
倍频模	overtone mode	
表面增强拉曼散射	surface-enhanced Raman scattering	SERS
玻恩-奥本海默近似	Born-Oppenheimer approximation	
玻恩-卡曼边界条件	Born-Karman boundary condition	
布里渊散射	Brillouin scattering	
层间键极化率模型	interlayer bond polarizability model	
层间力常数	interlayer force constant	
层间振动模	interlayer vibration mode	
层内振动模	intralayer vibration mode	
场效应晶体管	field effect transistor	FET
超低波数拉曼光谱	ultralow-frequency Raman spectroscopy	
出射共振	outgoing resonance	
传播子(费曼图)	propagator	
传输矩阵	transfer matrix	
传输矩阵方法	transfer matrix formalism	
磁声共振	magnetophonon resonance	MPR
弹道输运	ballistic transport	
电荷耦合器件	charge coupled device	CCD
电偶极子	electric dipole	
电声子耦合	electron-phonon coupling	EPC
电四极子	quadripole	
电子能带结构	electronic band structure	
电子能量损失谱	electron energy loss spectroscopy	EELS
钉扎效应	pinning effect	
多层介质结构	multilayered dielectric structures	
多层石墨烯	multilayer graphene	
多声子拉曼光谱	multiphonon Raman spectroscopy	
多声子拉曼散射	multiphonon Raman scattering	

中　文	英　文	英文简写
二维材料	two-dimensional material	2DM
法诺共振	Fano resonance	
范德瓦耳斯耦合	van der Waals coupling	
范德瓦耳斯异质结	van der Waals heterostructure	vdWH
范霍夫奇点	van Hove singularity	vHs
顶点(费曼图)	vertex	
非弹性 X 射线散射	inelastic x-ray scattering	
费曼图	Feynman diagram	
费米速度	Fermi velocity	
氟化石墨烯	fluorinated graphene	
高阶拉曼散射	high-order Raman scattering	
共振拉曼散射	resonant Raman scattering	
共振轮廓	resonant profile	
谷间双共振拉曼过程	intervalley double resonance Raman process	
谷内双共振拉曼过程	intravalley double resonance Raman process	
光学衬度	optical contrast	OC
联合态密度	joint density of states	JDOS
过渡金属硫族化合物	transition metal dichalcogenides	TMD
和频模	combination mode	
横向光学声子	transverse optical phonon	TO phonon
横向声学声子	transverse acoustic phonon	TA phonon
呼吸模	layer breathing mode	LB mode, LBM
化学气相沉积	chemical vapor deposition	CVD
机械剥离	mechanical exfoliation, mechanically exfoliated	ME
剪切模	shear mode	C mode, S mode
检偏器	analyzer	
键极化率	bond polarizability	
角分辨光电子能谱	Angle-resolved photoemission spectroscopy	ARPS
角分辨偏振拉曼光谱	angle-resolved polarized Raman spectroscopy	ARPRS
界面耦合	interfacial coupling	
紧束缚近似	tight-binding approximation	
晶体学超晶格	crystallographic superlattice	
科恩异常	Kohn anomaly	
跨维度电声子耦合	cross-dimensional electron-phonon coupling	

中　文	英　文	英文简写
拉曼成像	Raman mapping	
拉曼光谱	Raman spectroscopy	
拉曼散射截面	Raman scattering cross section	
拉曼选择定则	Raman selection rule	
量子干涉	quantum interference	
量子限制效应	quantum confinement effect	
乱层石墨	turbostratic graphite	
密度泛函微扰理论	density functional perturbation theory	DFPT
莫尔超晶格	Moiré superlattice	
莫尔声子	Moiré phonon	
莫尔图案	Moiré pattern	
纳机电系统	nanoelectromechanical system	NEMS
能带折叠	band folding	
偏振配置	polarization configurations	
偏振拉曼光谱	polarized Raman spectroscopy	
起偏器	polarizer	
入射共振	incoming resonance	
瑞利散射	Rayleigh scattering	
三共振拉曼散射	triple resonance Raman scattering	TRRS
三维石墨烯	three-dimensional graphene	
声子波函数投影	phonon wavefunction projection	
声子色散曲线	phonon dispersion curve	
声子色散关系	phonon dispersion relation	
声子折叠效应	phonon folding effect	
石墨插层化合物	graphite intercalation compound	GIC
石墨晶须	graphite whisker	
石墨烯薄片	graphene flake	
石墨烯基材料	graphene-based material	
石墨烯基范德瓦耳斯异质结	graphene-based van der Waals heterostructure	
石墨烯基器件	graphene-based device	
石墨烯基异质结	graphene-based heterostructure	
石墨烯量子点	graphene quantum dot	
石墨烯纳米带	graphene nanoribbon	GNR

中　文	英　文	英文简写
石墨烯泡沫	graphene foam	GF
石墨烯气泡	graphene bubble	
石墨烯气球	graphene balloon	
双共振拉曼散射	double resonance Raman scattering	DRRS
态密度	density of states	DOS
碳纳米管	carbon nanotube	CNT
中频模(碳纳米管)	intermediate frequency modes	IFM
体布拉格光栅	volume Bragg grating	VBG
微分散射截面	differential scattering cross section	
线性链模型	linear chain model	LCM
杨氏模量	Young's modulus	
一阶拉曼散射	first-order Raman scattering	
原子力显微镜	atomic force microscopy	AFM
载流子迁移率	carrier mobility	
涨落耗散理论	fluctuation-dissipation theorem	
针尖增强拉曼光谱	tip-enhanced Raman spectroscopy	TERS
转角多层石墨烯	twisted multilayer graphene	
纵向光学声子	longitudinal optical phonon	LO phonon
纵向声学声子	longitudinal acoustic phonon	LA phonon

附录 B

物理名词索引：
英文—中文

英　　　文	中　　文	英文简写
analyzer	检偏器	
angle-resolved photoemission spectroscopy	角分辨光电子能谱	ARPS
angle-resolved polarized Raman spectrum	角分辨偏振拉曼光谱	ARPRS
atomic force microscopy	原子力显微镜	AFM
backscattering configuration	背散射配置	
ballistic transport	弹道输运	
band folding	能带折叠	
bond polarizability	键极化率	
Born－Oppenheimer approximation	玻恩-奥本海默近似	
Born－Karman boundary condition	玻恩-卡曼边界条件	
Brillouin scattering	布里渊散射	
carbon nanotube	碳纳米管	CNT
carrier mobility	载流子迁移率	
charge coupled device	电荷耦合器件	CCD
chemical vapor deposition	化学气相沉积	CVD
combination mode	和频模	
cross-dimensional electron-phonon coupling	跨维度电声子耦合	
crystallographic superlattice	晶体学超晶格	
density functional perturbation theory	密度泛函微扰理论	DFPT
density of states	态密度	DOS
differential scattering cross section	微分散射截面	
double resonance Raman scattering	双共振拉曼散射	DRRS
electric dipole	电偶极子	
electron energy loss spectroscopy	电子能量损失谱	EELS
electron-phonon coupling	电声子耦合	EPC
electronic band structure	电子能带结构	
Fano resonance	法诺共振	
Feynman diagram	费曼图	
Fermi velocity	费米速度	
field effect transistor	场效应晶体管	FET

英　文	中　文	英文简写
first-order Raman scattering	一阶拉曼散射	
fluctuation dissipation theorem	涨落耗散理论	
fluorinated graphene	氟化石墨烯	
full width at half maximum	半高宽	FWHM
graphene balloon	石墨烯气球	
graphene bubble	石墨烯气泡	
graphene flake	石墨烯薄片	
graphene foam	石墨烯泡沫	GF
graphene nanoribbon	石墨烯纳米带	GNR
graphene quantum dot	石墨烯量子点	
graphene-based device	石墨烯基器件	
graphene-based heterostructure	石墨烯基异质结	
graphene-based material	石墨烯基材料	
graphene-based van der Waals heterostructure	石墨烯基范德瓦耳斯异质结	
graphite intercalation compound	石墨插层化合物	GIC
graphite whisker	石墨晶须	
high-order Raman scattering	高阶拉曼散射	
incoming resonance	入射共振	
inelastic x-ray scattering	非弹性 X 射线散射	
interfacial coupling	界面耦合	
interlayer bond polarizability model	层间键极化率模型	
interlayer force constant	层间力常数	
interlayer vibration mode	层间振动模	
intermediate frequency modes	中频模(碳纳米管)	IFM
intervalley double resonance process	谷间双共振过程	
intralayer vibration mode	层内振动模	
intravalley double resonance process	谷内双共振过程	
joint density of states	联合态密度	JDOS
Kohn anomaly	科恩异常	
layer breathing mode	呼吸模	LB mode, LBM
linear chain model	线性链模型	LCM
longitudinal acoustic phonon	纵向声学声子	LA phonon
longitudinal optical phonon	纵向光学声子	LO phonon
magnetophonon resonance	磁声共振	MPR

英　　文	中　　文	英文简写
mechanical exfoliation, mechanically exfoliated	机械剥离	ME
Moiré pattern	莫尔图案	
Moiré phonon	莫尔声子	
Moiré superlattice	莫尔超晶格	
multilayer graphene	多层石墨烯	
multilayered dielectric structures	多层介质结构	
multiphonon Raman scattering	多声子拉曼散射	
multiphonon Raman spectroscopy	多声子拉曼光谱	
nanoelectromechanical system	纳机电系统	NEMS
optical contrast	光学衬度	OC
outgoing resonance	出射共振	
overtone mode	倍频模	
phonon dispersion curve	声子色散曲线	
phonon dispersion relation	声子色散关系	
phonon folding effect	声子折叠效应	
phonon wavefunction projection	声子波函数投影	
pinning effect	钉扎效应	
polarization configurations	偏振配置	
polarized Raman spectroscopy	偏振拉曼光谱	
polarizer	起偏器	
propagator	传播子(费曼图)	
quadripole	电四极子	
quantum confinement effect	量子限制效应	
quantum interference	量子干涉	
Raman mapping	拉曼成像	
Raman scattering cross section	拉曼散射截面	
Raman selection rule	拉曼选择定则	
Raman spectroscopy	拉曼光谱	
Rayleigh scattering	瑞利散射	
resonant profile	共振轮廓	
resonant Raman scattering	共振拉曼散射	
shear mode	剪切模	C mode, S mode
surface-enhanced Raman scattering	表面增强拉曼散射	SERS
three-dimensional graphene	三维石墨烯	

英　文	中　文	英文简写
tight-binding approximation	紧束缚近似	
tip-enhanced Raman spectroscopy	针尖增强拉曼光谱	TERS
transfer matrix	传输矩阵	
transfer matrix formalism	传输矩阵方法	
transition metal dichalcogenides	过渡金属硫族化合物	TMD
transverse optical phonon	横向光学声子	TO phonon
transverse acoustic phonon	横向声学声子	TA phonon
triple resonance Raman scattering	三共振拉曼散射	TRRS
turbostratic graphite	乱层石墨	
twisted multilayer graphene	转角多层石墨烯	
two-dimensional material	二维材料	2DM
ultralow-frequency Raman spectroscopy	超低波数拉曼光谱	
van der Waals coupling	范德瓦耳斯耦合	
van der Waals heterostructure	范德瓦耳斯异质结	vdWH
van Hove singularity	范霍夫奇点	vHs
vertex	顶点(费曼图)	
volume Bragg grating	体布拉格光栅	VBG
Young's modulus	杨氏模量	

参考文献

［1］ Wallace P R，The band theory of graphite［J］. Physical Review，1947，71 (9)：622. doi①：10.1103/physrev.71.622.

［2］ Geim A K，Novoselov K S.The rise of graphene［J］. Nature Materials，2007，6(3)：183 - 191.doi：10.1038/nmat1849.

［3］ Zhao W J，Tan P H，Liu J，et al. Intercalation of few-layer graphite flakes with FeCl₃：Raman determination of Fermi level，layer by layer decoupling，and stability［J］. Journal of the American Chemical Society，2011，133(15)：5941 - 5946. doi：10.1021/ja110939a.

［4］ Novoselov K S，Geim A K，Morozov S V，et al. Electric field effect in atomically thin carbon films［J］. Science，2004，306(5696)：666 - 669. doi：10.1126/science.1102896.

［5］ Wu J B，Lin M L，Cong X，et al. Raman spectroscopy of graphene-based materials and its applications in related devices［J］. Chemical Society Reviews，2018，47(5)：1822 - 1873. doi：10.1039/c6cs00915h.

［6］ Tan P H. Raman Spectroscopy of Two - Dimensional Materials［M］. Singapore：Springer，2019. doi：10.1007/978 - 981 - 13 - 1828 - 3.

［7］ Jorio A，Saito R，Dresselhaus G，et al. Raman Spectroscopy in Graphene Related Systems［M］. Weinheim：Wiley - VCH，2011. doi：10.1002/9783527632695.

［8］ Avouris P，Heinz T F，Low T. 2D Materials：Properties and Devices［M］. Cambridge：Cambridge University Press，2017. doi：10.1017/9781316681619.

［9］ Binder C，Bendo T，Hammes G，et al. Structure and properties of in situ-generated two-dimensional turbostratic graphite nodules［J］. Carbon，2017，124：685 - 692. doi：10.1016/j.carbon.2017.09.036.

［10］ Geim A K，Grigorieva I V.Van der Waals heterostructures［J］. Nature，2013，499(7459)：419 - 425.doi：10.1038/nature12385.

---

① 为方便读者查询，本书参考文献增加 doi 数据。

[11] Bae S K, Kim H, Lee Y, et al. Roll-to-roll production of 30-inch graphene films for transparent electrodes[J]. Nature Nanotechnology, 2010, 5(8): 574-578. doi: 10.1038/nnano.2010.132.

[12] Chen Z P, Ren W C, Gao L B, et al. Three-dimensional flexible and conductive interconnected graphene networks grown by chemical vapour deposition[J]. Nature Materials, 2011, 10(6): 424-428. doi: 10.1038/nmat3001.

[13] Liu F, Jang M H, Ha H D, et al. Facile synthetic method for pristine graphene quantum dots and graphene oxide quantum dots: Origin of blue and green luminescence[J]. Advanced Materials, 2013, 25(27): 3657-3662. doi: 10.1002/adma.201300233.

[14] Fischbein M D, Drndić M. Electron beam nanosculpting of suspended graphene sheets[J]. Applied Physics Letters, 2008, 93(11): 113107. doi: 10.1063/1.2980518.

[15] Cai J M, Ruffieux P, Jaafar R, et al. Atomically precise bottom-up fabrication of graphene nanoribbons[J]. Nature, 2010, 466(7305): 470-473. doi: 10.1038/nature09211.

[16] Novoselov K S, Mishchenko A, Carvalho A, et al. 2D materials and van der Waals heterostructures[J]. Science, 2016, 353(6298): aac9439. doi: 10.1126/science. aac9439.

[17] Georgiou T, Jalil R, Belle B D, et al. Vertical field-effect transistor based on graphene-WS$_2$ heterostructures for flexible and transparent electronics [J]. Nature Nanotechnology, 2013, 8(2): 100-103. doi: 10.1038/nnano. 2012.224.

[18] Basov D, Fogler M, Lanzara A, et al. Colloquium: graphene spectroscopy [J]. Reviews of Modern Physics, 2014, 86(3): 959. doi: 10.1103/RevModPhys.86.959.

[19] Li X L, Han W P, Wu J B, et al. Layer-number dependent optical properties of 2D materials and their application for thickness determination[J]. Advanced Functional Materials, 2017, 27(19): 1604468. doi: 10.1002/adfm.201604468.

[20] Cong X, Liu X L, Lin M L, et al. Application of Raman spectroscopy to probe fundamental properties of two-dimensional materials[J]. Npj 2D Materials and Applications, 2020, 4(1): 1-12. doi: 10.1038/s41699-020-0140-4.

[21] Cong X, Lin M L, Tan P H. Lattice vibration and Raman scattering of two-dimensional van der Waals heterostructure [J]. Journal of Semiconductors, 2019, 40(9): 091001. doi: 10.1088/1674-4926/40/9/091001.

[22] 林妙玲,孟达,从鑫,等.二维材料及其异质结的声子物理研究[J].物理,2019,

石墨烯基材料的拉曼光谱研究

48(7)：438-448. doi：10.7693/wl20190704.

［23］ Cong X，Li Q Q，Zhang X，et al. Probing the acoustic phonon dispersion and sound velocity of graphene by Raman spectroscopy[J]. Carbon，2019，149：19-24. doi：10.1016/j.carbon.2019.04.006.

［24］ Castro Neto A H，Guinea F，Peres N M R，et al. The electronic properties of graphene[J]. Reviews of Modern Physics，2009，81(1)：109-162. doi：10.1103/RevModPhys.81.109.

［25］ Koshino M. Stacking-dependent optical absorption in multilayer graphene [J]. New Journal of Physics，2013，15(1)：015010. doi：10.1088/1367-2630/15/1/015010.

［26］ Moon P，Koshino M. Optical absorption in twisted bilayer graphene[J]. Physical Review B，2013，87(20)：205404. doi：10.1103/physrevb.87.205404.

［27］ Lazzeri M，Attaccalite C，Wirtz L，et al. Impact of the electron-electron correlation on phonon dispersion：Failure of LDA and GGA DFT functionals in graphene and graphite[J]. Physical Review B，2008，78(8)：081406. doi：10.1103/physrevb.78.081406.

［28］ Tan P H，Hu C Y，Dong J，et al. Polarization properties，high-order Raman spectra，and frequency asymmetry between Stokes and anti-Stokes scattering of Raman modes in a graphite whisker[J]. Physical Review B，2001，64(21)：214301. doi：10.1103/physrevb.64.214301.

［29］ Wu J B，Zhang X，Ijäs M，et al. Resonant Raman spectroscopy of twisted multilayer graphene[J]. Nature Communications，2014，5(5)：5309. doi：10.1038/ncomms6309.

［30］ Thomsen C，Reich S. Double resonant Raman scattering in graphite[J]. Physical Review Letters，2000，85(24)：5214-5217. doi：10.1103/physrevlett.85.5214.

［31］ Saito R，Jorio A，Souza Filho A，et al. Probing phonon dispersion relations of graphite by double resonance Raman scattering[J]. Physical Review Letters，2002，88(2)：027401. doi：10.1103/physrevlett.88.027401.

［32］ Tan P H，An L，Liu L Q，et al. Probing the phonon dispersion relations of graphite from the double-resonance process of Stokes and anti-Stokes Raman scatterings in multiwalled carbon nanotubes[J]. Physical Review B，2002，66(24)：245410. doi：10.1103/physrevb.66.245410.

［33］ Maultzsch J，Reich S，Thomsen C，et al. Phonon dispersion in graphite [J]. Physical Review Letters，2004，92(7)：075501. doi：10.1103/PhysRevLett.92.075501.

［34］ Ferrari A C，Meyer J C，Scardaci V，et al. Raman spectrum of graphene and graphene layers[J]. Physical Review Letters，2006，97(18)：187401.

doi：10.1103/physrevlett.97.187401.

[35] Malard L M，Nilsson J，Elias D C，et al. Probing the electronic structure of bilayer graphene by Raman scattering[J]. Physical Review B，2007，76 (20)：201401. doi：10.1103/physrevb.76.201401.

[36] Narula R，Reich S. Graphene band structure and its 2D Raman mode[J]. Physical Review B，2014，90 (8)：085407. doi：10.1103/PhysRevB. 90.085407.

[37] Mohr M，Maultzsch J，Dobardžić E，et al. Phonon dispersion of graphite by inelastic x-ray scattering[J]. Physical Review B，2007，76(3)：035439. doi：10.1103/physrevb.76.035439.

[38] Partoens B，Peeters F M，Normal and Dirac fermions in graphene multilayers：Tight-binding description of the electronic structure[J]. Physical Review B，2007，75 (19)：193402. doi：10.1103/PhysRevB. 75.193402.

[39] Lu Y，Li X L，Zhang X，et al. Optical contrast determination of the thickness of SiO_2 film on Si substrate partially covered by two-dimensional crystal flakes. Science Bulletin，2015，60(8)：806 - 811. doi：10.1007/ s11434 - 015 - 0774 - 3.

[40] Li X L，Qiao X F，Han W P，et al. Layer number identification of intrinsic and defective multilayered graphenes up to 100 layers by the Raman mode intensity from substrates[J]. Nanoscale，2015，7 (17)： 8135 -8141. doi：10.1039/c5nr01514f.

[41] 韩文鹏,史衍猛,李晓莉,等.石墨烯等二维原子晶体薄片样品的光学衬度计算及其层数表征[J].物理学报,2013,62(11)：110702. doi：10.7498/aps. 62.110702.

[42] Casiraghi C，Hartschuh A，Lidorikis E，et al. Rayleigh imaging of graphene and graphene layers[J]. Nano Letters，2007，7(9)：2711 - 2717. doi：10.1021/nl071168m.

[43] Nair R R，Blake P，Grigorenko A N，et al. Fine structure constant defines visual transparency of graphene[J]. Science，2008，320(5881)：1308. doi： 10.1126/science.1156965.

[44] Cardona M，Güntherodt G. Light Scattering in Solids II[M]. Berlin：Springer，1982.doi：10.1007/3 - 540 - 11380 - 0.

[45] Cardona M. Light Scattering in Solids[M]. Berlin：Springer，1975. doi： 10.1007/978 - 3 - 540 - 37568 - 5.

[46] 张树霖.拉曼光谱学与低维纳米半导体[M].北京：科学出版社,2008.

[47] Yu P Y，Cardona M. Fundamentals of Semiconductors：Physics and Materials Properties[M]. 4th ed. Berlin：Springer，2010. doi：10.1007/ 978 - 3 - 642 - 00710 - 1.

[48] 张光寅,蓝国祥,王玉芳.晶格振动光谱学[M].北京：高等教育出版社,2001.

[49]　张明生.激光光散射谱学[M].北京：科学出版社,2008.

[50]　Liu X L，Liu H N，Wu J B，et al. Filter-based ultralow-frequency Raman measurement down to 2 cm^{-1} for fast Brillouin spectroscopy measurement [J]. Review of Scientific Instruments，2017，88（5）：053110. doi：10.1063/1.4983144.

[51]　Loudon R. The Raman effect in crystals[J]. Advances in Physics，1964，13(52)：423－482. doi：10.1080/00018736400101051.

[52]　Meng D，Cong X，Leng Y C，et al. Resonant Multi-phonon Raman scattering of black phosphorus[J]. Acta Physica Sinica，2020，69（16）：167803. doi：10.7498/aps.69.20200696.

[53]　Tan P H，Xu Z Y，Luo X D，et al. Resonant Raman scattering with the E_+ band in a dilute $GaAs_{1-x}N_x$ alloy（$x = 0.1\%$）[J].Applied Physics Letters，2006,89(10)：101912. doi：10.1063/1.2345605.

[54]　Shi W，Lin M L，Tan Q H，et al. Raman and photoluminescence spectra of two-dimensional nanocrystallites of monolayer WS_2 and WSe_2[J]. 2D Materials，2016，3(2)：025016. doi：10.1088/2053－1583/3/2/025016.

[55]　Lin T，Cong X，Lin M L，et al. The phonon confinement effect in two-dimensional nanocrystals of black phosphorus with anisotropic phonon dispersions. Nanoscale，2018，10（18）：8704－8711. doi：10.1039/C8NR01531G.

[56]　Liu X L，Leng Y C，Lin M L，et al. Signal-to-noise ratio of Raman signal measured by multichannel detectors [J]. Chinese Physics B，2021，30(9)：097807. doi：10.1088/1674－1056/ac1f06.

[57]　McCreery R L. Raman spectroscopy for chemical analysis[M]. New York：John Wiley & Sons，2000.

[58]　Tuinstra F，Koenig J L. Raman spectrum of graphite[J]. Journal of Chemical Physics，1970，53(3)：1126－1130. doi：10.1063/1.1674108.

[59]　Ferrari A C. Raman spectroscopy of graphene and graphite：disorder，electron-phonon coupling，doping and nonadiabatic effects[J]. Solid State Communications，2007，143(1)：47－57. doi：10.1016/j.ssc.2007.03.052.

[60]　Malard L M，Pimenta M A，Dresselhaus G，et al. Raman spectroscopy in graphene[J]. Physics Reports，2009，473(5－6)：51－87. doi：10.1016/j. physrep.2009.02.003.

[61]　Ferrari A C，Basko D M. Raman spectroscopy as a versatile tool for studying the properties of graphene[J]. Nature Nanotechnology，2013，8（4）：235－246. doi：10.1038/nnano.2013.46.

[62]　Reichardt S，Wirtz L. Ab initio calculation of the G peak intensity of graphene：Laser-energy and Fermi-energy dependence and importance of quantum interference effects[J]. Physical Review B，2017，95（19）：195422. doi：10.1103/PhysRevB.95.195422.

[63] Basko D M. Calculation of the Raman G peak intensity in monolayer graphene: role of Ward identities[J]. New Journal of Physics, 2009, 11 (9): 095011. doi: 10.1088/1367-2630/11/9/095011.

[64] Cançado L G, Jorio A, Pimenta M A. Measuring the absolute Raman cross section of nanographites as a function of laser energy and crystallite size [J]. Physical Review B, 2007, 74(6): 064304. doi: 10.1103/PhysRevB. 76.064304.

[65] Klar P, Lidorikis E, Eckmann A, et al. Raman scattering efficiency of graphene[J]. Physical Review B, 2013, 87(20): 205435. doi: 10.1103/ PhysRevB. 87.205435.

[66] Cong X, Wu J B, Lin M, et al. Stokes and anti-Stokes Raman scattering in mono- and bilayer graphene[J]. Nanoscale, 2018, 10(34): 16138 - 16144. doi: 10.1039/C8NR04554B.

[67] Venezuela P, Lazzeri M, Mauri F. Theory of double-resonant Raman spectra in graphene: intensity and line shape of defect-induced and two-phonon bands [J]. Physical Review B, 2011, 84 (3): 035433. doi: 10.1103/physrevb.84. 035433.

[68] Tan P H, Deng Y M, Zhao Q. Temperature-dependent Raman spectra and anomalous Raman phenomenon of highly oriented pyrolytic graphite [J]. Physical Review B, 1998, 58 (9): 5435 - 5439. doi: 10.1103 / physrevb.58.5435.

[69] Cançado L G, Pimenta M A, Saito R, et al. Stokes and anti-Stokes double resonance Raman scattering in two-dimensional graphite [J]. Physical Review B, 2002, 66(3): 035415. doi: 10.1103/PhysRevB.66.035415.

[70] Ling X, Xie L M, Fang Y, et al. Can graphene be used as a substrate for Raman enhancement? [J]. Nano Letters, 2010, 10(2): 553 - 561. doi: 10.1021/nl903414x.

[71] Xu W G, Ling X, Xiao J Q, et al. Surface enhanced Raman spectroscopy on a flat graphene surface[J]. Proceedings of the National Academy of Sciences of the United States of America, 2012, 109(24): 9281 - 9286. doi: 10.1073/pnas.1205478109.

[72] Tian H H, Zhang N, Tong L M, et al. In situ quantitative graphene-based surface-enhanced Raman spectroscopy[J]. Small Methods, 2017, 1(6): 1700126. doi: 10.1002/smtd.201700126.

[73] Duesberg G S, Loa I, Burghard M, et al. Polarized Raman spectroscopy on isolated single-wall carbon nanotubes[J]. Physical Review Letters, 2000, 85(25): 5436 - 5439. doi: 10.1103/PhysRevLett.85.5436.

[74] Rao A M, Jorio A, Pimenta M A, et al. Polarized Raman study of aligned multiwalled carbon nanotubes[J]. Physical Review Letters, 2000, 84(8): 1820 - 1823. doi: 10.1103/PhysRevLett.84.1820.

[75] Kim J, Lee J U, Lee J, et al. Anomalous polarization dependence of Raman scattering and crystallographic orientation of black phosphorus[J]. Nanoscale, 2015, 7(44): 18708 - 18715. doi: 10.1039/c5nr04349b.

[76] Zhao H, Wu J B, Zhong H X, et al. Interlayer interactions in anisotropic atomically thin rhenium diselenide[J]. Nano Research, 2015, 8(11): 3651 - 3661. doi: 10.1007/s12274 - 015 - 0865 - 0.

[77] Qiao X F, Wu J B, Zhou L W, et al. Polytypism and unexpected strong interlayer coupling in two-dimensional layered ReS₂[J]. Nanoscale, 2016, 8(15): 8324 - 8332. doi: 10.1039/c6nr01569g.

[78] Lin M L, Leng Y C, Cong X, et al. Understanding angle-resolved polarized Raman scattering from black phosphorus at normal and oblique laser incidences[J]. Science Bulletin, 2020, 65(22): 1894 - 1900. doi: 10.1016/j.scib.2020.08.008.

[79] Yoon D, Moon H, Son Y W, et al. Strong polarization dependence of double-resonant Raman intensities in graphene[J]. Nano Letters, 2008, 8(12): 4270 - 4274. doi: 10.1021/nl8017498.

[80] Liu X L, Zhang X, Lin M L, et al. Different angle-resolved polarization configurations of Raman spectroscopy: A case on the basal and edge plane of two-dimensional materials[J]. Chinese Physics B, 2017, 26 (6): 067802. doi: 10.1088/1674 - 1056/26/6/067802.

[81] Lee J U, Seck N M, Yoon D, et al. Polarization dependence of double resonant Raman scattering band in bilayer graphene[J]. Carbon, 2014, 72: 257 - 263.doi: 10.1016/j.carbon.2014.02.007.

[82] Casiraghi C, Hartschuh A, Qian H, et al. Raman spectroscopy of graphene edges[J]. Nano Letters, 2009, 9(4): 1433 - 1441. doi: 10.1021/nl8032697.

[83] You Y M, Ni Z H, Yu T, et al. Edge chirality determination of graphene by Raman spectroscopy[J]. Applied Physics Letters, 2008, 93(16): 3112. doi: 10. 1063/1.3005599.

[84] Lucchese M M, Stavale F, Ferreira E H M, et al. Quantifying ion-induced defects and Raman relaxation length in graphene[J]. Carbon, 2010, 48 (5): 1592 - 1597. doi: 10.1016/j.carbon.2009.12.057.

[85] Eckmann A, Felten A, Mishchenko A, et al. Probing the nature of defects in graphene by Raman spectroscopy[J]. Nano Letters, 2012, 12 (8): 3925 - 3930. doi: 10.1021/nl300901a.

[86] Ferrari A C, Robertson J. Resonant Raman spectroscopy of disordered, amorphous, and diamondlike carbon[J]. Physical Review B, 2001, 64 (7): 075414. doi: 10.1103/PhysRevB.64.075414.

[87] Ribeiro - Soares J, Oliveros M E, Garin C, et al. Structural analysis of poly-crystalline graphene systems by Raman spectroscopy[J]. Carbon,

2015, 95: 646 - 652. doi: 10.1016/j.carbon.2015.08.020.

[88] Chen C F, Park C H, Boudouris B W, et al. Controlling inelastic light scattering quantum pathways in graphene[J]. Nature, 2011, 471(7340): 617 - 620. doi: 10.1038/nature09866.

[89] Pisana S, Lazzeri M, Casiraghi C, et al. Breakdown of the adiabatic Born - Oppenheimer approximation in graphene[J]. Nature Materials, 2007, 6(3): 198 - 201. doi: 10.1038/nmat1846.

[90] Lazzeri M, Piscanec S, Mauri F, et al. Phonon linewidths and electronphonon coupling in graphite and nanotubes[J]. Physical Review B, 2006, 73(15): 155426. doi: 10.1103/PhysRevB.73.155426.

[91] Dresselhaus M S, Dresselhaus G. Intercalation compounds of graphite[J]. Advances in Physics, 1981, 30 (2): 139 - 326. doi: 10. 1080/ 00018738100101367.

[92] Zhao W J, Tan P H, Zhang J, et al. Charge transfer and optical phonon mixing in few-layer graphene chemically doped with sulfuric acid[J]. Physical Review B, 2010, 82 (24): 245423. doi: 10. 1103/physrevb. 82.245423.

[93] Zhan D, Sun L, Ni Z H, et al. FeCl₃ - based few-layer graphene intercalation compounds: single linear dispersion electronic band structure and strong charge transfer doping[J]. Advanced Functional Materials, 2010, 20(20): 3504 - 3509. doi: 10.1002/adfm.201000641.

[94] Tan P H, Deng Y M, Zhao Q, et al. The intrinsic temperature effect of the Raman spectra of graphite[J]. Applied Physics Letters, 1999, 74 (13): 1818. doi: 10.1063/1.123096.

[95] Cai W W, Moore A L, Zhu Y W, et al. Thermal transport in suspended and supported monolayer graphene grown by chemical vapor deposition [J]. Nano Letters, 2010, 10(5): 1645 - 1651. doi: 10.1021/nl9041966.

[96] Lee J U, Yoon D, Kim H, et al. Thermal conductivity of suspended pristine graphene measured by Raman spectroscopy[J]. Physical Review B, 2011, 83(8): 081419. doi: 10.1103/physrevb.83.081419.

[97] Yoon D, Son Y W, Cheong H. Negative thermal expansion coefficient of graphene measured by Raman spectroscopy[J]. Nano Letters, 2011, 11 (8): 3227 - 3231. doi: 10.1021/nl201488g.

[98] Freitag M, Steiner M, Martin Y, et al. Energy dissipation in graphene field-effect transistors[J]. Nano Letters, 2009, 9(5): 1883 - 1888. doi: 10.1021/nl803883h.

[99] Liu H N, Cong X, Lin M L, et al. The intrinsic temperature-dependent Raman spectra of graphite in the temperature range from 4K to 1000K[J]. Carbon, 2019, 152: 451 - 458. doi: 10.1016/j.carbon.2019.05.016.

[100] Bonini N, Lazzeri M, Marzari N, et al. Phonon anharmonicities in

graphite and graphene[J]. Physical Review Letters, 2007, 99 (17): 176802. doi: 10.1103/physrevlett.99.176802.

[101] Goerbig M O, Fuchs J N, Kechedzhi K, et al. Filling-factor-dependent magnetophonon resonance in graphene[J]. Physical Review Letters, 2007, 99(8): 087402. doi: 10.1103/PhysRevLett.99.087402.

[102] Qiu C Y, Shen X N, Cao B C, et al. Strong magnetophonon resonance induced triple G - mode splitting in graphene on graphite probed by micromagneto Raman spectroscopy[J]. Physical Review B, 2013, 88 (16): 165407. doi: 10.1103/PhysRevB.88.165407.

[103] Kim Y, Poumirol J M, Lombardo A, et al. Measurement of filling-factor-dependent magnetophonon resonances in graphene using raman spectroscopy[J]. Physical Review Letters, 2013, 110(22): 227402. doi: 10.1103/physrevlett.110.227402.

[104] Yan J, Goler S, Rhone T D, et al. Observation of magnetophonon resonance of Dirac fermions in graphite[J]. Physical Reviews Letters, 2010, 105(22): 227401. doi: 10.1103/physrevlett.105.227401.

[105] Kashuba O, Fal'ko V I. Role of electronic excitations in magneto - Raman spectra of graphene[J]. New Journal of Physics, 2012, 14(10): 105016. doi: 10.1088/1367 - 2630/14/10/105016.

[106] Li Q Q, Zhang X, Han W P, et al. Raman spectroscopy at the edges of multilayer graphene[J]. Carbon, 2015, 85: 221 - 224. doi: 10.1016/j.carbon.2014.12.096.

[107] Malard L M, Guimarães M H D, Mafra D L, et al. Group-theory analysis of electrons and phonons in N - layer graphene systems[J]. Physical Review B, 2009, 79 (12): 125426. doi: 10.1103/physrevb.79.125426.

[108] Lui C H, Li Z Q, Chen Z Y, et al. Imaging stacking order in few-layer graphene[J]. Nano Letters, 2010, 11 (1): 164 - 169. doi: 10.1021/nl1032827.

[109] Wilhelm H A, Croset B, Medjahdi G. Proportion and dispersion of rhombohedral sequences in the hexagonal structure of graphite powders [J]. Carbon, 2007, 45(12): 2356 - 2364. doi: 10.1016/j.carbon.2007.07.010.

[110] Zhang X, Han W P, Qiao X F, et al. Raman characterization of AB - and ABC - stacked few-layer graphene by interlayer shear modes[J]. Carbon, 2016, 99: 118 - 122. doi: 10.1016/j.carbon.2015.11.062.

[111] Li Q Q, Zhang X, Han W P, et al. Raman spectroscopy at the edges of multilayer graphene[J]. Carbon, 2015, 85: 221 - 224. doi: 10.1016/j.carbon.2014.12.096.

[112] Zhang X, Li Q Q, Han W P, et al. Raman identification of edge

alignment of bilayer graphene down to the nanometer scale [J]. Nanoscale, 2014, 6(13): 7519 - 7525. doi: 10.1039/c4nr00499j.

[113] Wu J B, Wang H, Li X L, et al. Raman spectroscopic characterization of stacking configuration and interlayer coupling of twisted multilayer graphene grown by chemical vapor deposition[J]. Carbon, 2016, 110: 225 - 231. doi: 10.1016/j.carbon.2016.09.006.

[114] Tan P H, Han W P, Zhao W J, et al. The shear mode of multilayer graphene[J]. Nature Materials, 2012, 11(4): 294 - 300. doi: 10.1038/nmat3245.

[115] Zhang X, Qiao X F, Shi W, et al. Phonon and Raman scattering of two-dimensional transition metal dichalcogenides from monolayer, multilayer to bulk material[J]. Chemical Society Reviews, 2015, 44(9): 2757 - 2785. doi: 10.1039/c4cs00282b.

[116] Lin M L, Ran F R, Qiao X F, et al. Ultralow-frequency Raman system down to 10 cm^{-1} with longpass edge filters and its application to the interface coupling in t (2 + 2) LGs [J]. Review of Scientific Instruments, 2016, 87(5): 053122. doi: 10.1063/1.4952384.

[117] Zhang X, Han W P, Wu J B, et al. Raman spectroscopy of shear and layer breathing modes in multilayer MoS$_2$[J]. Physical Review B, 2013, 87(11): 115413. doi: 10.1103/physrevb.87.115413.

[118] Wu J B, Hu Z X, Zhang X, et al. Interface coupling in twisted multilayer graphene by resonant Raman spectroscopy of layer breathing modes[J]. ACS Nano, 2015, 9 (7): 7440 - 7449. doi: 10.1021/acsnano.5b02502.

[119] Liang L B, Zhang J, Sumpter B G, et al. Low-frequency shear and layer-breathing modes in Raman scattering of two-dimensional materials[J]. ACS Nano, 2017, 11 (12): 11777 - 11802. doi: 10.1021/acsnano.7b06551.

[120] Li H, Wu J B, Ran F, et al. Interfacial interactions in van der Waals heterostructures of MoS$_2$ and graphene [J]. ACS Nano, 2017, 11: 11714 -11723. doi: 10.1021/acsnano.7b07015.

[121] Lin M L, Zhou Y, Wu J B, et al. Cross-dimensional electron-phonon coupling in van der Waals heterostructures[J]. Nature Communications, 2019, 10(1): 1 - 9. doi: 10.1038/s41467 - 019 - 10400 - z.

[122] Qiao X F, Li X L, Zhang X, et al. Substrate-free layer-number identification of two-dimensional materials: A case of Mo$_{0.5}$W$_{0.5}$S$_2$ alloy [J]. Applied Physics Letters, 2015, 106(22): 223102. doi: 10.1063/1.4921911.

[123] Lui C H, Malard L M, Kim S, et al. Observation of layer-breathing mode vibrations in few-layer graphene through combination Raman

石墨烯基材料的拉曼光谱研究

scattering[J]. Nano Letters，2012，12(11)：5539 - 5544. doi：10.1021/
nl302450s.

[124] Lui C H，Ye Z P，Keiser C，et al. Temperature-activated layer-breathing vibrations in few-layer graphene[J]. Nano Letters，2014，14(8)：4615 - 4621. doi：10.1021/nl501678j.

[125] Lui C H，Ye Z P，Keiser C，et al. Stacking-dependent shear modes in trilayer graphene[J]. Applied Physics Letters，2015，106(4)：041904. doi：10.1063/1.4906579.

[126] Fano U. Effects of configuration interaction on intensities and phase shifts[J]. Physical Review，1961，124(6)：1866 - 1878. doi：10.1103/physrev.124.1866.

[127] Cerdeira F，Fjeldly T A，Cardona M. Effect of free carriers on zone-center vibrational modes in heavily doped p - type Si. II. Optical modes [J]. Physical Review B，1973，8(10)：4734. doi：10.1103/physrevb. 8.4734.

[128] Farhat H，Berciaud S，Kalbac M，et al. Observation of electronic Raman scattering in metallic carbon nanotubes[J]. Physical Review Letters，2011，107(15)：157401. doi：10.1103/PhysRevLett.107.157401.

[129] Gupta R，Xiong Q，Adu C K，et al. Laser-induced Fano resonance scattering in silicon nanowires[J]. Nano Letters，2003，3(5)：627 - 631. doi：10.1021/nl0341133.

[130] Zhang J，Peng Z P，Soni A，et al. Raman spectroscopy of few-quintuple layer topological insulator Bi_2Se_3 nanoplatelets[J]. Nano Letters，2011，11(6)：2407 - 2414. doi：10.1021/nl200773n.

[131] Casiraghi C，Pisana S，Novoselov K S，et al. Raman fingerprint of charged impurities in graphene[J]. Applied Physics Letters，2007，91 (23)：233108. doi：10.1063/1.2818692.

[132] Yoon D，Jeong D，Lee H J，et al. Fano resonance in Raman scattering of graphene[J]. Carbon，2013，61：373 - 378. doi：10.1016/j.carbon. 2013.05.019.

[133] Li Z Q，Lui C H，Cappelluti E，et al. Structure-dependent Fano resonances in the infrared spectra of phonons in few-layer graphene[J]. Physical Review Letters，2012，108 (15)：156801. doi：10.1103/physrevlett.108.156801.

[134] Lin M L，Tan Q H，Wu J B，et al. Moiré phonons in twisted bilayer MoS_2. ACS Nano，2018，12(8)：8770 - 8780. doi：10.1021/acsnano. 8b05006.

[135] Carozo V，Almeida C M，Fragneaud B，et al. Resonance effects on the Raman spectra of graphene superlattices[J]. Physical Review B，2013，88(8)：085401. doi：10.1103/physrevb.88.085401.

[136] Carozo V, Almeida C M, Ferreira E H M, et al. Raman signature of graphene superlattices[J]. Nano Letters, 2011, 11(11): 4527 - 4534. doi: 10. 1021/nl201370m.

[137] Kim K, Coh S, Tan L Z, et al. Raman spectroscopy study of rotated doublelayer graphene: Misorientation-angle dependence of electronic structure[J]. Physical Review Letters, 2012, 108(24): 246103. doi: 10. 1103/physrevlett.108.246103.

[138] Lin M L, Chen T, Lu W, et al. Identifying the stacking order of multilayer graphene grown by chemical vapor deposition via Raman spectroscopy[J]. Journal of Raman Spectroscopy, 2018, 49(1): 46 - 53. doi: 10.1002/jrs.5219.

[139] Lin M L, Wu J B, Liu X L, et al. Probing the shear and layer breathing modes in multilayer graphene by Raman spectroscopy[J]. Journal of Raman Spectroscopy, 2018, 49(1): 19 - 30. doi: 10.1002/jrs.5224.

[140] Ni Z H, Wang Y Y, Yu T, et al. Reduction of Fermi velocity in folded graphene observed by resonance Raman spectroscopy [J]. Physical Review B, 2008, 77(23): 235403. doi: 10.1103/physrevb.77.235403.

[141] Havener R W, Zhuang H L, Brown L, et al. Angle-resolved Raman imaging of interlayer rotations and interactions in twisted bilayer graphene[J]. Nano Letters, 2012, 12(6): 3162 - 3167. doi: 10.1021/ nl301137k.

[142] Cong C X, Yu T. Enhanced ultra-low-frequency interlayer shear modes in folded graphene layers[J]. Nature Communications, 2014, 5: 4709. doi: 10.1038/ncomms5709.

[143] Campos-Delgado J, Cançado L G, Achete C A, et al. Raman scattering study of the phonon dispersion in twisted bilayer graphene[J]. Nano Research, 2013, 6(4): 269 - 274. doi: 10.1007/s12274 - 013 - 0304 - z.

[144] He R, Chung T F, Delaney C, et al. Observation of low energy Raman modes in twisted bilayer graphene[J]. Nano Letters, 2013, 13(8): 3594 -3601. doi: 10.1021/nl4013387.

[145] Zhao H M, Lin Y C, Yeh C H, et al. Growth and Raman spectra of single-crystal trilayer graphene with different stacking orientations[J]. ACS Nano, 2014, 8(10): 10766 - 10773. doi: 10.1021/nn5044959.

[146] Guo H H, Yang T, Yamamoto M, et al. Double resonance Raman modes in monolayer and few-layer $MoTe_2$[J]. Physical Review B, 2015, 91: 205415. doi: 10.1103/PhysRevB.91.205415.

[147] Song Q J, Tan Q H, Zhang X, et al. Physical origin of Davydov splitting and resonant Raman spectroscopy of Davydov components in multilayer $MoTe_2$[J]. Physical Review B, 2016, 93(11): 115409. doi: 10.1103/ physrevb.93.115409.

[148] Scheuschner N, Gillen R, Staiger M, et al. Interlayer resonant Raman modes in few-layer MoS$_2$[J]. Physical Review B, 2015, 91(23): 235409. doi: 10.1103/physrevb.91.235409.

[149] Tan Q H, Zhang X, Luo X D, et al. Layer-number dependent high-frequency vibration modes in few-layer transition metal dichalcogenides induced by interlayer couplings[J]. Journal of Semiconductors, 2017, 38(3): 031006. doi: 10.1088/1674-4926/38/3/031006.

[150] Carvalho B R, Wang Y X, Mignuzzi S, et al. Intervalley scattering by acoustic phonons in two-dimensional MoS$_2$ revealed by double-resonance Raman spectroscopy[J]. Nature Communications, 2017, 8: 14670. doi: 10.1038/ncomms14670.

[151] Liang L B, Puretzky A A, Sumpter B G, et al. Interlayer bond polarizability model for stacking-dependent low-frequency Raman scattering in layered materials[J]. Nanoscale, 2017, 9(40): 15340 - 15355. doi: 10.1039/c7nr05839j.

[152] Calizo I, Balandin A A, Bao W, et al. Temperature dependence of the Raman spectra of graphene and graphene multilayers[J]. Nano Letters, 2007, 7(9): 2645 - 2649. doi: 10.1021/nl071033g.

[153] Das A, Pisana S, Chakraborty B, et al. Monitoring dopants by Raman scattering in an electrochemically top-gated graphene transistor [J]. Nature Nanotechnology, 2008, 3(4): 210 - 215. doi: 10.1038/nnano. 2008.67.

[154] Share K, Cohn A P, Carter R E, et al. Mechanism of potassium ion intercalation staging in few layered graphene from in situ Raman spectroscopy [J]. Nanoscale, 2016, 8(36): 16435 - 16439. doi: 10.1039/c6nr04084e.

[155] Chacon - Torres J C, Wirtz L, Pichler T. Manifestation of charged and strained graphene layers in the Raman response of graphite intercalation compounds[J]. ACS Nano, 2013, 7(10): 9249 - 9259. doi: 10.1021/nn403885k.

[156] Liu Z K, Lau S P, Yan F. Functionalized graphene and other two-dimensional materials for photovoltaic devices: Device design and processing[J]. Chemical Society Reviews, 2015, 44(15): 5638 - 5679. doi: 10.1039/c4cs00455h.

[157] Wang Y, Tong S W, Xu X F, et al. Interface engineering of layer-by-layer stacked graphene anodes for high-performance organic solar cells [J]. Advanced Materials, 2011, 23(13): 1514 - 1518. doi: 10.1002/adma.201003673.

[158] Lim J T, Lee H, Cho H, et al. Flexion bonding transfer of multilayered graphene as a top electrode in transparent organic light-emitting diodes [J]. Scientific Reports, 2015, 5: 17748. doi: 10.1038/srep17748.

[159] Huang M Y, Yan H G, Chen C Y, et al. Phonon softening and crystallographic orientation of strained graphene studied by Raman spectroscopy[J]. Proceedings of the National Academy of Sciences, 2009, 106(18): 7304 - 7308. doi: 10.1073/pnas.0811754106.

[160] Zhang X, Makles K, Colombier L, et al. Dynamically-enhanced strain in atomically thin resonators[J]. Nature Communications, 2020, 11: 5526. doi: 10.1038/s41467 - 020 - 19261 - 3.

[161] Yang F, Rochau F, Huber J S, et al. Spatial modulation of nonlinear flexural vibrations of membrane resonators[J]. Physical Review Letters, 2019, 122(15): 154301. doi: 10.1103/physrevlett.122.154301.

[162] Shih C J, Wang Q H, Son Y, et al. Tuning on - off current ratio and field-effect mobility in a MoS_2 - graphene heterostructure via Schottky barrier modulation[J]. ACS Nano, 2014, 8(6): 5790 - 5798. doi: 10. 1021/nn500676t.

[163] Li X L, Qiao X F, Han W P, et al. Determining layer number of twodimensional flakes of transition-metal dichalcogenides by the Raman intensity from substrates[J]. Nanotechnology, 2016, 27(14): 145704. doi: 10.1088/0957 - 4484/27/14/145704.

[164] Poncharal P, Ayari A, Michel T, et al. Raman spectra of misoriented bilayer graphene[J]. Physical Review B, 2008, 78(11): 113407. doi: 10. 1103/physrevb.78.113407.

[165] Ni Z H, Yu T, Lu Y H, et al. Uniaxial strain on graphene: Raman spectroscopy study and band-gap opening[J]. ACS Nano, 2008, 2(11): 2301 - 2305. doi: 10.1021/nn800459e.

[166] Ferralis N. Probing mechanical properties of graphene with Raman spectroscopy[J]. Journal of Materials Science, 2010, 45(19): 5135 - 5149. doi: 10.1007/s10853 - 010 - 4673 - 3.

[167] Zabel J, Nair R R, Ott A, et al. Raman spectroscopy of graphene and bilayer under biaxial strain: Bubbles and balloons[J]. Nano Letters, 2012, 12(2): 617 - 621. doi: 10.1021/nl203359n.

[168] Banhart F, Kotakoski J, Krasheninnikov A V. Structural defects in graphene[J]. ACS Nano, 2011, 5(1): 26 - 41. doi: 10.1021/nn102598m.

[169] Ni Z H, Ponomarenko L A, Nair R R, et al. On resonant scatterers as a factor limiting carrier mobility in graphene[J]. Nano Letters, 2010, 10 (10): 3868 - 3872. doi: 10.1021/nl101399r.

[170] Huang P Y, Ruiz-Vargas C S, van der Zande A M, et al. Grains and grain boundaries in single-layer graphene atomic patchwork quilts[J]. Nature, 2011, 469(7330): 389 - 392. doi: 10.1038/nature09718.

[171] Robinson J T, Zalalutdinov M K, Cress C D, et al. Graphene strained by defects[J]. ACS Nano, 2017, 11(5): 4745 - 4752. doi: 10.1021/

石墨烯基材料的拉曼光谱研究

acsnano.7b00923.

[172] Yazyev O V. Emergence of magnetism in graphene materials and nanostructures[J]. Reports on Progress in Physics, 2010, 73(5): 056501. doi: 10.1088/0034-4885/73/5/056501.

[173] Nair R R, Ren W C, Jalil R, et al. Fluorographene: A two-dimensional counterpart of teflon[J]. Small, 2010, 6(24): 2877 - 2884. doi: 10.1002/smll.201001555.

[174] Xu Y, Ali A, Shehzad K, et al. Photodetectors: Solvent-based soft-patterning of graphene lateral heterostructures for broadband high-speed metal-semiconductor-metal photodetectors[J]. Advanced Materials Technologies, 2017, 2(2): 1600241. doi: 10.1002/admt.201770009.

[175] Graf D, Molitor F, Ensslin K, et al. Spatially resolved Raman spectroscopy of single-and few-layer graphene[J]. Nano Letters, 2007, 7(2): 238 - 242. doi: 10.1021/nl061702a.

[176] Stampfer C, Molitor F, Graf D, et al. Raman imaging of doping domains in graphene on SiO$_2$[J]. Applied Physics Letters, 2007, 91(24): 241907. doi: 10.1063/1.2816262.

[177] Ni Z H, Yu T, Luo Z Q, et al. Probing charged impurities in suspended graphene using Raman spectroscopy[J]. ACS Nano, 2009, 3(3): 569 - 574. doi: 10.1021/nn900130g.

[178] Yu T, Ni Z H, Du C L, et al. Raman mapping investigation of graphene on transparent flexible substrate: The strain effect[J]. The Journal of Physical Chemistry C, 2008, 112(33): 12602 - 12605. doi: 10.1021/jp806045u.

[179] Ni Z H, Wang H M, Kasim J, et al. Graphene thickness determination using reflection and contrast spectroscopy[J]. Nano Letters, 2007, 7(9): 2758 - 2763. doi: 10.1021/nl071254m.

[180] Verzhbitskiy I A, Corato M D, Ruini A, et al. Raman fingerprints of atomically precise graphene nanoribbons[J]. Nano Letters, 2016, 16(6): 3442 - 3447. doi: 10.1021/acs.nanolett.5b04183.

[181] Mohiuddin T M G, Lombardo A, Nair R R, et al. Uniaxial strain in graphene by Raman spectroscopy: G peak splitting, Grüneisen parameters, and sample orientation[J]. Physical Review B, 2009, 79(20): 205433. doi: 10.1103/physrevb.79.205433.

[182] Mohr M, Maultzsch J, Thomsen C. Splitting of the Raman 2D band of graphene subjected to strain[J]. Physical Review B, 2010, 82(20): 201409. doi: 10.1103/physrevb.82.201409.

[183] Li X, Magnuson C W, Venugopal A, et al. Graphene films with large domain size by a two-step chemical vapor deposition process[J]. Nano Letters, 2010, 10(11): 4328 - 4334. doi: 10.1021/nl101629g.

索 引

石墨烯基材料的拉曼光谱研究